住房和城乡建设部"十四五"规划教材
全国住房和城乡建设职业教育
教学指导委员会建筑与规划类
专业指导委员会规划推荐教材
高等职业教育建筑与规划类
"十四五"数字化新形态教材

中国古建筑木作技术

主　编	马　龙
副主编	王　楠
主　审	马松雯

中国建筑工业出版社

出版说明

党和国家高度重视教材建设。2016年，中办国办印发了《关于加强和改进新形势下大中小学教材建设的意见》，提出要健全国家教材制度。2019年12月，教育部牵头制定了《普通高等学校教材管理办法》和《职业院校教材管理办法》，旨在全面加强党的领导，切实提高教材建设的科学化水平，打造精品教材。住房和城乡建设部历来重视土建类学科专业教材建设，从"九五"开始组织部级规划教材立项工作，经过近30年的不断建设，规划教材提升了住房和城乡建设行业教材质量和认可度，出版了一系列精品教材，有效促进了行业部门引导专业教育，推动了行业高质量发展。

为进一步加强高等教育、职业教育住房和城乡建设领域学科专业教材建设工作，提高住房和城乡建设行业人才培养质量，2020年12月，住房和城乡建设部办公厅印发《关于申报高等教育职业教育住房和城乡建设领域学科专业"十四五"规划教材的通知》（建办人函〔2020〕656号），开展了住房和城乡建设部"十四五"规划教材选题的申报工作。经过专家评审和部人事司审核，512项选题列入住房和城乡建设领域学科专业"十四五"规划教材（简称规划教材）。2021年9月，住房和城乡建设部印发了《高等教育职业教育住房和城乡建设领域学科专业"十四五"规划教材选题的通知》（建人函〔2021〕36号）。为做好"十四五"规划教材的编写、审核、出版等工作，《通知》要求：（1）规划教材的编著者应依据《住房和城乡建设领域学科专业"十四五"规划教材申请书》（简称《申请书》）中的立项目标、申报依据、工作安排及进度，按时编写出高质量的教材；（2）规划教材编著者所在单位应履行《申请书》中的学校保证计划实施的主要条件，支持编著者按计划完成书稿编写工作；（3）高等学校土建类专业课程教材与教学资源专家委员会、全国住房和城乡建设职业教育教学指导委员会、住房和城乡建设部中等职业教育专业指导委员会应做好规划教材的指导、协调和审稿等工作，保证编写质量；（4）规划教材出版单位应积极配合，做好编辑、出版、发行等工作；（5）规划教材封面和书脊应标注"住房和城乡建设部'十四五'规划教材"字样和统一标识；（6）规划教材应在"十四五"期间完成出版，逾期不能完成的，不再作为《住房和城乡建设领域学科专业"十四五"规划教材》。

住房和城乡建设领域学科专业"十四五"规划教材的特点，一是重点以修订教育部、住房和城乡建设部"十二五""十三五"规划教材为主；二是严格按照专业标准规范要求编写，体现新发展理念；三是系列教材具有明显特点，满足不同层次和类型的学校专业教学要求；四是配备了数字资源，适应现代化教学的要求。规划教材的出版凝聚了作者、主审及编辑的心血，得到了有关院校、出版单位的大力支持，教材建设管理过程有严格保障。希望广大院校及各专业师生在选用、使用过程中，对规划教材的编写、出版质量进行反馈，以促进规划教材建设质量不断提高。

住房和城乡建设部"十四五"规划教材办公室

2021年11月

前　言

中国古建筑，是中华文明璀璨的瑰宝之一，它承载着中华文明的悠久历史，屹立于这片孕育出华夏数千年文化的土地上。虽饱经沧桑，历经战乱与天灾，却没有随时间而消亡，反而更加迸发出深厚的、源远流长的优美华章。

我国的古建筑发展历史悠久，从旧石器时期以穴为居，到新石器时代氏族部落时期，以黄土为墙和以木枝草泥搭建的半穴居住所；直至根据考古发掘，发现的距今六七千年前的浙江余姚河姆渡、西安半坡、临潼姜寨等遗址，初步确定了我国古人自此时期开始，在居所建造上出现了目前可考最早的榫卯技术雏形，奠定了我国古建筑木作技术的原始基础，并从此走出了一条不同于其他地区文明的、独有的建筑发展之路。

在漫漫历史长河中，中国古建筑经历了夏、商、周、秦、汉、三国、南北朝、隋、唐、五代十国、宋、辽、西夏、金、元、明、清等数十个朝代更迭，直到中华人民共和国成立，前后跨越了四五千年的时间。在此过程中，一方面建筑形式从早期的茅茨土阶发展为王宫城池；建筑平面造型逐渐从不规则形状发展为规整的矩形、方形、圆形、"吕"字形、扇形等各种形式；屋顶样式从简单的茅草屋顶发展出硬山、悬山、攒尖、歇山、庑殿、盝顶、盔顶、十字顶、各种组合顶等多种样式；屋面材质出现了木材、瓦石、泥背等；木构架随着整体建筑造型的演变从简单的支柱、木架，逐渐发展出各种类型的檐柱、金柱、瓜柱等支柱，以及功能各异的梁、枋、檩、桁、椽、望、墩等构件。另一方面，在与周边国家的文化交流中，我国的古建筑也深深地影响着周边地区的建筑风格，直至今日。古建筑的发展历程既包含在中国历史的发展脉络里，彰显了中国古建筑艺术与技术的文化精髓，同时又是悠久历史的一张名片，读懂了中国古建筑，在某种程度上也就读懂了中国数千年的历史沧桑。

放眼当下，古建筑的历史传承正日益得到重视，2017年10月18日，十九大报告指出，要加强文物保护利用；2018年10月8日，中共中央办公厅、国务院办公厅印发了《关于加强文物保护利用改革的若干意见》，截止到目前：经国家普查登记全国不可移动文物76.67万处、国有可移动文物1.08亿件套。国务院公布第七批、第八批全国重点文物保护单位，国保单位累计达5058处。现有省保单位2万余处，市县级文保单位11万余处。国家历史文化名城141座，历史文化名镇名村799个。目前国家的文物保护力度是空前的，但由于我国地域辽阔，历史悠久，人们对文物的认知差异，文物保护存在的问题依然十分严峻。还有很多具有历史研究保护价值的建筑有待发掘和纳入保护范畴；仍有部分地区对保护建筑不够重视，放任单位及个人未经相关单位组织论证，任意拆除、改造历史建筑，造成了不可挽回的损失；还有很多地方缺少有资质的设计、施工团队维护、修缮古建筑，导致这些文物古迹在近乎毁灭性的"修缮"工作后，不仅没有得到应有的保护，反而雪上加霜甚至遭受彻底破坏。

此外，从业者的缺失、保护意识的淡薄也对中国古建筑的保护、继承、发展在根源上产生了不可忽视的影响。目前古建筑从业人员存在入门门槛高，培养周期长，涉及相关知识广度大，薪资待遇在全社会乃至同行业在短期内都不具备足够的竞争力等问题。相关技术和知识在传承上青黄不接，甚至部分技术已经断代失传。古建筑的技术传承无论从历史朝代的纵向发展，还是各地域的横向演化，都存在着较大的差异；同样构件的名称、做法、尺寸权衡等都各不相同，构架的组成也千差万别，再加上大小木作、瓦石、彩绘等核心技术受传统思想传男不传女、传里不传外的影响，甚至陷入想传也无人可传、无人想学的尴尬境地。以上种种都对中国古建筑的保护、继承和发展造成了极大的阻碍，也是目前亟待解决的根源问题之一。

本教材是在当下各类中国古建筑木作修缮资料的基础上，针对高职高专学生和相关从业人员，编写的一本着重讲解清代官式古建筑、仿古建筑的入门书籍。之所以选择清代官式古建筑作为主要说明载体，是考虑到目前我国现存古建筑多以明清时期为主，且官式做法有较为统一的权衡标准和工程做法，便于系统性地帮助读者了解中国古建筑的基本设计及制造原则，并可以此为基础，为将来可能接触接纳其他不同历史时期、地域民俗的古建筑形制及做法搭建平台。本书从作者积累多年的一线教学经验及相关单位实际工程实例，以及古建筑工作需求角度出发，依据真实的工作岗位需求，由浅入深地对清代较有代表性的官式建筑及特殊部位，从认知、识别、设计、制作直至安装校验等步骤进行阐述。能为古建筑专业学生和从业者提供完整地学会我国古建筑的基本识别、设计、制作工艺流程及方法，学习者能够依据所学习的知识顺利地与古建筑相关工作岗位对接。

与此同时，面对当下部分群体对中国古建筑认知混淆、以外代中、建筑朝代混乱等现实问题，希望通过对中国古建筑木作工程技术的知识阐述，引导学生认识到中国古建筑悠久的历史和深厚的文化底蕴，明晰我国各个历史时期古建筑的风格特点。追溯中国古建筑的发展历史，早在母系社会时期我国西安半坡村一带已出现了建筑的基本雏形，我们希望通过对古建筑的历史演变学习，大力弘扬我国的历史、文化，树立民族文化自知与自信。此外，也期望借助南北方建筑差异以及官式和民俗建筑之间的区别，让学生及相关从业初学者认识到中国古建筑的博大精深，劝诫其戒骄戒躁，无论在学校还是在相应的工作岗位上都要脚踏实地地虚心学习，不断充实自我、精益进取。

本书共分为十个单元。单元一简单介绍了古建筑木构件及木构架的发展历史，从木构件及木构架的发展过程、组成、作用、名称、分类等多个方面初步讲解了什么是古建筑木构件及构架，并辅以实际建筑图例和示意图，简明直观。单元二详细说明了硬山、悬山、庑殿、歇山各自的结构特点、形制规格、应用范围及组成构件。单元三讲解了各种类型攒尖建筑木构架的结构特点、形制规格、应用范围及组成构件。单元四介绍了几种比较具有代表性的杂式建筑的结构特点、形制规格、应用范围及组成构件，至此，前四单元整体介绍了清代官式大部分常用木构架的形制特点及构件组成。单元五主要讲解了清代常用的各种斗栱，根据大小、位置、造型等多个方面予以区分。有别于其他木作书籍，本书在斗栱部分查阅了大量的资料、借鉴了大量的实物模型等，力求详尽地将斗栱——这一中国古建筑中特有的构造既直白，又不失专业性地介绍清楚。从单元六开始本书内容从识别认知阶段进入专业设计阶段，单元六详细地说明了大木构架及木构件的设计依据、各个部分的权衡尺寸、建筑大小式的具体区分标准及权衡依据以及各个木构件的榫卯样式及尺寸确定等。单元七、单元八则进一步从施工的角度讲解了木构架及构件的制作与安装方面的技术要点、理论依据、注意事项和使用工具等内容。单元九的内容是古建筑木装修，这部分内容属于古建筑木作中的小木作，主要讲解了古建筑中门、窗、槛、框、隔扇、栏杆等木构件的特点、等级、分类、权衡尺寸等详细内容。作为最后一个单元，单元十则是从古建筑文物保护的角度，简单介绍了不同类型木作的修缮原则及修缮方案的制订。

本书的内容整体上参考借鉴了不少前人的知识和智慧，这其中有马炳坚和刘大可老师等人的优秀著作，也有梁思成先生的毕生心血，还有凝聚古人勤劳智慧结晶的《营造法式》《工程做法则例》《营造法原》等经典著作。作为一名古建筑木作技术的从业者、传授者，我们编写这本书的目的旨在承前启后，立足于无数前辈辛勤付出的基础上，力求用精炼准确的语言、生动的案例，依据真实可靠的行业标准，向广大古建筑木作技术求学者、从业者、爱好者从基础的角度说清楚什么是中国古建筑木作工程技术，如何科学系统性地从零开始学会古建筑木作的设计、制作、加工、检验等全流程知识。尽我们所能，为我国古建筑文化及木作技术传承发展，贡献出自己的一份应尽的义务和责任。

在此，特别感谢各位编写人员的大力支持：

主　编：马龙　负责编写单元二～单元八，黑龙江建筑职业技术学院

副主编：王楠　负责编写单元一、单元九、单元十，黑龙江建筑职业技术学院

参　编：陶然　负责单元五图片绘制工作及全书图片精修，黑龙江建筑职业技术学院

企业技术顾问：张贤泽　技术总工　江西宗源古建筑发展有限公司

　　　　　　　杨子玉　古建筑设计师及产品顾问　北京顺益兴联行房地产经纪有限公司

主　审：马松雯　原住建部高职高专土建类专业指导委员会建筑设计类分指导委员会委员

马龙

目　录

1

单元一
中国古建筑木构件发展简介

学习目标：

使学生了解课程内容、教学方法、学习方法；

了解古建筑木作发展过程；了解学习中国古

建筑木作技术的历史责任及使命；掌握古建

筑类型和木构架的组成。

学习重点：

木结构古建筑的组成、古建筑类型。

学习难点：

分析建筑、解决问题的方法；现阶段学习

的历史必要性及责任分析。

1.1　中国木结构建筑的产生

人类赖以生存的建筑，最初的功能是抵御自然现象对人类的侵袭，形成穴居、巢居、地上建筑三种形式，随着人类社会的发展和生产力的不断进步建筑有了自身的形制。

中国古建筑是以木结构为主体的框架结构形式，建筑形式在世界建筑历史中自成体系，历史悠久，幅员广阔，影响整个亚洲。

1.1.1　中国木结构建筑的发展过程

《周礼·考工记》中记载"殷人重屋，堂修七寻，堂崇三尺，四阿重屋"。意为房屋的面阔七寻，台基高三尺，四阿屋顶。

《周礼·考工记》中还记载周代的皇宫"内有九室，九嫔居之。外有九室，九卿朝焉"。说明中国古建筑早在殷商时期已有了建筑形制。

木结构建筑从茅茨土阶—王侯宫殿—皇宫城池—寺庙建筑—官宦府邸园林的发展过程，木构件的尺度、形式起着定位不同等级和类型的作用。

唐宋时期形成了斗栱木构件承托出挑大屋顶的建筑形式，在建造形制上有了明确的规定，以"材分"制统一了大木构造。

宋代李诫著《营造法式》对古建筑贡献很大，使建筑建造有章可循，如其中"构屋之制，以材为祖，材分八等，度屋之大小，因而用之"是说应以建筑物的规模、体量、用途来选用"材分"。

清代《工程做法》以"斗口"为木构件建造模数，又称"口分"。斗口是指平身科斗栱的坐斗上承托昂或翘的卯口，卯口的宽度称为"口分"。斗口决定昂、翘、栱等构件截面的尺度。

姚承祖原著、张至刚增编、刘敦桢校阅的《营造法原》，于1929年完成初稿，1959年出版，历时30年。该书是中国江南地区古建筑营造做法的专著，偏重于江南民间的传统建筑——民居、宅第、园林和建筑小品统一的营建构架和技术措施。

1.1.2　中国古建筑的组成

建筑主要由台基、木构架、屋顶、墙体、门窗、楼梯等部分组成，台基、木构架、木屋顶构件形成承重体系，墙体、门窗只起围护和分隔空间的作用。

1.1.3　木构架的作用

建筑中的木构架起着承重作用，而且承上启下。下部与台基相连，上部承托屋面板和瓦件，起到"墙倒屋不塌"的作用。

木构件形式决定了建筑的等级和类型，说明了木构件在古建筑中的地位。

1.1.4　历史悠久代表性古建筑

1.1.4.1　山西应县佛宫寺释迦塔

山西应县佛宫寺释迦塔是国内现存最早与最完整的木塔，俗称应县木塔。建于 1056 年，塔 67.30m，历经近千年，保存完好，见图 1-1。

1.1.4.2　山西晋祠

晋祠的创建年代，现在还难以考定。最早的记载见于北魏郦道元（公元 466 或 472~527 年）的《水经注》，书中写道："际山枕水，有唐叔虞祠，水侧有凉堂，结飞梁于水上。"此时的风景文物已大有可观，祠、堂、飞梁都已具备了。由此可见，晋祠的历史，从北魏算起，距今已有一千多年。其中，圣母殿建于 1023~1032 年，重修于 1956 年，见图 1-2。

图1-1　应县木塔（左）
图1-2　山西晋祠圣母殿
（右）

1.2　古建筑类型

我国幅员辽阔，地域不同、民族不同、民俗不同，各地区形成了各具特色的建筑风格，如皇家建筑、寺庙建筑、官衙建筑、北京民居四合院、江南私家园林、客家土楼、傣家竹楼、藏族碉楼等。

1.2.1　建筑物的用途

分为皇家建筑、官署建筑、民用建筑、宗教建筑等。

1.2.1.1　皇家建筑

指皇家专用的建筑群。如宫殿、皇家园囿、行宫、陵寝、祭坛等。这类建筑规模宏大，等级高，用材考究，做工精细，雕梁画栋。

1.2.1.2 官署建筑

指府衙机构办公所用的衙署，官办的乡学、国学、书院等。

1.2.1.3 民用建筑

指平民百姓的民居和公共建筑。民居指民宅、私家园林、民居与店铺结合的建筑等；公共建筑指会馆、祠堂、戏院等建筑。

1.2.1.4 宗教建筑

我国是一个多民族的国家，各民族有着不同的宗教信仰，呈现出明显的宗教特点和艺术规律。如道教建筑——三清宫、藏传佛教建筑——布达拉宫、伊斯兰教建筑——清真寺等。

1.2.2 建筑物的屋顶形式

基本形式为庑殿、歇山、攒尖、悬山、硬山、盝顶等，组合形式有十字、套方、双环等形式，见图1-3。

（a）　　　　　　　　（b）

（c）　　　　　　　　（d）

（e）　　　　　　　　（f）

图1-3 建筑物的屋顶形式
（a）庑殿建筑；（b）歇山建筑；
（c）攒尖建筑；（d）悬山建筑；
（e）硬山建筑；（f）双环顶建筑

1.2.3 建筑物的木构件

木构架分为大木架、翼角、斗栱等主要构件。翼角是庑殿建筑、歇山建筑、攒尖等建筑屋盖转角处的木构件，斗栱是支撑屋盖挑檐的木构件，见图1-4。

（a）

（b）

图1-4 建筑物的木构件
（a）翼角；（b）斗栱

1.2.4 按规模大小分

分为大式和小式建筑，大式建筑是应用于皇家、寺庙、官署等等级较高的建筑，如大式建筑的屋顶多为庑殿、歇山顶。

1.2.5 按木构架结构分

分为抬梁式构架、穿斗式构架、抬梁与穿斗式构架、干阑式构架、井干式构架，见图1-5~图1-9。

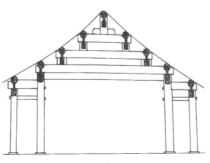

图1-5 抬梁式构架

图1-6 穿斗式构架

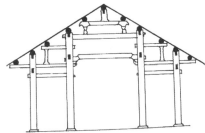

图1-7 抬梁与穿斗式构架

图1-8 干阑式构架（左）
图1-9 井干式构架（右）

1.3 常用的单体建筑名称

1.3.1 宫殿

宫：秦以前从王侯到平民的居室都称为"宫"，秦以后"宫"才成为帝王专用的居所名称。

殿：秦汉以前高大的房屋统称为"殿"，秦汉以后"殿"才成为帝王住所名称。如北京故宫太和殿和乾清宫，屋盖为重檐庑殿屋顶，是中国古建筑中等级最高的建筑，见图1-10、图1-11。佛、寺、道观中供奉神佛的建筑也称为"殿"，皇家朝会、宴乐、祭祀的建筑习惯统称为"宫殿"，如北京天坛公园皇家祭祀建筑祈年殿屋盖为三重檐攒尖屋顶，也是古建筑攒尖顶最高等级的建筑，见图1-12。

1.3.2　楼阁

楼阁是指两层以上建筑物的统称。

楼：建筑外立面楼层之间中腰处无腰檐，如北京前门箭楼、寺庙钟楼、王府后楼、配楼、秀楼、戏楼等。

阁：建筑外立面楼层之间有平座腰檐，如山东蓬莱阁、北京故宫太和殿两侧的体仁阁、弘义阁等，见图1-13。

1.3.3　亭

古代建筑意匠的一个缩影，造型优美，与环境完美结合。亭的功能是休息、观赏、祭祀、点缀园林景观等。亭的种类多样，举不胜举，见图1-14、图1-15。

图1-10　北京故宫太和殿（左）

图1-11　北京故宫乾清宫（右）

图1-12　北京天坛祈年殿（左）

图1-13　北京故宫体仁阁（右）

图1-14　北京颐和园知春亭（左）

图1-15　苏州艺圃乳鱼亭（右）

1.3.4 台榭

指高台上建造的开敞的厅，称为榭，榭和台组合在一起称为台榭，见图 1-16。

1.3.5 廊

我国古代建筑中有屋顶无围墙的通道建筑称为廊。廊的作用是连接屋宇，围合分割院落。廊与桥组合在一起称为廊桥，是跨溪河的建筑，见图 1-17。

图 1-16　苏州拙政园藕香榭（左）

图 1-17　北京颐和园文昌苑建筑之间的连廊（右）

1.3.6 塔

塔是佛教建筑，随着佛教传入，古印度塔也随之传入我国，塔最早是用来供奉和安置得道高僧舍利、经文和各种法物的建筑，见图 1-18。

图 1-18　木塔

课后任务

1．习题

（1）常见单体古建筑名称。

（2）木结构古建筑由几部分组成？

（3）清代木构架有哪些类型？

（4）古建筑屋顶有几种基本形式？

（5）古建筑木构架的形式。

（6）硬山、悬山、歇山、庑殿建筑名词解释。

（7）硬山建筑主要由哪些木构件组成？

（8）硬山建筑与悬山建筑的区别。

2．分组练习

扫描二维码 1-1，浏览并下载本单元工作页，请在教师指导下完成相关分组练习。

二维码 1-1　单元一工作页

2

单元二
硬山、悬山、庑殿、歇山
建筑木构架

学习目标：

使学生认知古建筑，掌握硬山、悬山、歇山、
庑殿建筑木构架构成，学会分析问题、自主
学习的方法，能与其他同学团结协作收集整
理资料。

学习重点：

硬山、悬山、歇山、庑殿建筑木构架的组
成和作用。

学习难点：

硬山、悬山、歇山、庑殿建筑木构架的
区别。

2.1 硬山建筑木构架

2.1.1 硬山建筑木构架特征及主要形式

硬山建筑的形式是屋面只有前后两坡，两侧山墙与屋面相交，檩木梁架全部封砌在山墙内，建筑形式见图2-1、图2-2。

常见的硬山建筑木构架形式为七檩硬山、六檩硬山、五檩硬山，梁架结构简图见图2-3。

图2-1 硬山建筑正面实例（左）

图2-2 硬山建筑山面实例（右）

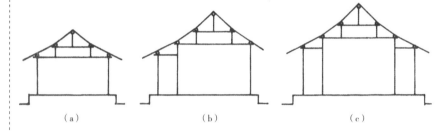

图2-3 硬山建筑结构简图
（a）五檩无廊硬山；
（b）六檩前出廊硬山；
（c）七檩前后廊硬山

（a）　　　　　　（b）　　　　　　（c）

2.1.2 不同硬山建筑的用途

七檩硬山用于主房（正房），六檩前出廊硬山常用于中轴线二进院落堂室或各院落带廊厢房，五檩无廊硬山常用于厢房、后罩房、倒座房。七檩前后廊硬山建筑常用于硬山院落群中轴线的主要建筑，是建筑中体量大、地位高的建筑。

2.1.3 大式、小式硬山建筑的区别

大式、小式硬山建筑的区别，主要在尺度、梁架形式、屋面做法（青筒瓦、琉璃瓦、脊饰兽吻）、建筑装饰等方面。硬山带斗栱大式建筑主要应用于皇家和寺庙建筑院落中的厢房，在实际中应用得较少，硬山建筑常用于小式建筑，是皇家附属建筑、寺庙建筑、官署建筑、北方民居建筑常用的形式，是古建筑应用量大面广的建筑形式。

2.1.4 硬山建筑木构架的组成、名称及作用

硬山建筑主要由三部分组成，下部分为基础和台阶，中间部分为木构架、门窗木构件和墙体，上部分为屋顶。中部的木构架称为下架，屋顶的木构架称为上架。

2.1.4.1 硬山建筑木构架的组成

硬山建筑木构架主要由柱、梁、枋、檩、椽、板、连檐等多种构件组成。各类构件的功能不同、名称不同、形状不同，在建筑物中的位置也不同。木构件之间用榫卯结合。

以七檩硬山建筑为例：七檩硬山建筑在进深方向常布置四排柱。前后两排为檐柱（也称小檐柱），檐柱内两排为金柱（也称老檐柱），见图2-4。

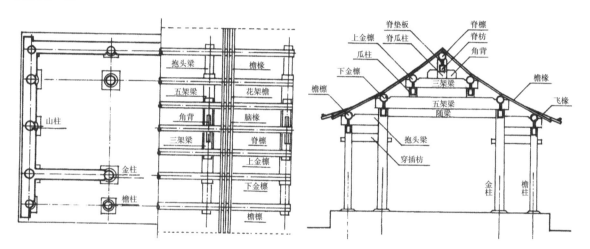

图2-4 硬山建筑木构架平面、剖面图

2.1.4.2 七檩硬山建筑木构架的组成

木构架下架由檐柱、金柱、山墙柱、檐枋、穿插枋、随梁枋组成；木构架上架由抱头梁、檐垫板、檐檩、五架梁、下金枋、下金垫板、下金檩、金瓜柱、三架梁、上金枋、上金垫板、上金檩、脊瓜柱、脊角背、脊枋、脊垫板、脊檩、檐椽、脑椽、花架椽、飞椽、小连檐、大连檐、望板、山墙处单步梁、双步梁等木构件组成，见图2-5、二维码2-1。

2.1.4.3 大木架主要构件作用及所在位置

1. 檐柱

檐柱位于檐廊外侧，承托檐枋、檐垫板、抱头梁及檐廊处屋面传来的重量和荷载。

2. 金柱

金柱位于纵向外墙处，柱头上纵向承托金枋、金垫板，横向承托随梁枋、梁架，金柱承托以上构件及屋面传来的重量和荷载。

二维码2-1 七檩硬山正立面图（示例）

图2-5 硬山建筑木构架组成图

1—台明；2—柱顶石；3—阶条；4—垂带；5—踏跺；6—檐柱；7—金柱；8—檐枋；9—檐垫板；10—檐檩；11—金枋；12—金垫板；13—金檩；14—脊枋；15—脊垫板；16—脊檩；17—穿插枋；18—抱头梁；19—随梁枋；20—五架梁；21—三架梁；22—脊瓜柱；23—脊角背；24—金瓜柱；25—檐椽；26—脑椽；27—花架椽；28—飞椽；29—小连檐；30—大连檐；31—望板

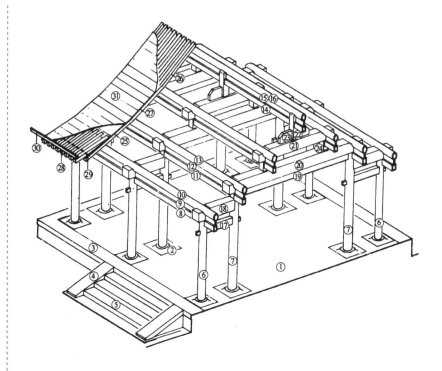

3. 梁架

沿建筑横向设置，主要承托檩子传来的屋面构件重量。梁架承托檩子的数量决定梁架的名称，如：七架梁承托七根檩子，五架梁承托五根檩子，三架梁承托三根檩子，四、六架梁通常承托双脊檩子。设在最下面的梁架俗称梁柁。

4. 枋

枋纵横设置，主要起拉结稳固整体木构架作用，金枋与随梁枋纵横连接，相当于圈梁作用。檐枋连接檐柱，穿插枋连接檐柱与金柱。

5. 抱头梁

抱头梁与穿插枋方向相一致，在穿插枋上方，梁头落在檐柱上，梁尾做榫插入金柱对应的卯口中，主要作用是承托檐檩，同时也起连接檐柱和金柱的作用。

6. 檩

沿建筑长度方向设置，与梁相交，承托椽子传来的荷载。檩子按所在位置称檐檩、金檩（上金檩、下金檩）、脊檩（屋脊处）。檩、垫板、枋三件叠在一起的做法叫"檩三件"。

7. 瓜柱、柁墩、角背

金瓜柱是梁架之间的支撑构件，位置设在承托金檩梁架的梁头下方，下端支撑固定在下一层梁架上。瓜柱的高低决定屋面坡度。当上下梁之间净距离不大于瓜柱直径时设柁墩。脊瓜柱设在脊檩下部，承托脊檩三件传来的荷载；脊瓜柱通常较高，稳定性差，为加强稳定性常设角背。

8. 屋面基层木构件

屋面基层木构件主要有椽子、连檐、望板、瓦口板等，这些构件主要的作用是承托屋面的瓦件。

1）椽子

椽子具有承托瓦件和固定瓦件的作用，椽子在屋面的布置方向与檩子直角相交（翼角椽除外）。椽子按所在位置不同，分为脑椽、花架椽、檐椽、飞椽。

脑椽：上金檩与脊檩之间的椽子。

花架椽：上金檩与下金檩之间的椽子。

檐椽：檐檩与下金檩之间及檐墙出檐的椽子。

飞椽：设在檐椽之上的椽子，外形为楔形，使屋面檐口成反宇之式，作用是排水、增加檐口厚度，见图2-6。

图2-6 仿古新建筑檐口木构件

2）连檐

连接椽子、飞椽椽头的横木称连檐，起固定椽头和封望板收口作用。连接檐椽椽头的横木称小连檐，连接飞椽椽头的横木称大连檐。

3）望板

望板铺设在椽子上，起承托瓦泥作用。常用材料为木板，简陋的民房也有用席箔、柳笆代替木板作望板的。

4）瓦口

瓦口条起固定檐口瓦件作用。常用材料为木板，木板上部依据瓦件尺寸做成瓦口形。

9. 山柱

七檩硬山的山墙处，考虑山墙的稳定性，通常设山柱直通脊檩，山墙处的梁架以山柱为中心，左右梁架做成单步梁、双步梁（承托两个步架），见图2-7。

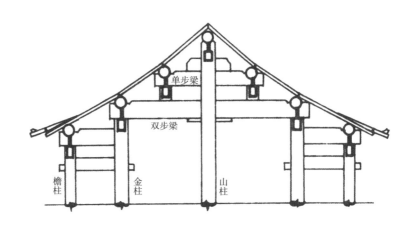

图2-7 七檩硬山建筑排山
木构架剖面图

10. 木构架工程实例

北京市民居改造四合院仿古新建筑五檩、六檩木构架工程实例,见图2-8、图2-9。

图2-8 前带廊硬山建筑六
檩木构架(左)
图2-9 硬山建筑五檩木构
架(右)

2.2 悬山建筑木构架

2.2.1 悬山建筑形式及木构架特征

悬山建筑的主要形式是屋面有前后两坡,屋面两端悬挑出山墙或山墙梁架外,为悬山建筑(也称作挑山建筑),见图2-10。

2.2.1.1 悬山建筑与硬山建筑木构架的区别

悬山建筑与硬山建筑的区别主要在山墙屋面处,屋面檩木出挑于山墙外,挑出的部分称"出梢"。正身梁架与硬山建筑木构架相同。

图2-10 悬山建筑山面形式

2.2.1.2 悬山建筑的主要形式

悬山建筑按屋面分为大屋脊悬山、卷棚悬山两种。

大屋脊悬山：前后屋面相交形成一条正脊。木构架梁架布置见图2-11。

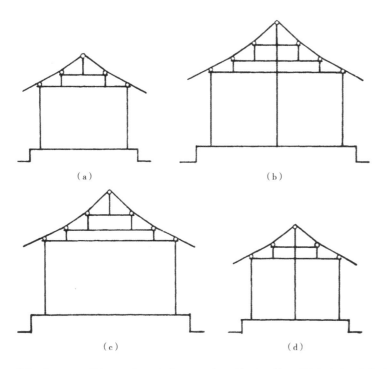

图2-11 大屋脊悬山建筑
梁架结构简图
（a）五檩悬山；
（b）七檩中柱式悬山；
（c）七檩大屋脊悬山；
（d）五檩中柱悬山

卷棚悬山：屋面无正脊，脊部设双脊，前后两坡屋面在脊部形成过陇脊。木构架梁架布置见图2-12。

按梁架分为七檩大屋架悬山、七檩中柱悬山、五檩悬山、五檩中柱悬山、八檩卷棚、六檩卷棚、一殿一卷悬山、四檩卷棚。

七檩大屋架悬山、七檩中柱悬山、五檩悬山、五檩中柱悬山与硬山梁架类同。八檩卷棚、六檩卷棚、四檩卷棚脊部设双脊，上设罗锅椽子。

一殿一卷悬山是指两种卷棚勾连搭接，常用于垂花门，见图2-12。

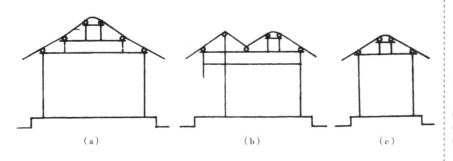

图2-12 卷棚悬山建筑梁
架结构简图
（a）六檩卷棚；
（b）一殿一卷悬山；
（c）四檩卷棚

2.2.2 悬山建筑构件的位置、名称和作用

2.2.2.1 悬山梢檩

出挑山墙部分的檩子，外挑尺度清工部《工程做法则例》有两种规定：一种由山墙面柱中向外出挑四椽四档，见图2-13；另一种由山墙面柱中向外出挑长度等于上檐出尺寸。

2.2.2.2 博缝板

博缝板设在悬出的檩木端头外侧，起防止檩木端部受雨侵蚀和美观作用。

博缝板尺度与檩子或椽子成比例，清工部《工程做法则例》规定，博缝板厚0.7~1椽径，宽6~7椽径（或二檩径），长随椽子排列长度确定，按步架分块，随屋面举折安装，成弯曲的形状。端头形式见图2-13。

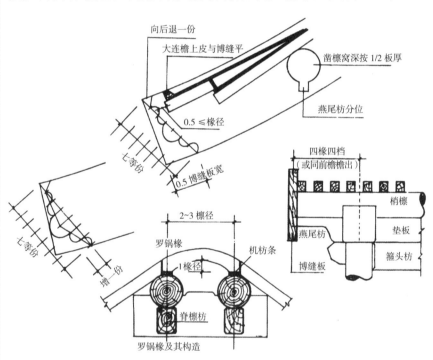

图2-13 悬山建筑博缝板、罗锅椽子、挑山构件图

2.2.2.3 燕尾枋

燕尾枋设在出挑的梢檩下面，外形似燕尾，高厚同垫板，安装在山墙外的梁架外侧，似垫板外伸的出挑，实际为单独构件。

2.2.2.4 箍头枋

箍头枋是设在燕尾枋下面的枋，山墙外端做成箍头形式，箍头既起稳固枋与柱子拉结的作用，又具有装饰效果。

2.2.2.5 悬山山墙与木构架关系

悬山山墙封闭木构件有三种形式：第一种是山墙面直接封到顶，露

图2-14　悬山建筑五花山
　　　　墙实例图（左）
图2-15　悬山建筑象眼板
　　　　封山墙实例图
　　　　（右）

出橼子和燕尾枋；第二种是五花山做法，山墙只砌到梁架下，见图2-14，随梁架的举折形式砌成阶梯形，梁架暴露在外侧；第三种是山墙砌到梁枋下面，主梁上面的木构架全部外露，梁架之间的空当用木板封堵，该板通常称为象眼板，见图2-15、二维码2-2。

2.3　庑殿建筑木构架

庑殿建筑是古建筑中最高等级的建筑，封建社会时期此类建筑形式只用于皇家宫殿、寺庙一类的建筑。该形式的建筑通常布置在建筑群院落的中轴线上。

二维码2-2　悬山立面图

2.3.1　庑殿建筑的特征和主要形式

庑殿建筑屋面有四大坡，前后坡屋面相交形成正脊，两山坡屋面与前后坡屋面相交形成四条垂脊，庑殿也称为四阿殿、五脊殿，见图2-16、图2-17。

2.3.2　庑殿建筑木构架的组成、作用及构件名称

庑殿建筑木构架主要由两部分组成：一部分是正身部分木构架；另一部分是山面及转角部分木构架。

正身部分构架是支撑前后两坡部分屋面的木构架，构架的构成同硬山屋架。

图2-16　北京故宫太和殿
　　　　庑殿建筑正立面
　　　　（左）
图2-17　北京故宫太和殿
　　　　庑殿建筑侧立面
　　　　（右）

山面及转角部分构架是构成庑殿屋顶的主要木构件，也是与硬山、悬山屋面不同的构造部分。

2.3.2.1 庑殿建筑山面及转角部分木构架组成

庑殿建筑山面及转角部分构架由桁檩、顺梁、趴梁、太平梁、交金瓜柱、雷公柱、角梁、由戗、脊由戗、扶脊木等构件组成，见图2-18、二维码2-3。

2.3.2.2 山面及转角部分各构件的位置和功能

1．桁檩

山面桁檩与梁架平行布置，承托山面椽子和瓦件。山面桁檩除檐柱和山墙处有支撑外，其余位置无处搭接桁檩，因此设置顺梁、趴梁，承托山面行檩，见图2-18。

2．顺梁、趴梁

顺梁、趴梁与正身桁檩平行，承托山面桁檩。布置形式为顺梁法和趴梁法。

顺梁是设在山面最下层的梁，由柱承托与一端正身梁成正角相交，另一端在山墙檐柱上，桁檩在顺梁上面，见图2-18。

趴梁设在桁檩和梁架上面，与金枋相交承托山面上一层桁檩，依次层层叠落，形成山面基本构架。

3．太平梁

太平梁位于正脊端部，正交于上金檩之上，承托雷公柱。

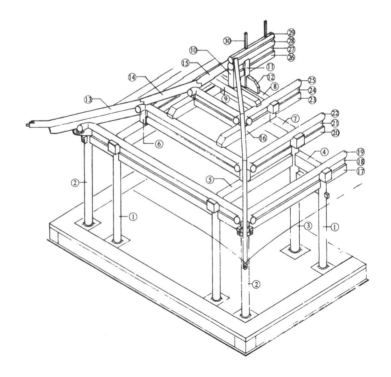

图2-18 庑殿建筑木构架组成图

1—檐柱；2—角檐柱；3—金柱；4—抱头梁；5—顺梁；6—交金瓜柱；7—五架梁；8—三架梁；9—太平梁；10—雷公柱；11—脊瓜柱；12—角背；13—角梁；14—由戗；15—脊由戗；16—趴梁；17—檐枋；18—檐垫板；19—檐檩；20—下金枋；21—下金垫板；22—下金檩；23—上金枋；24—上金垫板；25—上金檩；26—脊枋；27—脊垫板；28—脊檩；29—扶脊木；30—脊桩

4．交金瓜柱

交金瓜柱垂直设于顺梁上，承托山面桁檩、正身桁檩与桁檩上面的角梁、由戗构件传来的重量和荷载。

5．雷公柱

雷公柱垂直设于太平梁上，支撑延长的正脊。

6．角梁、由戗、脊由戗

角梁、由戗、脊由戗设于前后两屋面和山面交汇处，形成四条斜脊。转角处翼角、檐檩与下金檩之间的斜交构件称角梁；转角金檩与金檩之间的斜交构件称由戗，正脊端部与转角上金檩之间的斜交构件称脊由戗，它们组合形成斜脊。

7．扶脊木、脊桩

扶脊木设于正脊之上，增加屋脊高度，承托脊瓦；脊桩垂直设于扶脊木上，固定脊瓦和兽吻（二维码2-4）。

二维码2-4　庑殿屋顶平面设计图

2.3.3　庑殿推山法

庑殿推山法是将两山屋面向外推，使正脊加长，使山面屋面变陡。推山后四条垂脊不再是一条直线，而呈曲线状。

《营造算例》中推山法分为两种：一种是檐、金、脊各步步架尺寸相同的推山法；另一种是金步、脊步各步架尺寸不同的推山法。

2.3.3.1　檐、金、脊各步步架相同的推山法

庑殿建筑推山过程为：檐部方角不推，保证角梁位置两侧的山面檐口与檐面檐口相交成方角。即山面第一步（檐步或廊步步架）不推，第二步下金步按第一步步架一成推，指按檐步或廊步步架的1/10推，如：步架为五尺即推五寸，推山后的步架尺寸实际为四尺五寸，以后各步架在前一步架推完的尺寸上，推一成（1/10），依次类推推山。若步架尺寸为 x，计算公式为 $x_n=0.9^{n-1}x$，推山后的屋脊、垂脊位置及形式见图2-19，推山简图见图2-20。

2.3.3.2　金、脊各步步架不相同的推山法

当金、脊各步步架不相等，如九檩，每山四步：第一步六尺，第二步五尺，第三步四尺，第四步三尺。

推山过程为，第一步（檐步或廊步步架）六尺不推，第二步按下金步尺寸推一成，即推五寸，同时第三、第四步在原尺寸上也减掉五寸，随后第三步在三尺五寸的基础上再推一成，变为三尺一寸五，第四步已经减两次推山尺寸（五寸、三寸五），剩余尺寸为二尺一寸五，在此基础上再推一成（1/10）。以此类推，推山垂脊曲线弧度大。不等步架推山简图见图2-21。

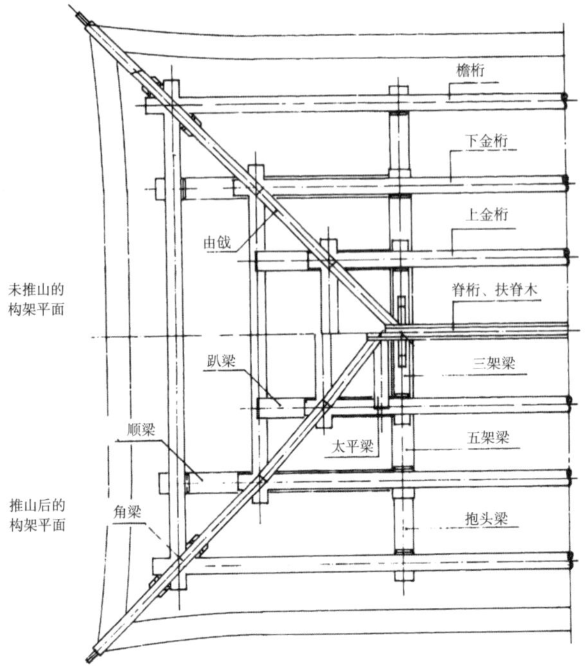

图 2-19 庑殿建筑推山与
不推山正脊、垂
脊位置图

图 2-20 庑殿建筑相同步
架每次推山垂脊
位置简图（左）

图 2-21 庑殿建筑不相同
步架每次推山垂
脊位置简图（右）

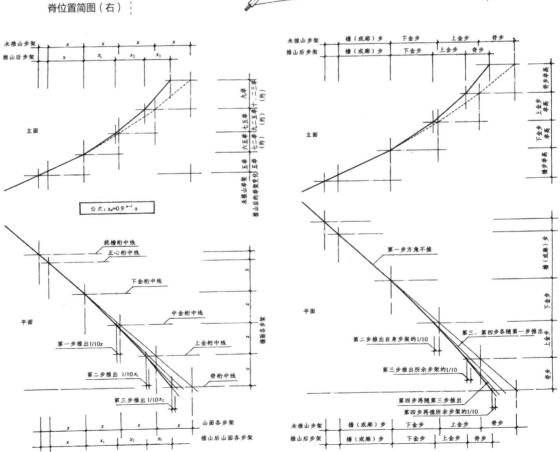

若金、脊各步步架尺寸相等，仅檐部步架尺寸不等时，按相同步架推山法推山。

2.4 歇山建筑木构架

歇山建筑外观既有庑殿的浑厚气势，又有攒尖建筑的秀丽风格，广泛应用于官式、寺庙、园林、城垣、殿堂、楼阁等古建筑中。

2.4.1 歇山建筑的特征与木构架的组成

歇山建筑是庑殿建筑和悬山建筑的有机结合，上部具有悬山建筑的特征，下部具有庑殿建筑的特征（以金檩为界），共有九个屋脊。建筑形式见图2-22。

歇山建筑按屋脊形式可分为：重檐歇山、单檐歇山、大屋脊歇山、卷棚歇山。下面以单檐大屋脊歇山为例。

图2-22 歇山建筑实例图

2.4.2 大屋脊歇山建筑木构架的构成

歇山建筑木构架的构成与硬山、庑殿、悬山建筑的区别在山面屋面处，正身木构架与前几种建筑木构架相同，山面屋面与其他建筑不同的木构件有踩步金、踏脚木、穿（横穿）、草架柱、山花板等。

歇山建筑山面木构架基本构造分为顺梁法和趴梁法。木构架顺梁构造方法见图2-23。

2.4.3 大屋脊歇山建筑木构架的名称、位置和作用
2.4.3.1 踩步金的位置及作用

1.踩步金的位置

位于山面下金檩平面处，与下金檩垂直相交，是一个正身似梁，两端似檩的构件，多以桁檩的形式出现。

2.踩步金的作用

踩步金外侧剔凿椽窝，搭置山面檐椽，梁身上安装瓜柱或梁墩承托上面的梁架。

图 2-23 歇山建筑顺梁构造木构架组成图

1—檐柱；2—角檐柱；3—金柱；4—顺梁；5—抱头梁；6—交金墩；7—踩步金；8—三架梁；9—踏脚木；10—穿；11—草架柱；12—五架梁；13—角梁（仔角梁）；14—檐枋；15—檐垫板；16—檐檩；17—下金枋；18—下金垫板；19—下金檩；20—上金枋；21—上金垫板；22—上金檩；23—脊枋；24—脊垫板；25—脊檩；26—扶脊木

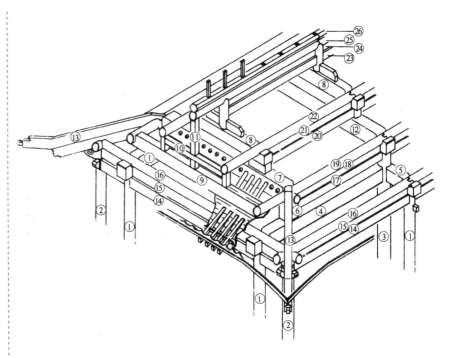

3. 踩步金的长度和标高位置

踩步金长度相当于和它相对应的正身部位梁架的长度。如一座七檩歇山建筑，踩步金长度与正身部位的五架梁相当。底皮标高高于对应的正身梁一平水，与前后檐下金檩的底皮平齐，以便与下金檩出挑部分的榫扣正交结合。

2.4.3.2 顺梁和趴梁

踩步金竖向没有柱子支撑，由下部的顺梁和趴梁承托。

1. 顺梁

位置与金柱、抱头梁相交，在梁架下方与抱头梁在一个水平面上；上设交金瓜柱或交金墩承托踩步金传来的荷载。作用与庑殿顶顺梁相同。

2. 趴梁

位置直接扣在山面檐檩上，看似金枋的延伸，故名称也叫"金枋带趴梁"，梁头作碗子和阶梯形榫与山面檐檩扣搭相结合，另一端作燕尾榫与金柱头相结合。它既是踩步金的梁架，也是梢间的金檩枋（又称老檐枋），见图 2-24。

2.4.4 歇山建筑的收山

歇山建筑山面屋面上部木构架是悬山做法，檩木由踩步金向山面出挑。

清式《工程做法则例》规定：小式歇山建筑由山面檐檩的檩中向内收一檩径定为山花板外皮位置，见图 2-25，即收山法则。

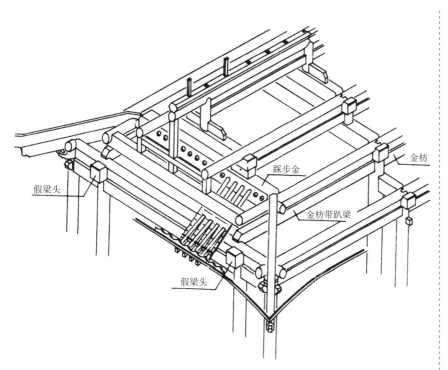

假梁头

踩步金

金枋

金枋带趴梁

假梁头

图 2-24 歇山建筑趴梁构
造木构架组成图

歇山建筑收山法则：
由山面檐檩向内一檩径为山花板外皮位置

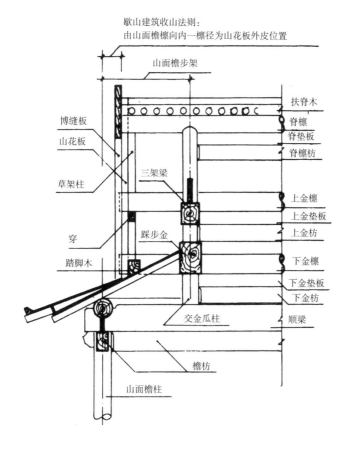

山面檐步架

博缝板

山花板

草架柱

三架梁

穿

踩步金

踏脚木

扶脊木

脊檩

脊垫板

脊檩枋

上金檩

上金垫板

上金枋

下金檩

下金垫板

下金枋

交金瓜柱

顺梁

檐枋

山面檐柱

图 2-25 歇山建筑收山木
构架组成图

清式大式有斗栱建筑收山：按建筑正心桁中心。歇山建筑一律遵循以上法则。

2.4.5　草架柱、踏脚木、穿

歇山建筑梢间屋面向山面出挑的檩子，由相互垂直相交的草架柱、踏脚木、穿（横穿、穿梁）组成的木构架承托。踏脚木平放在山面檐椽上，下面随檐椽的坡度砍成斜面，用钉或铁件固定在檐椽上。该组木构架也起固定山花板作用，山花板固定在木构架外侧。

2.4.6　山花板、博缝板

山花板是封堵歇山建筑上部山面（山花）的木板，博缝板起保护檩头、拉接檩头的作用，山花板与博缝板共同装饰山墙面。

图 2-26　歇山建筑平面柱网布置图
（a）周围廊柱网平面；
（b）前后廊柱网平面；
（c）无廊歇山柱网；
（d）前廊后无廊歇山柱网；
（e）单开间无廊歇山柱网分布

2.4.7　柱网变化与歇山建筑山面构造的关系

歇山建筑随柱网的布置不同，山面构造也随着变化。歇山山面构造变化的几种柱网形式，见图2-26。

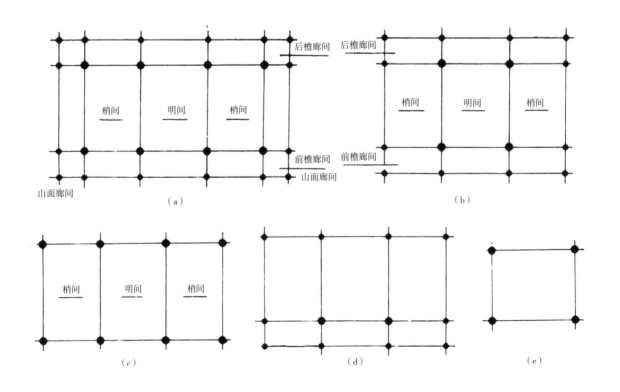

2.4.7.1　周围廊歇山的山面构架构成

这种形式常用于宫殿、寺庙、园林建筑。以三开间七檩围廊式建筑为例。平面外围一圈檐柱，里围一圈金柱。梢间金柱平面位置正是歇山设置踩步金的位置，此情况可利用梢间的五架梁兼踩步金的作用。该梁架尺度、标高与明间梁架相同，只是外侧剔凿檩窝，承接山面檐椽后尾，见图2-27。

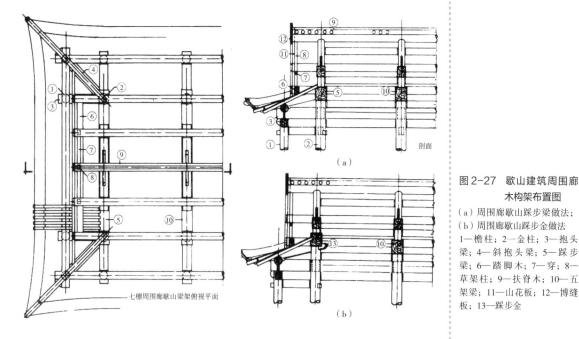

七檩周围廊歇山梁架俯视平面

（a）

（b）

图2-27　歇山建筑周围廊木构架布置图

（a）周围廊歇山踩步梁做法；
（b）周围廊歇山踩步金做法
1—檐柱；2—金柱；3—抱头梁；4—斜抱头梁；5—踩步梁；6—踏脚木；7—穿；8—草架柱；9—扶脊木；10—五架梁；11—山花板；12—博缝板；13—踩步金

2.4.7.2　前后廊歇山的山面构架构成

这种形式平面前后有廊，外围一圈檐柱，里面只有正身部分有金柱。梢间外侧无金柱，该形式踩步金用顺梁或趴梁承托，见图2-28。

采用顺梁还是用趴梁承托踩步金，根据建筑的体量、等级（大式、小式）和装修决定。

2.4.7.3　无廊歇山的山面构架构成

无廊歇山建筑平面柱网只有一圈檐柱，无金柱，该形式踩步金用趴梁承托，见图2-29。

2.4.7.4　前出廊歇山的山面构架构成

前出廊歇山建筑，常见于园林建筑。这种形式平面前后有檐柱，前檐柱内侧有一排金柱。该形式踩步金通常用趴梁承托。将前檐金枋与金柱交接端做燕尾榫交与金柱头，外一端做出趴梁榫扣搭于山面檐檩上，见图2-30。

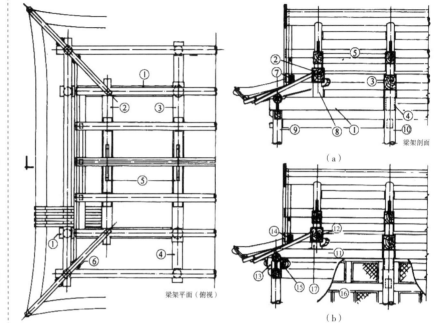

图 2-28 歇山建筑前后廊木构架布置图
（a）前后廊歇山顺梁做法；
（b）前后廊歇山趴梁做法
1—顺梁；2—踩步金；3—五架梁；4—抱头梁；5—三架梁；6—角云；7—踏脚木；8—交金瓜柱；9—山面檐柱；10—金柱；11—趴梁；12—踩步金；13—假梁头；14—踏脚木；15—角云；16—装修；17—交金墩

梁架剖面
（a）
梁架平面（俯视）
（b）

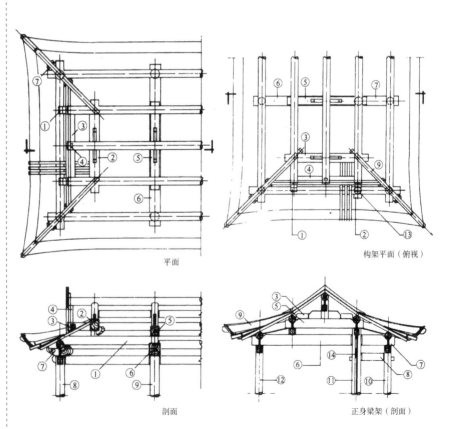

图 2-29 歇山建筑无廊木构架布置图（左）
1—趴梁；2—踩步金；3—踏脚木；4—草架柱；5—三架梁；6—五架梁；7—角云；8—角檐柱；9—檐柱

图 2-30 歇山建筑前出廊木构架布置图（右）
1—趴梁；2—假梁头；3—踩步金；4—踏脚木；5—三架梁；6—插梁；7—抱头梁；8—穿插枋；9—角梁；10—前檐柱；11—金柱；12—后檐柱；13—山面檐柱；14—装修

平面
构架平面（俯视）
剖面
正身梁架（剖面）

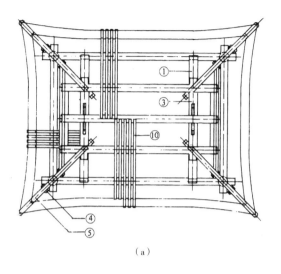
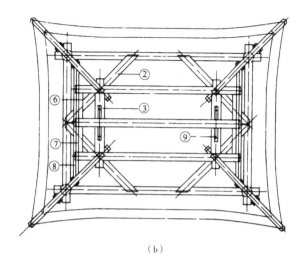

（a）   （b）

2.4.7.5 单开间无廊歇山的山面构架构成

单开间无廊歇山建筑，常见于园林中的小型亭榭和寺庙中的钟楼。平面柱网分布只有一个开间和檐柱，该形式踩步金常用趴梁、抹角梁承托，趴梁方向与檩子垂直，见图2-31。

课后任务

1.习题

（1）说明什么是硬山、悬山、庑殿、歇山建筑。

（2）说明硬山、悬山、庑殿、歇山木构架的构成及木构件名称。

（3）认识硬山、悬山、庑殿、歇山建筑木构架。

（4）区别大木架上、下架木构件。

（5）区别硬山、悬山、庑殿、歇山木构架上架不同的构件。

（6）说明硬山、悬山、庑殿、歇山木构架的作用。

（7）掌握庑殿建筑推山法则。

2.分组识别练习

扫描二维码2-5，浏览并下载本单元工作页，请在教师指导下完成相关分组识别练习。

图2-31 歇山建筑单开间
木构架布置图
（a）单开间无廊歇山趴梁做法；
（b）单开间无廊歇山抹角梁做法
1—趴梁；2—抹角梁；3—踩步金；4—角云；5—角梁；6—踏脚木；7—山花板；8—博缝板；9—角背；10—椽子

二维码2-5 单元二工作页

3

单元三
攒尖建筑木构架

学习目标:

学生能够区分不同的攒尖建筑,掌握攒尖建筑木构架构成,学会观察分析问题,掌握自主学习的方法,能与其他同学团结协作收集整理资料。

学习重点:

单檐、重檐四角亭、六角亭、八角亭建筑木构架的组成和作用。

学习难点:

圆亭、复合亭建筑木构架的组成。

3.1 攒尖建筑的特征与类型

3.1.1 攒尖建筑的特征

攒尖是指建筑物的若干坡屋面在顶部交汇为一点，形成尖顶，此类建筑称为攒尖建筑。

3.1.2 攒尖建筑的类型

攒尖建筑广泛地应用于宫殿、园林、寺庙建筑中。常用的类型有三角形、四角形、五角形、六角形、八角形、圆形等攒尖建筑，见图3-1、图3-2。

需要强调的是：不是所有的亭子都是攒尖建筑，如北京天坛的扇形亭（二维码3-1）；也不是所有的攒尖建筑都是亭子，如图3-2中的方形攒尖建筑——故宫中和殿。

简而言之：攒尖建筑与亭子，两者之间没有逻辑上的必然联系。

二维码3-1 扇形亭

（a） （b）

图3-1 攒尖亭建筑实例图
（a）攒尖四角亭；
（b）攒尖六角亭；
（c）攒尖园亭；
（d）攒尖八角亭

（c） （d）

（a）

（b）

3.2 四角攒尖建筑木构架

图 3-2 攒尖建筑实例图
（a）方形攒尖建筑；
（b）圆形攒尖建筑

3.2.1 单檐四角亭木构架

无斗栱单檐四角亭，平面呈正方形，一般由四根柱子承托四坡屋面，屋面四条脊交汇一点，形成攒尖，攒尖处安装宝顶。

木构架分上下两部分（以柱头为界），下部分由四根柱子和柱头上安装的四根箍头枋组成框架。

上部分由角云（也称花梁头）、垫板、檐檩形成第一层圈梁式上架，上部设趴梁或抹角梁承托第二层金檩组成的上架。

亭的四个角分别沿 45°安装角梁、由戗，四根由戗共同交汇在雷公柱上，见图 3-3。

3.2.1.1 单檐四角亭主要承重构件关系

主要承重构件依次关系为：柱顶承托角云，角云上搁置檐檩，檐檩在交角处用卡腰榫结合；檐檩上搭扣趴梁或抹角梁构件；趴梁或抹角梁上设置金枋、金檩构件；角梁、由戗形成四条脊，角梁下端搭扣在交角的檩端处，角梁上端与由戗下端搭扣榫相接，由戗上端与雷公柱榫卯结合形成整体。

3.2.1.2 单檐四角亭长短趴梁做法

长短趴梁在水平面中垂直相交，榫卯结合，并与相邻的檐檩平行，趴梁位置按步架尺寸确定（步架尺寸是指檩与檩之间的水平距离）。

3.2.1.3 单檐四角亭抹角梁做法

抹角梁与相交的檩子水平各成 45°角布置，上面搭扣的金枋和金檩与抹角梁也成 45°角布置，依次层层上叠形成攒尖屋顶基层构件。

3.2.2 重檐四角亭木构架

以无斗栱为例，重檐四角亭按平面柱网布置分为单围柱网和双围柱网两种形式。由于柱网形式不同，木构架也随之不同。

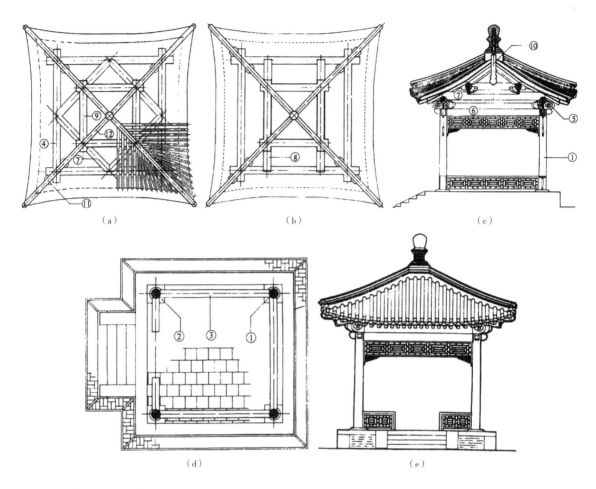

（a）　　　　　　　　（b）　　　　　　　　（c）

（d）　　　　　　　　（e）

图 3-3　单檐四角亭攒尖建
　　　　筑木构架图
（a）单檐四角亭抹角梁法木构
架平面图；
（b）单檐四角亭趴梁法木构架
平面图；
（c）单檐四角亭剖面图；
（d）平面图；
（e）立面图
1—檐柱；2—柱顶石；
3—坐凳；4—檐檩；
5—角云；6—檐枋；
7—抹角梁；8—趴梁；
9—金檩；10—雷公柱；
11—角梁；12—由戗

3.2.2.1　双围柱重檐四角亭木构架

平面由 16 根柱子组成，外围 12 根檐柱承托下层檐檩，内圈 4 根金柱直通上层屋檐，4 根内柱上部是上层屋盖的檐柱，上层屋盖构造同单檐四角亭。

下层檐是檐廊构造，在檐柱柱头上安装箍头枋，与檐柱共同形成围合框架。檐柱与金柱之间设抱头梁和穿插枋，角檐柱与金柱之间设斜抱头梁和斜穿插枋，见图 3-4。下层檐的檐椽外端固定在檐檩上，内端固定在金柱之间的承椽枋上，承椽枋外侧凿椽椀（也作 "椽碗"，本书中统一为 "椽椀"）固定椽子，在承椽枋上依次设围脊板、围脊枋和围脊楣子，见图 3-5。该做法平面柱子多。

3.2.2.2　单围柱重檐四角亭木构架

平面由 12 根檐柱组成，承托下层檐檩，内圈不设金柱，内部空间开敞。但上层檐需用井字梁或抹角梁承托。

1. 井字梁法

在下层檐柱头上搭设井字梁（角檐柱除外），井字梁下设井字随梁，

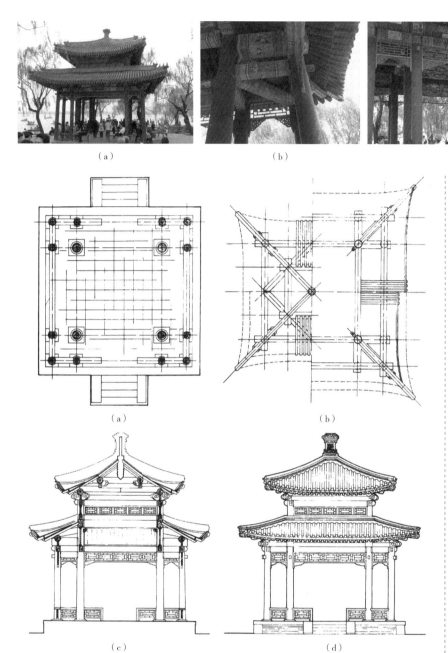

图 3-4 重檐四角亭建筑实例

(a) 双围柱重檐四角亭建筑;
(b) 下层檐穿插枋木构件实物;
(c) 下层檐局部实物

图 3-5 重檐四角亭建筑木构架

(a) 双围柱重檐四角亭平面图;
(b) 重檐四角亭屋面木构架平面图;
(c) 重檐四角亭剖面图;
(d) 重檐四角亭立面图

井字梁交接点处安墩斗,墩斗上设童柱,童柱上依次安装承椽枋、围脊板、围脊枋、围脊楣子等构件。童柱是上层檐的檐柱,童柱上部安装角云、垫板、檐檩、趴梁或抹角梁等,在趴梁或抹角梁上设金枋、金檩、角梁、由戗、雷公柱,做法同单檐四角亭,见图 3-6。

2. 抹角梁法

上层檐做法同单檐亭;下层檐不同于单檐四角亭,利用杠杆原理,以

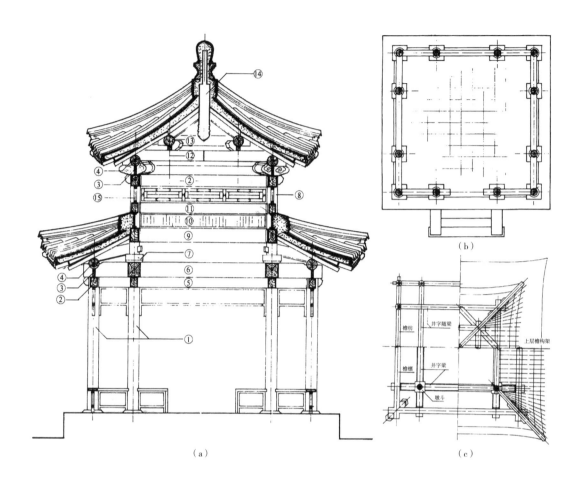

（a）

（b）

（c）

图3-6　重檐四角亭建筑井字梁木构架图

（a）重檐四角亭剖面图；
（b）重檐四角亭平面图；
（c）重檐四角亭下层檐井字梁木构架平面图
1—檐柱；2—檐枋；3—檐垫板；4—檐檩；5—井字随梁；6—井字梁；7—墩斗；8—童柱；9—承椽枋；10—围脊板；11—围脊枋；12—抹角梁；13—金檩；14—雷公柱；15—围脊榻子

抹角梁为支点，以下层角梁为杠杆悬挑上层檐构架。下层柱头上分别安装箍头枋、角云、假梁头、檐垫板、檐檩等构件。

下层檐的四角设抹角梁，下层檐的角梁后尾搭置在抹角梁上，角梁后尾设透榫，插入四根悬空柱卯中，悬空柱下设垂柱头雕饰。四根悬空柱之间依次安装花台枋、荷叶墩、承椽枋、围脊板、围脊枋、围脊榻子、上层檐枋等构件同单檐四角亭。该种形式仰视效果好，但角梁榫受剪切力比较大，需辅铁件固定，见图3-7。

3.3　五角攒尖建筑木构架

3.3.1　五角攒尖建筑常用形式

五角攒尖建筑，常见单檐形式。单檐五角亭，平面呈五边形，由五根柱子承托五坡屋面，屋面五条脊交汇一点，形成攒尖，攒尖处安装宝顶。

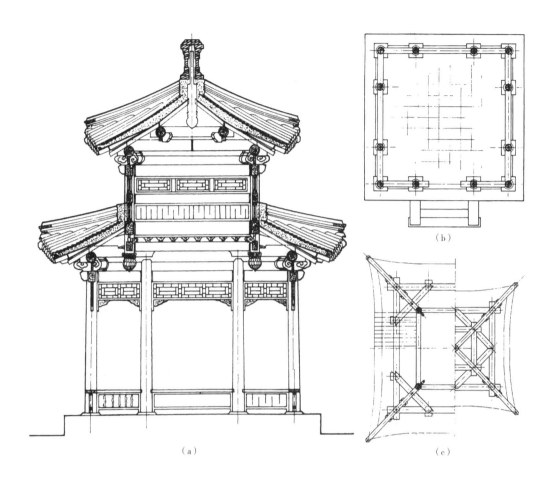

（a）

（b）

（c）

3.3.2　五角攒尖建筑木构架构成要点

以单檐无斗栱五角亭为例,分析与四角亭的不同之处主要有以下几点:

（1）承托金檩的趴梁与四角亭形式不同,趴梁是由五根趴梁组合一体,形成五边形。

（2）趴梁之间的连接不同之处:每根趴梁外端搭扣榫卯连接在檐檩上,内端与相邻的趴梁中段榫卯连接。

（3）趴梁与檐檩、金檩的关系:每根趴梁与相对应的檐檩平行,趴梁的轴线与金檩的轴线在平面上的投影重合,趴梁位置按步架尺寸布置,见图3-8。

3.4　六角攒尖建筑木构架

3.4.1　单檐六角亭木构架

无斗栱单檐六角亭,平面呈六边形,由六根柱子承托六坡屋面,屋面六条脊交汇一点,形成攒尖,攒尖处安装宝顶。

图 3-7　重檐四角亭建筑抹
角梁法木构架图
（a）重檐四角亭抹角梁法剖
面图;
（b）重檐四角亭平面图;
（c）重檐四角亭下层檐抹角梁
木构架平面图

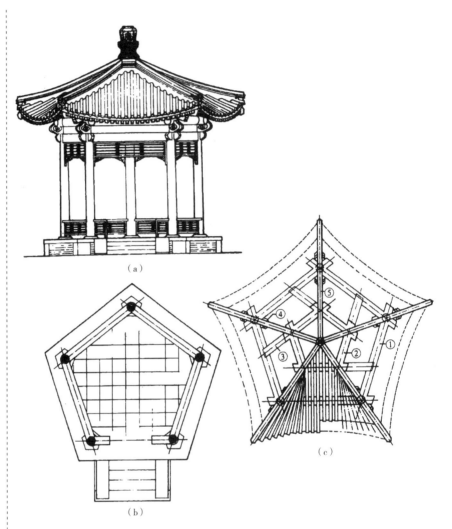

图 3-8　单檐五角亭建筑木
　　　　构架图例
（a）正立面图；
（b）平面图；
（c）构架平面图
1—檐檩；2—金檩；3—趴梁；
4—角云；5—角梁

（a）

（b）

（c）

　　木构架分上下两部分（以柱头为界），下部分由六根柱子和柱头上安装的六根箍头枋组成框架。

　　上部分由角云、垫板、檐檩（搭接交汇处卡腰榫结合）形成第一层圈梁式上架，上部在金檩轴线位置设趴梁，趴梁由长短趴梁组成，长趴梁两端搭在檐檩上，短趴梁与长趴梁水平面垂直相交，短趴梁两端与长趴梁交点处榫卯相接，上承托第二层金枋、金檩等构件组成的上架。六角设角梁、由戗交汇雷公柱。当六角亭跨度大时，可在金檩上设太平梁承托雷公柱，见图3-9。

3.4.2　重檐六角亭木构架

　　重檐六角亭按平面柱网布置分为单围柱网和两围柱网两种形式，顶层檐与单檐六角亭构架组成相同。

（a）　　　　　　　　　　　　（b）

（c）　　　　　　　　　　　　（d）

图3-9　重檐四角亭建筑抹
角梁法木构架图
（a）单檐六角亭平面图；
（b）单檐六角亭立面图；
（c）单檐六角亭剖面图；
（d）单檐六角亭抹角梁屋顶木
构架平面图

3.4.2.1　双围柱重檐六角亭木构架

无斗栱重檐六角亭由12根柱子承托上下层檐屋盖，外围6根檐柱承托下层檐檩，内圈6根金柱直通上层屋檐，上部起檐柱作用，上部分构造同单檐六角亭，见图3-10，上层檐承托金檩的梁，采用的是长短趴梁形式。

下层檐是檐廊构造。在檐柱柱头上安装箍头枋，箍头枋与檐柱共同形成围合下架；檐柱与金柱之间由下至上设穿插枋和抱头梁；抱头梁上布置檐檩；下层檐的檐椽外端安装在檐檩上，内端固定在金柱之间的承椽枋上，承椽枋外侧凿椽椀固定椽子；承椽枋上自下而上依次安装围脊板、围脊枋、围脊帽子，该形式同重檐四角亭井字梁做法，见图3-11、图3-12。

3.4.2.2　单围柱重檐六角亭木构架

平面由6根柱子组成，无金柱，仅用6根檐柱承托双层檐屋顶。下层屋檐由6根檐柱承托，上层屋檐采用抹角梁法承托屋檐顶构件，顶层木构

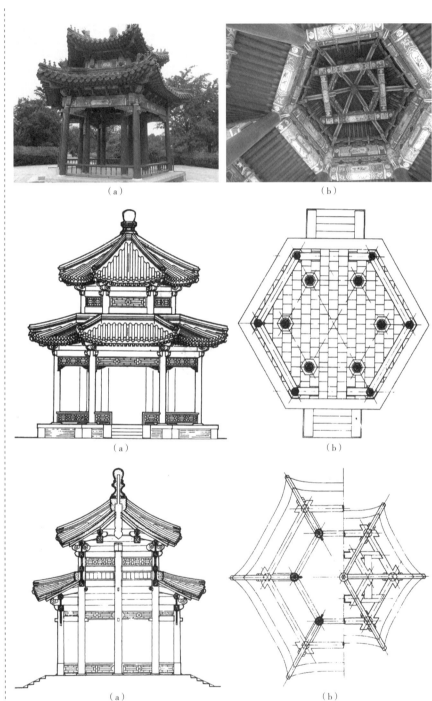

图 3-10　重檐六角亭建筑
　　　　实例
（a）双围柱重檐六角亭建筑
实例；
（b）上层檐木构架仰视实物

图 3-11　双围柱重檐六角亭
　　　　建筑立面、平面图
（a）双围柱重檐六角亭建筑立
面图；
（b）双围柱重檐六角亭平面图

图 3-12　双围柱重檐六角
　　　　亭建筑剖面、屋
　　　　顶平面图
（a）双围柱重檐六角亭建筑剖
面图；
（b）重檐六角亭上下层屋顶木
构架平面图

架做法同单檐六角亭构造。

　　重檐六角亭木构架基本构成如下。

　　1. 无斗栱重檐六角亭木构架基本构成

　　无斗栱下层檐柱头开榫卯安装檐枋，柱头上安装角云，角云之间设垫板。垫板上设搭交檐檩，檐檩上安装抹角梁，角梁一端搭置在相交的檐檩交角处，另一端过抹角梁、以抹角梁为支点，角梁后尾设透榫，穿入悬空童柱的下端卯口中，柱梁榫卯结合，悬挑上层童柱。童柱之间依次安装花台枋、荷叶墩、承椽枋、围脊板、围脊枋、围脊楣子，上层檐枋等构件同单檐六角亭。

2.有斗栱重檐六角亭木构架基本构成

设斗栱重檐檐柱柱头安装箍头额枋，箍头额枋上设平板箍头枋，平板箍头枋安装斗栱。斗栱上设搭交挑檐桁、正心桁，檐檩上安装抹角梁，角梁一端搭置在檐檩交角处，另一端过抹角梁、也以抹角梁为支点，角梁后尾设透榫，穿入悬空童柱，榫卯结合，悬挑上层檐柱。檐柱之间依次安装花台枋（大式建筑溜金斗栱后尾搭接在此枋上）、荷叶墩、承椽枋、围脊板、围脊枋、围脊楣子。上层如果也采用斗栱形式，顶层木构件自下而上依次是童柱上端设置箍头额枋、箍头平板枋、斗栱、桁檩、趴梁或抹角梁、金枋、金檩、角梁、由戗、雷公柱等主要木构件，见图3-13。

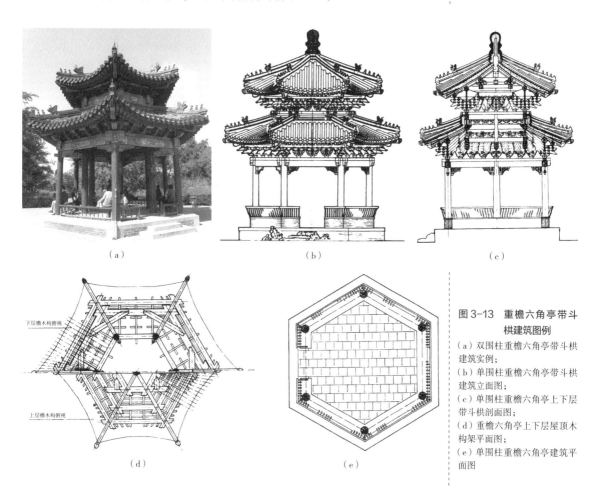

（a）　　　　　（b）　　　　　（c）

（d）　　　　　（e）

图3-13　重檐六角亭带斗栱建筑图例

（a）双围柱重檐六角亭带斗栱建筑实例；
（b）单围柱重檐六角亭带斗栱建筑立面图；
（c）单围柱重檐六角亭上下层带斗栱剖面图；
（d）重檐六角亭上下层屋顶木构架平面图；
（e）单围柱重檐六角亭建筑平面图

3.5 八角攒尖建筑木构架

3.5.1 单檐八角亭

无斗栱单檐八角亭，平面呈八边形，由八根柱子承托八坡屋面，屋面八条脊交汇一点，形成攒尖，攒尖处安装宝顶。

木构架组成基本同六角亭，下架由八根柱子和八根箍头枋组成，檐柱上部分由角云、垫板、檐檩（搭交处卡腰榫结合）形成第一层交圈上架，上部在金檩轴线位置设趴梁或抹角梁。八角亭与六角亭不同之处是长趴梁落在有檐柱承担的檐檩交汇处，不是搭扣在檐檩中部，长趴梁通常沿进深方向设置，长趴梁设置于开间还是进深方向，依据视觉效果决定。短趴梁设在与长趴梁水平垂直相交方向的金檩轴线处，梁两端搭在长趴梁上，上承扎金枋、金檩等构件组成的上架。八角设角梁、由戗交汇雷公柱木构件，见图3-14。

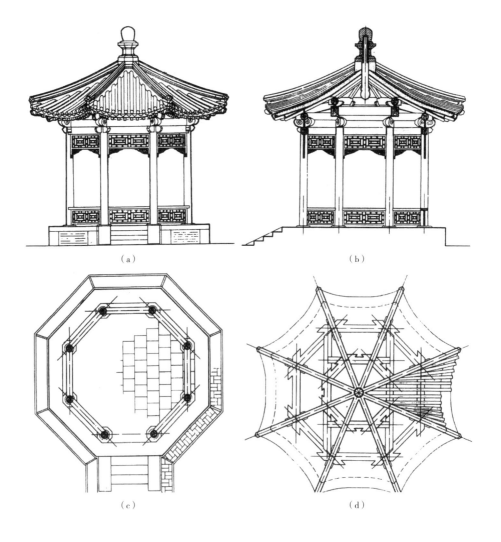

（a）　　　　　　　　　　　（b）

（c）　　　　　　　　　　　（d）

3.5.2　重檐八角亭

重檐八角亭按平面柱网布置分为单围柱和双围柱两种形式。木构架构成与重檐六角亭类同。

3.5.2.1　双围柱重檐八角亭木构架

无斗栱双围柱重檐八角亭平面由16根柱子组成，外圈8根檐柱，承托下层檐檩，内圈8根金柱直通上层屋檐，上部起顶层檐柱作用，上部分构造同单檐八角亭。

下层檐是檐廊构造。在檐柱柱头上安装檐枋，檐枋与檐柱共同围合形成下架。檐柱与金柱之间设抱头梁和穿插枋，下层檐的檐椽外端固定在檐檩上，内端固定在金柱之间的承椽枋上，承椽枋下可装棋枋板、棋枋。承椽枋上构造做法同六角亭，见图3-15。

3.5.2.2　单围柱重檐八角亭木构架

平面由八根柱子组成，只有八根檐柱承托上、下层屋盖，无金柱。檐柱上部布置长短趴梁、井字趴梁或抹角梁。趴梁轴线与上层檐檩轴线重合。井字趴梁内角设抹角梁，在上层童柱位上设墩斗，墩斗上设童柱。在童柱上分别安装承椽枋、围脊板、围脊枋、围脊楣子、上层屋檐枋、檐檩等，构件构造同单檐八角亭，见图3-16、图3-17、二维码3-2。

二维码3-2　重檐八角亭

图3-15　双围柱重檐八角亭
建筑木构架图例
（a）双围柱重檐八角亭建筑剖面图；
（b）双围柱重檐八角亭建筑平面图；
（c）重檐八角亭上下层屋顶木构架平面图

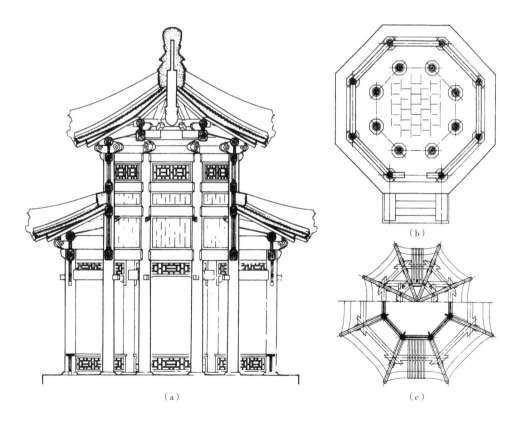

（a）　　　　　　　　　　（b）

（c）

（a）

（b）

（c）

（d）

图3-16　单围柱重檐八角亭
建筑木构架实例
（a）单围柱重檐八角亭建筑
实例；
（b）单围柱重檐八角亭上下层
构架内视局部；
（c）单围柱重檐八角亭顶层长
短趴梁构架实例；
（d）重檐八角亭下层趴梁木构
架实例

3.6　圆形攒尖建筑木构架

3.6.1　圆形建筑攒尖的特征

屋面展开平面为扇形，扇形合拢顶部形成一点，没有翼角。檐枋、檐垫板、檐檩均为弧形。

圆形攒尖建筑木构架要点：

柱头部位安装弧形檐枋，枋不做箍头，做燕尾榫与柱相交；圆形攒尖建筑无屋脊，上设弧形檐檩、金檩，金檩以上至雷公柱之间的椽子有集聚性；长趴梁设在下部有柱位置的檐檩上；趴梁的形式要保证上部金檩的所有交接节点都落在趴梁上；屋顶没有翼角，不设角梁木构架。

圆形建筑常用的形式：六柱圆亭、单檐八柱圆亭、重檐八柱双围圆亭等。

3.6.2　攒尖单檐六柱圆亭木构架

体量小的圆形攒尖建筑，常用6根柱子支撑屋盖，木构件组成依次为：檐柱、柱头部位安装弧形檐枋。柱头上安装花头梁，花头梁之间设

（a）　　　　　　　　　　　　　　　（b）

（c）　　　　　　　　　　　　　　　（d）

弧形垫板，花头梁上设弧形檐檩，檐檩上设长、短趴梁，长趴梁设在下部有柱位置的檐檩交点处（弧形构件悬空平放受力，自身有扭矩，悬空处不能设支点，上架趴梁必须布置在下架有柱处，确保木构架的稳定）。在金檩与趴梁交接点处搭接由戗（六根柱与雷公柱连线处），六根由戗另一端聚集一点穿插在雷公柱上，雷公柱由一根太平梁承担，太平梁落在下部有趴梁支撑点处，与金檩榫卯相接，太平梁的布置方向与长趴梁或短趴梁平行，见图3-18。

图3-17　单围柱重檐八角亭建筑木构架图例

（a）单围柱重檐八角亭立面图；
（b）单围柱重檐八角亭剖面图；
（c）单围柱重檐八角亭上下层屋顶构架平面图；
（d）单围柱重檐八角亭建筑平面图

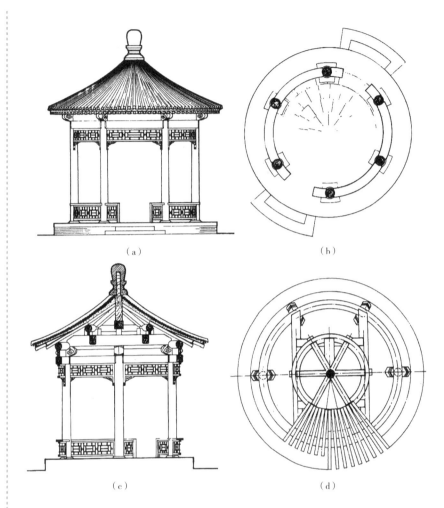

**图3-18 单檐圆形六角亭
建筑木构架图例**
（a）单檐圆形六柱亭立面图；
（b）单檐圆形六柱亭平面图；
（c）单檐圆形六柱亭剖面图；
（d）单檐圆形六柱亭屋顶木构
架平面图

（a）　　　　　　　　　　（b）

（c）　　　　　　　　　　（d）

3.6.3 攒尖单檐八柱圆亭木构架

体量稍大的圆形攒尖建筑，常用八根柱子承托屋盖，构件组成同六柱圆亭。依次为：柱、柱头部位安装弧形檐枋。在柱头上装花头梁，花头梁之间设弧形檐垫板，上设弧形檐檩。

与六柱圆亭不同之处：檐檩上除了设置长、短趴梁，还设置小趴梁共同承托金檩。

短趴梁中轴线通过金檩交接点，长趴梁设在下部有柱位置的檐檩上，其轴线通过柱中心。长趴梁两侧的部分金檩落在趴梁轴心以外，不能保证木构架的稳定；此种情况，分别在长趴梁外侧设两根小趴梁。小趴梁一端设在有柱处的檐檩上，另一端设在长趴梁外侧，见图3-19。

3.6.4 双围柱重檐圆亭木构架

重檐圆亭一般常见双围柱子，体量稍大建筑，每围柱子常用八根柱子

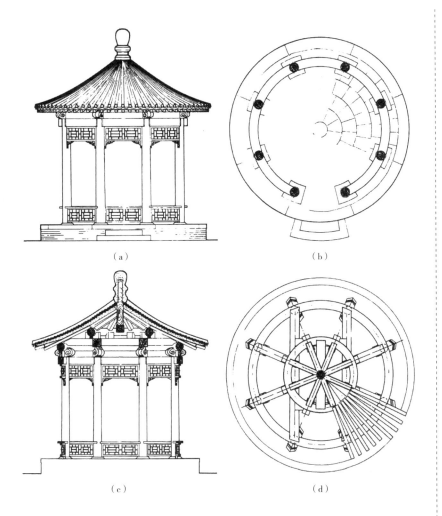

（a）

（b）

（c）

（d）

图 3-19　单檐圆形八角亭
　　　　建筑木构架图例
（a）单檐圆形八角亭立面图；
（b）单檐圆形八角亭平面图；
（c）单檐圆形八角亭剖面图；
（d）单檐圆形八柱亭屋顶木构
架平面图

作骨架。常见的重檐攒尖圆亭为六柱和八柱形式居多，外圈采用六或八根
檐柱，里圈用六、八根金柱，金柱与檐柱之间设抱头梁和穿插枋连接，外
檐柱构件组成依次为：柱、柱头部位安装弧形檐枋、弧形垫板、弧形檐檩。
枋不做箍头，做燕尾榫与柱相交。下层檐椽内端插入弧形承椽枋的椽椀孔
内，外端搭扣在檐檩上，承椽枋上安装弧形围脊板、弧形围脊枋、围脊楣
子等，上层檐做法同单檐六柱或八柱圆亭，见图 3-20。

3.7　复合式攒尖建筑——组合亭的构成

组合亭是指平面由两个以上单体几何亭组合而成。常用的组合亭有双
环亭、方胜亭、双五角亭、双六角亭、十字亭、天圆地方亭、天圆地方十
字亭等。

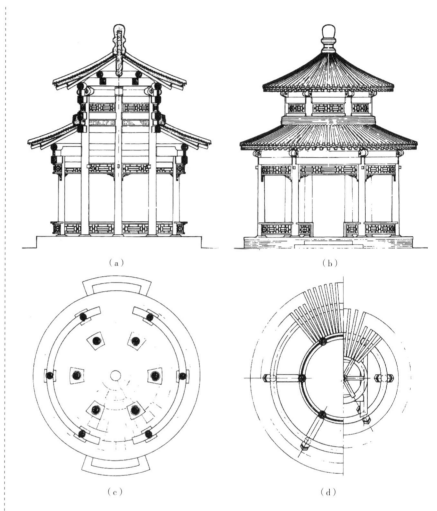

图 3-20 重檐圆形六角亭
双围柱建筑木构
架图例

（a）重檐圆形六角亭剖面图；
（b）重檐圆形六角亭立面图；
（c）重檐圆形六角亭平面图；
（d）重檐圆形六角亭屋顶木构
架平面图

3.7.1 方胜亭木构架

方胜亭又称套方亭，是两个平行正方亭前后错位一半，各自沿相邻对角线方向切角，并在该对角线处组合在一起的复合亭。方胜亭组合方式是在两方亭之间相邻两边各取中点连斜线切角对接，该斜线为两方亭的公用边，平面形成两方形套接，其他位置木构架同方亭。

不同处公用边正是抹角梁处，在这根抹角梁中部安装瓜柱，两方亭相对的由戗在瓜柱上，两亭相交处翼角被切掉，形成前后两个凹角，凹角梁里端安装在公用抹角梁瓜柱上，外端安装在两亭相交的檐檩上，见图 3-21。

3.7.2 单檐双六角亭木构架

双六角亭又叫六角套亭，由两个正六角亭毗连组成，是两亭毗连处由一条共用边组合在一起的组合亭。

木构架同一般的六角攒尖亭，两亭毗连处下设两根公用柱，上部布置

（a）

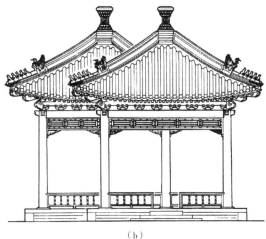

（b）

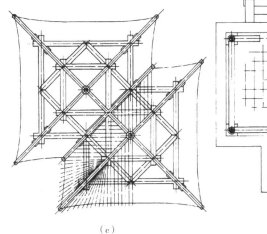

（c）

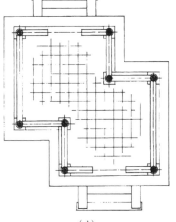

（d）

图 3-21 方胜亭木构架
（a）方胜亭实例；
（b）方胜亭立面图；
（c）方胜亭屋顶木构架图；
（d）方胜亭平面图

公用枋、垫板、檩连接两个亭子，公用檩上屋面设天沟排水，其他位置木构架组成同单檐六角亭，见图 3-22。屋顶采用抹角梁木构架形式。

屋顶也可以采用长短趴梁、五角攒尖的趴梁形式，每根梁外端搭在檐檩上面，里端与相邻的趴梁相连，形成网架，其他部分同六角攒尖亭，见图 3-23。

3.7.3 双环亭木构架

双环亭是由两个单檐亭或两个重檐亭组合而成，木构架形式是由下部两圆亭木构件毗连或套环组成。单檐由六柱或八柱圆亭组合，重檐可采用单围柱或双围柱木构架组成。

单檐双环亭下层毗连处下设两根共用柱作公共边承重木构架，柱上依次设两亭共用的枋、垫板、檩木构架，其他木构件构成同单檐圆亭，见图 3-24。

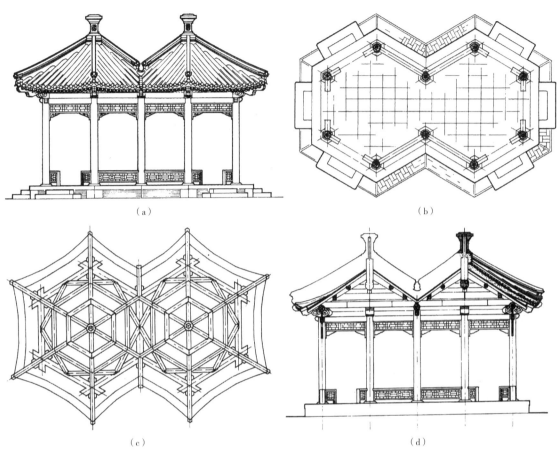

（a）　　　　　　　　　　　　　　　　（b）

（c）　　　　　　　　　　　　　　　　（d）

图 3-22　双六角亭木构架

（a）双六角亭立面图；（b）双六角亭平面图；（c）双六角亭屋面抹角梁法木构架图；（d）双六角亭剖面图

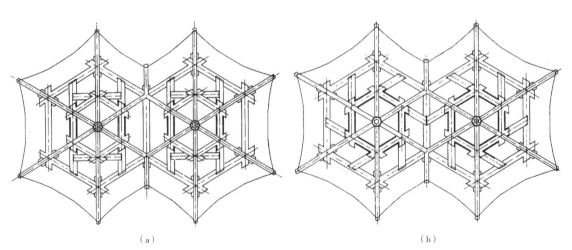

（a）　　　　　　　　　　　　　　　　（b）

图 3-23　单檐双六角亭趴梁屋面木构架图

（a）双六角亭长短趴梁屋面木构架；（b）双六角亭趴梁屋面木构架

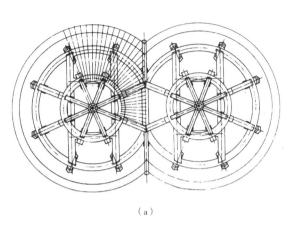 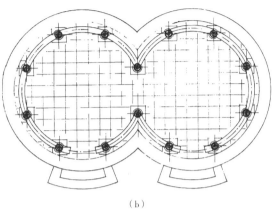

　　（a）　　　　　　　　　　　　　　（b）

　　重檐双环亭以北京天坛双环万寿亭为例，下层木构架呈套环形式，上层木构架毗连在一处，公共边两根童柱落在下层木构架的公用趴梁上，上层其他木构架构成同单檐双环亭，见图3-25、二维码3-3。

　　下层采用两个八柱双围木构架套环组成，每个单亭外围为八根柱，里围四根柱，套环组合后，相互套接连接处，内围相邻的四根柱，既是内围柱也是相邻环亭的外围柱，形成两套环亭的四根共用柱，四柱之间设三根公用趴梁，承托上层檐木构架，见图3-26。

3.7.4　天圆地方亭木构架

　　天圆地方亭是重檐亭，下部是方亭，上部是圆亭，寓意天圆地方。下层亭为一开间或三开间正方形亭。在下层檐檩上设井字梁（或长短趴梁），上设抹角梁，井字梁与抹角梁共同承托上部圆亭。

　　在下层抹角梁上正对角梁的位置，设一根童柱，承接角梁后尾。角梁之间每侧各安装两根童柱，形成上层12根柱的圆形平面，见图3-27。

图 3-24　单檐双环亭八柱木构架图

（a）单檐双环亭长短趴梁屋面木构架；

（b）单檐双环亭八柱平面图

二维码 3-3　双环亭屋面连接处细部

图 3-25　北京天坛双环万寿亭实例

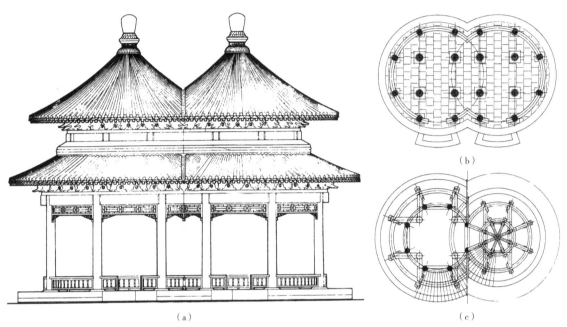

图 3-26　重檐双环亭八柱双围木构架图

（a）重檐双环亭立面图；（b）重檐双环亭八柱双围平面图；（c）重檐双环亭双围柱屋面木构架图

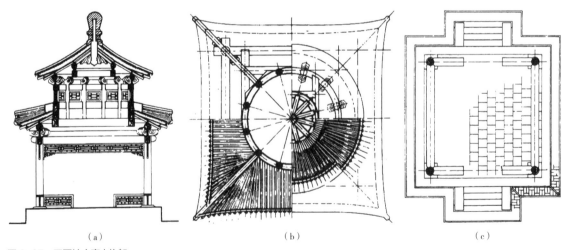

图 3-27　天圆地方亭木构架

（a）天圆地方亭剖面图；（b）天圆地方亭重檐屋面木构架图；（c）天圆地方亭平面图

（a）

（b）

图 3-28　天圆地方亭实例
（a）河南省嘉应观内御碑亭实例；
（b）北京故宫御花园千秋亭实例

上下组合亭形式多样,如天圆地方六角亭、天圆地方十字亭等,见图 3-28。

我国古建筑亭的形式多样, 既有攒尖建筑, 也有与其他屋顶形式组合的组合亭, 其特征多为小巧玲珑, 在园林布局中起到点景的作用。

课后任务

1. 习题

（1）攒尖建筑的特征。

（2）攒尖建筑的类型。

（3）四角攒尖建筑有几种类型,各种类型有哪些不同构件及木构件名称?

（4）六角攒尖建筑有几种类型,各种类型有哪些不同构件及木构件名称?

（5）八角攒尖建筑有几种类型,各种类型有哪些不同构件及木构件名称?

（6）五角攒尖建筑常用的形式。

（7）五角攒尖建筑由哪些木构件构成及木构件名称?

（8）五角攒尖建筑有哪些与其他攒尖亭不同的构件?

（9）圆形攒尖建筑的屋盖特征。

（10）圆形攒尖建筑常用哪些形式?

（11）圆形攒尖建筑有哪些与其他攒尖亭不同的构件?

（12）组合亭有哪些类型?

（13）列举三种以上组合亭,并说明木构架构成的要点。

2. 分组识别练习

扫描二维码 3-4,浏览并下载本单元工作页,请在教师指导下完成相关分组识别练习。

二维码3-4　单元三工作页

4

单元四
杂式建筑木构架

学习目标：

学生能够区分不同的杂式建筑，掌握杂式建筑木构架构成，学会观察分析问题，掌握自主学习的方法，能与其他同学团结协作收集整理资料。

学习重点：

四柱三间五楼柱出头、不出头牌楼，一殿一卷式垂花门木构架的组成和作用。

学习难点：

四柱三间七楼柱不出头牌楼木构架的组成。

杂式建筑涵盖的建筑形式范围比较广，如垂花门、牌楼、游廊、钟鼓方楼、戏台、库房等。杂式建筑功能明确，通常使用功能与建筑名称吻合。下面介绍几种广泛应用的杂式建筑木构件形式。

4.1 垂花门木构架

4.1.1 垂花门的功能和特征

垂花门具有联系和分隔院落空间的功能，常作为府邸和宅院的第二道门（内宅的宅门），在古建筑中通常是联系内、外宅的特殊建筑；垂花门具有很强的装饰性，装饰的程度不同决定房宅主人的地位也不同。

4.1.2 垂花门的类型

常用的有独立柱担梁式、一殿一卷式、单卷棚式和廊罩式垂花门等形式。

4.1.3 独立柱担梁式垂花门木构架

1. 应用的范围

独立柱担梁式垂花门常应用于园林建筑，用作院落之间墙垣上分隔与联系的花门。

2. 独立柱形式

柱子与梁的关系：一种是柱直通屋脊支承脊檩；另一种是柱子支顶担梁，柱头不通到脊部。

3. 独立柱担梁式垂花门的木构架构成

柱支撑担梁式木构架内外对称，由一排柱与上部麻叶抱头梁十字相交，侧面梁下由上而下依次有随梁、花板、麻叶穿插枋、骑马雀替；正面、背面对称设有檐檩、檐垫板（随檩枋、荷叶墩），麻叶抱头梁端头悬担垂莲柱，垂莲柱之间由上而下悬吊檐枋（罩面枋）、折柱、花板、帘笼枋等构件。柱下端的木构件有壶瓶牙子，见图 4-1。

4.1.4 一殿一卷式垂花门木构架

1. 应用的范围

一殿一卷式垂花门常用作园林建筑、宅院、寺观等建筑门。

2. 一殿一卷式垂花门的特征

垂花门由大屋脊悬山和一个卷棚悬山组成，从垂花门正面看是大屋脊悬山式，从里侧看是卷棚悬山式，也称作勾连搭式，见图 4-2。

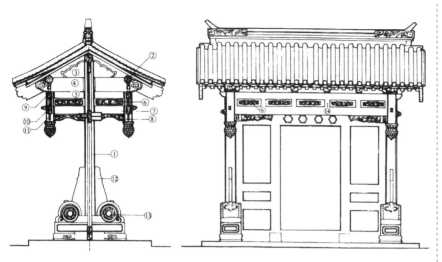

图 4-1　独立担梁式垂花门
　　　　木构架

1—柱；2—檩；3—角背；4—
麻叶抱头梁；5—随梁；6—花
板；7—麻叶穿插枋；8—骑
马雀替；9—檐枋；10—帘笼
枋；11—垂莲柱；12—壶瓶牙
子；13—抱鼓石；14—折柱

3. 垂花门木构架构成

由前后两排檐柱支撑抱头梁，前梁出挑一步架加梁头尺寸。山面梁下依次设垫板、麻叶穿插枋、花板、骑马雀替；梁上依次设檐檩、月梁、脊檩、角背等构件；檐面依次垂吊随檩枋、荷叶墩、檐枋、折柱、帘笼枋、垂莲柱；一般在前檐柱间安门槛框装攒边门，又名棋盘门，见图4-3。

图 4-2　一殿一卷式垂花门
　　　　实例

（a）与游廊相连的一殿一卷式
垂花门实例；
（b）与院落墙体相连的一殿一
卷式垂花门实例

（a）

（b）

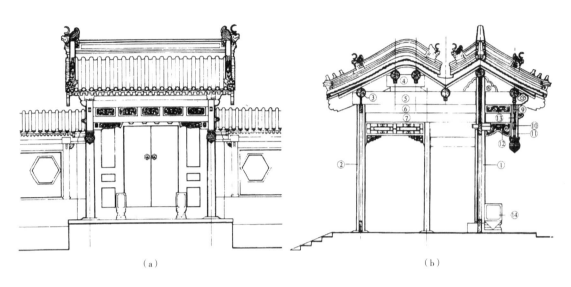

（a）　　　　　　　　　　　　　　　　（b）

图 4-3　一殿一卷式垂花门
　　　木构架

（a）一殿一卷式垂花门立面图；
（b）一殿一卷式垂花门剖面图
1—前檐柱；2—后檐柱；3—
檩；4—月梁；5—麻叶抱头
梁；6—垫板；7—麻叶穿插
枋；8—角背；9—檐枋；10—
帘笼枋；11—垂莲柱；12—骑
马雀替；13—花板；14—门枕

4.1.5　五檩（或六檩）单卷棚式垂花门木构架

1. 应用的范围

五檩或六檩单卷棚式垂花门常用作园林、宅院、寺观等建筑院落内院门。

2. 垂花门的木构架特征

屋面为五檩或六檩单卷棚形式，由三架梁（四架梁）、五架梁（六架梁）、抱头梁承托卷棚屋面，前后设檐柱支撑梁架。

3. 垂花门木构架的构成

由前后两排檐柱支撑五架梁（前为麻叶抱头梁，后端为五架梁形式），前檐柱头刻通口，抱头梁做腰子榫，柱头直接支撑三架梁，这种直接通达金檩的柱子被称作钻金柱。山面抱头梁下依次设垫板、麻叶穿插枋、花板、骑马雀替；梁上依次设檐檩、脊瓜柱、脊檩、角背等构件；檐面依次垂吊随檩枋、荷叶墩、罩面枋、折柱、帘笼枋、垂莲柱。其他同一殿一卷门，见图 4-4。

图 4-4　五檩（或六檩）单
　　　卷棚式垂花门木
　　　构架

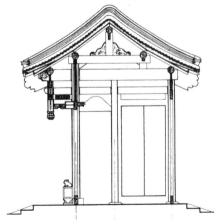

4.1.6 四檩廊罩式垂花门木构架

1. 应用的范围

四檩廊罩式垂花门常用作园林建筑的游廊门，垂花门与游廊结合在一起，形成迭落的感觉。

2. 垂花门的特征

垂花门采用对称式，有两排前后檐柱支撑屋面，前后两面均是垂花形式，适于宽阔地段。

3. 垂花门木构架构成

由前后两排四根檐柱支撑四架梁（梁两端可做麻叶抱头梁形式），山面梁下自上而下依次设垫板、麻叶穿插枋、花板、骑马雀替；梁上部由下而上依次设檐檩、月梁、角背、脊檩等构件；檐面依次垂吊随檩枋、荷叶墩、罩面枋、折柱、帘笼枋、垂莲柱等，见图4-5。

（a）

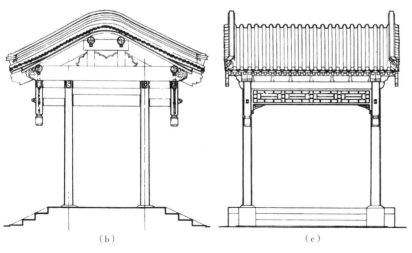

（b） （c）

图4-5 廊罩式垂花门木构架

（a）廊罩式垂花门实例；

（b）廊罩式垂花门剖面图；

（c）廊罩式垂花门立面图

垂花门种类很多，具体做法可参照清工部《工程做法则例》、梁思成《营造算例》等资料。

4.2 游廊木构架

4.2.1 游廊的特征与功能

游廊由柱、梁架、屋面组成，没有墙体，两侧开敞，便于观景。园内建筑与景观由游廊连接，游廊既将空间有序分隔，又能将空间有机结合，同时还起到遮阳避雨的作用。

4.2.2 游廊的形式

平面形式随院落空间的需要有不同的角度转折，如 90°、120°、135°、"丁"字形交叉、"十"字形交叉，竖向随地形起伏、爬坡、转折，形式多样。

4.2.3 应用范围

游廊建筑广泛应用于皇家建筑、园林建筑、府衙建筑、官宦府邸建筑、寺庙建筑群等院落空间的划分与连接。

4.2.4 游廊一般形式木构架构成

一般多为四檩卷棚形式，木构架基本构造由下而上为梅花柱、四架梁、脊檩枋、月梁、檩、檐椽、飞椽、罗锅椽等，转角处屋面增设凹角梁和递角梁，柱设异形柱，见图 4-6、图 4-7。

4.2.5 转角、丁字、十字廊构架处理

4.2.5.1 游廊转角处木构架

（1）90°转角：转角处单独设置一间，平面四根柱内、外角转折 90°，45°角方向设递角梁，单独间两侧与廊连接处各设插梁一根，见图 4-6。

（2）120°、135°转角：120°转角又名六方转角，135°转角又名八方转角。此种形式转角特殊，不能单成一间。直接在转角处异形柱上设递角梁，上设置顶梁一根，见图 4-8。

4.2.5.2 游廊丁字形衔接部分木构架

游廊丁字形衔接部分单独成一间，平面四棵柱，通常在丁字游廊主通道方向安置梁架，次通道方向的檐檩与主通道方向的檐檩做合脚榫相交，次通道一侧的脊檩延伸至主通道的脊檩处丁字相交，丁字相接处屋面设凹角梁，见图 4-9。

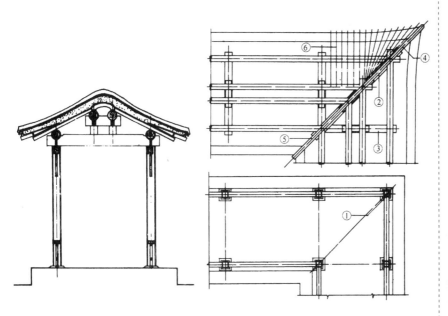

图 4-6 平面转角 90° 游
廊木构架

1—角柱；2—递角梁；3—四
架插梁；4—角梁；5—凹角
梁；6—椽子分位线

图 4-7 游廊凹角处实例

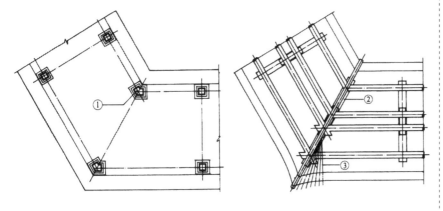

图 4-8 平面转角 120° 游
廊木构架平面图

1—异形角柱；2—递角梁；
3—异形椽

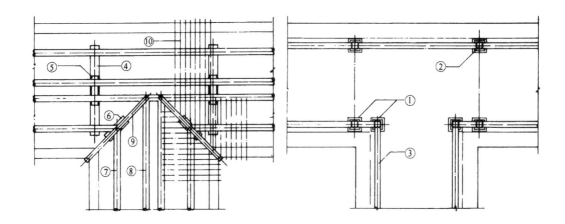

图 4-9 平面丁字衔接游廊
　　 木构架

1—柱顶石；2—梅花方柱；
3—坐凳；4—四架梁；5—月
梁；6—梁头；7—檐檩；8—
脊檩；9—凹角梁；10—椽分
位线

4.2.5.3 游廊"十"字形衔接部分木构架

游廊"十"字形衔接相当于两个丁字廊对接在一起，交接点处单独成一间，其他同丁字廊，见图 4-10。

4.2.6 爬山廊木构架处理

1. 迭落式爬山廊木构架

一种是水平木构架为连续阶梯式。进深方向，低跨的脊檩搭置在插梁上，脊檩外端与插梁外皮平齐，外侧封钉象眼板，见图 4-11。

2. 随坡设置的木构架

另一种除柱子垂直设置，其余屋顶、楣子、栏杆等木构架随山坡度设置，见图 4-12。

爬山廊坡度转折处梁架，随转折坡度做成异形截面，见图 4-13、图 4-14。

图 4-10 十字衔接游廊木
　　　 构架

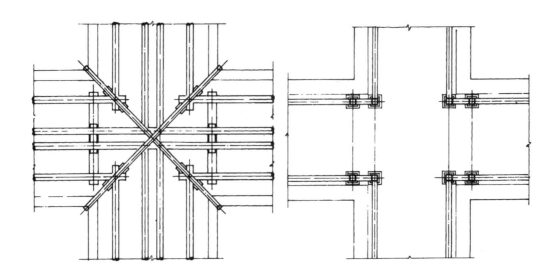

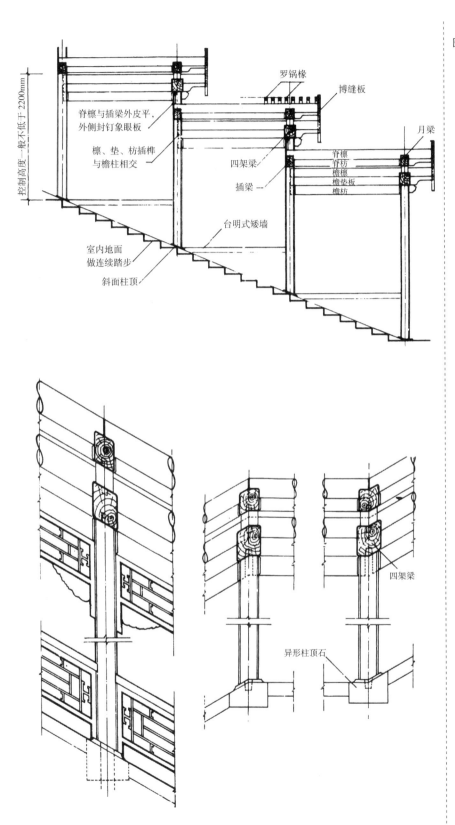

图 4-11 爬山廊水平阶梯式
　　　　连接木构架剖面图

图 4-12 爬山廊随坡设置木
　　　　构架局部图（左）
图 4-13 爬山廊随坡设置
　　　　异形梁架剖面图
　　　　（右）

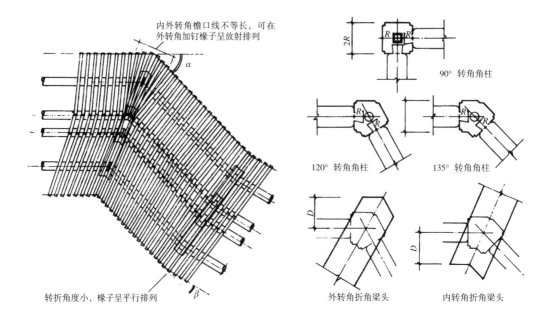

内外转角檐口线不等长，可在外转角加钉椽子呈放射排列

α

90° 转角角柱

120° 转角角柱　　135° 转角角柱

转折角度小，椽子呈平行排列　β

外转角折角梁头　　内转角折角梁头

图 4-14　转角异形柱及角梁木构架构造图

4.3　牌楼木构架

4.3.1　牌楼应用范围

　　牌楼是中国古建筑的一个特殊类型，是常用于王宫府邸、园林、寺观、苑囿、陵墓、街路交汇处的标志性建筑。具有划分广场、街巷、院落空间区域的功能。

4.3.2　牌楼的类型

　　牌楼建筑分为柱不出头和柱出头两大类。牌楼的产生是由民居院落、街巷连接产生的，柱出头式牌楼也是由宅门发展而来的。宋《营造法式》的乌头门演变为后期的棂星门和柱出头式牌楼。

4.3.3　柱出头式牌楼木构架

1. 柱出头式牌楼类型

　　类型分为：两柱一间一楼、两柱冲天带跨楼、四柱三间三楼、六柱五间五楼等，有代表性的是四柱三间三楼。

2. 四柱三间三楼柱出头牌楼木构架构成

　　平面四根柱"一"字形排列，中间两根中柱、两侧两根边柱。每根柱下均由夹杆石围护。明间、次间水平木构件自下而上由雀替、小额枋、折柱花板、大额枋、平板枋、斗栱檐楼构成。其中次间大额枋与明间雀替由一个木料连做，增强明间小额枋承载力,每根柱头上做云冠雕饰,见图4-15。

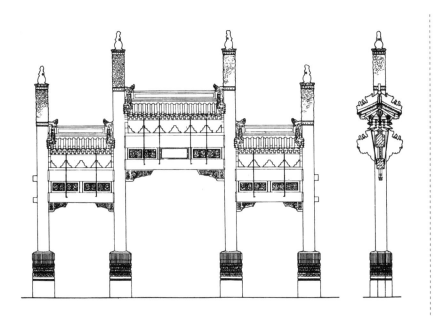

3. 两柱冲天带跨楼牌楼木构架构成

　　平面两根柱"一"字形排列，柱外侧各悬挑一个跨楼。明间两根柱下均由夹杆石围护，明间、跨楼水平木构件自下而上由雀替、小额枋、折柱花板、大额枋、平板枋、斗栱檐楼构成。跨楼悬空柱由悬挑大小额枋承托。跨楼小额枋与明间雀替连做、大额枋与明间小额枋连做，以保证悬挑构件的承载力，见图 4-16、二维码 4-1。

二维码 4-1　两柱一间带跨楼冲
天牌楼

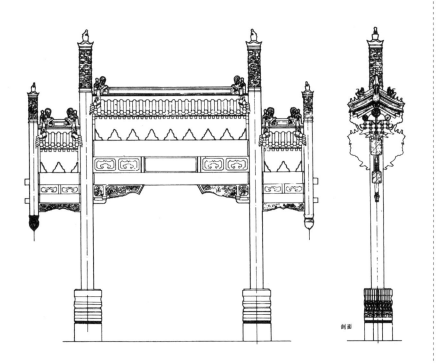

剖面

图 4-16　两柱带跨楼柱出
头牌楼木构架

4.3.4 柱不出头式木牌楼木构架

1. 柱不出头式木牌楼类型

牌楼类型分为：两柱一间一楼、两柱一间三楼、四柱三间三楼、四柱三间七楼、四柱三间九楼等多种形式，其中四柱三间三楼、四柱三间七楼最有代表性。

2. 四柱三间三楼柱不出头牌楼

平面四根柱"一"字形布置，明楼斗栱一般取偶数，空当居中，次楼不限，次间构件由下向上依次为夹杆石、边柱、雀替、小额枋、折柱花板、大额枋、平板枋、斗栱、檐楼；明间构件与次间相同，次间大额枋上皮与明间小额枋下皮平齐，明间小额枋下面的雀替与次间大额枋由一根木制成，穿过中柱叠交于明间小额枋下部，成为明次间的水平连接构件。明间小额枋之上为折柱花板、匾额，再上一层为明间大额枋，其他构件同次间，见图4-17、二维码4-2。

3. 四柱三间七楼柱不出头牌楼木构架

四柱三间七楼柱不出头牌楼，造型优美，应用广泛，在牌楼中具有代表性。

平面四根柱"一"字形排列，明楼斗栱一般取偶数，空当居中，次楼少一攒。七座檐楼的排列顺序为，明楼居于明间正中，次楼居于次间正中；明、次楼均由高拱柱和单额枋支撑，高拱柱与单额枋之间安装匾额或花板。明楼与次楼之间的龙门枋上承托夹楼，次楼外侧设边楼。

四柱三间七楼柱不出头牌楼与前面牌楼不同之处为：四根柱等高，两根明柱上支撑龙门枋，龙门枋两端悬出明柱，与相邻的次楼高拱柱外皮交接，搭置在次间的大额枋内端上皮。明楼与次楼由高拱柱支撑，次间的大额枋与明间的花板平齐。其他构造同四柱三间三楼不出头牌楼，见图4-18、图4-19。

二维码4-2 四柱三间柱不出头牌楼

图4-17 四柱三间三楼柱不出头牌楼木构架

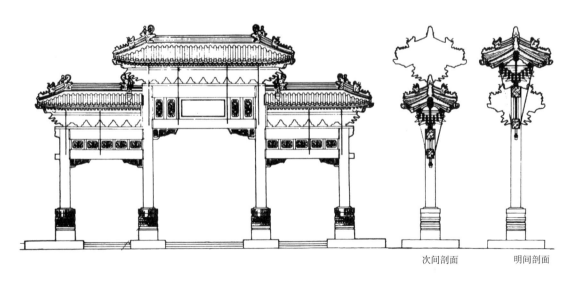

次间剖面　　明间剖面

图 4-18 四柱三间七楼柱不出头牌楼木构架实例

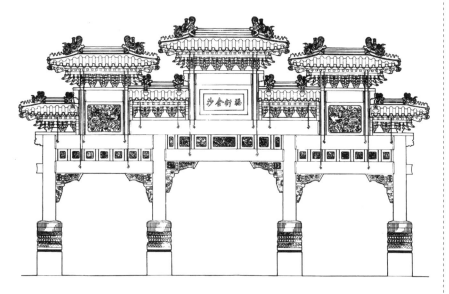

图 4-19 四柱三间七楼柱不出头牌楼木构架图

4.3.5 木牌楼的主要构造和关键部位技术处理

1. 柱子、基础埋深

刘敦桢先生的《牌楼算例》中规定，柱子由地坪"往下加夹杆埋头，按夹杆石明高八扣，加套顶榫一份，再加管脚榫一份，按管脚顶厚折半"。下设柱顶石和基础，见图 4-20。

2. 夹杆石的作用

增加牌楼稳定性，防止木柱础腐蚀，围护木柱下部以防碰损。

3. 灯笼榫的特殊构造和作用

构造：将柱头或高拱柱顶部做成一段长榫，中部刻成"十"字形卯口，穿插斗拱构件，见图 4-21。

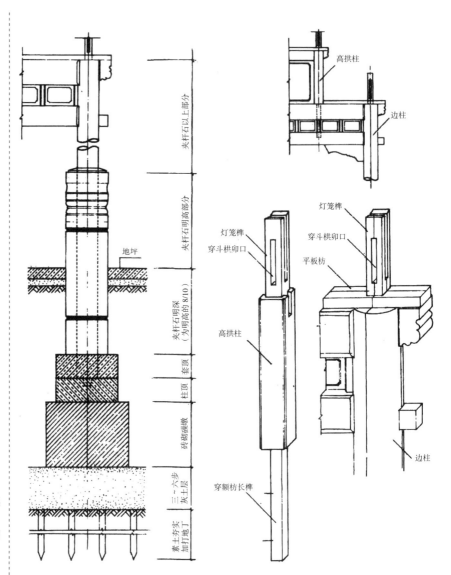

图 4-20 牌楼基础木构架
　　　　埋深图（左）
图 4-21 牌楼灯笼榫木构
　　　　件图（右）

作用：使牌楼上下构件紧密连接，增强整体性。

4. 戗杆支撑

作用：增强牌楼的稳定性，避免倾覆（仿古混凝土柱可不设）。

5. 大梃钩的使用

作用：辅助灯笼榫稳定檐楼。

构造：直径约一寸的圆钢筋，明、次楼用8根（每面4根），边楼用4根（每面2根）。梃钩上端支撑在挑檐桁上，下端支撑在大、小额枋上。

6. 构件勾搭连接增强整体强度

明、次间柱、枋、雀替的搭交连接形成整体。

7. 玲珑剔透，减轻风荷载

木牌楼斗栱之间不安装垫栱板，不起承重作用的部分构件，多用有雕刻或镂空的花板。

课后任务

1. 习题

（1）杂式建筑包含哪些种类？

（2）垂花门的功能。

（3）垂花门有哪些类型？

（4）说明各种垂花门木构架的构成及木构件名称。

（5）游廊的特征与功能。

（6）游廊木构架的构成。

（7）游廊转角处木构架的处理方式。

（8）爬山廊木构架的处理方式。

（9）牌楼的应用范围。

（10）牌楼的种类。

（11）四柱三间三楼柱出头式牌楼和四柱三间三楼柱不出头式牌楼的木构架构成与区别。

（12）四柱三间七楼柱不出头式牌楼木构架构成。

2. 分组识别练习

扫描二维码 4-3，浏览并下载本单元工作页，请在教师指导下完成相关分组识别练习。

二维码 4-3　单元四工作页

5

Danyuanwu　Dougong Mugoujian

单元五
斗栱木构件

学习目标：

使学生认知古建筑，掌握平身科、柱头科、角科、溜金以及其他类型斗栱构成，学会分析问题、自主学习的方法，能与其他同学团结协作收集整理资料。

学习重点：

各种类型斗栱的分类及组成。

学习难点：

斗栱的出踩、角科斗栱各层构件名称及互相之间的位置关系。

5.1 斗栱的演变

5.1.1 斗栱的发展过程

斗栱是由多个构件组成的多维组合体，由纵向（与建筑墙面平行的构件）、横向（与纵向构件垂直的构件）、斜向（建筑转角处与纵横构件呈45°相交的构件）等构件组成，由下部坐斗承托逐层出挑构件而形成，斗栱整体构件下小上大，但受力合理，视觉美观，是千年来中国工匠劳动和智慧的结晶，是中国建筑史中的瑰宝，也是世界认识中国古建筑的代表性标志之一，见图5-1。

5.1.1.1 斗栱纵向构件翘的发展

斗栱经历了几千年的发展和演变，斗栱中的纵向构件翘，最早是支撑屋檐的擎檐柱，经过长期的演变，由擎檐立柱变为落地斜撑、腰撑、曲撑、栾（柱上的曲木），后演变为插栱（翘的前身）。

5.1.1.2 斗栱纵向构件昂的发展

是由商朝时期的大叉手屋架逐渐演变发展而成。唐宋时期的昂尺度比较大（晋祠圣母殿的昂），下至下柱斗栱的外墙，上至中平槫之下，起杠杆作用，明清时期已演变成装饰构件，唯有溜金斗栱还留有痕迹。

5.1.1.3 斗栱横向构件栱子的发展

栱子的发展脱胎于最原始的替木，插栱与横栱的组合大约在战国时形成，而昂与斗栱的组合则在东汉以前，唐以后形成了成组的斗栱。

斗栱经历唐、宋、元、明、清几个时期，从遗留的古建筑中看斗栱发展，是由大变小，由简变繁。梁思成所著的《清式营造则例》精辟地论述斗栱变化"一是由大而小，二是由简而繁，三是由雄伟而纤巧，四是由结构而装饰，五是由真结构而假刻（如昂），六是分布由疏朗而繁密"，见图5-2~图5-5。

5.1.2 斗栱的作用和类型

5.1.2.1 作用

（1）承托上部屋顶的梁架、檐檩构件荷载并传至额枋；

（2）缩短随梁枋的跨度，分散梁枋的集中力和剪力；

（3）增加出檐，使屋面外檐延伸长度增加，达到保护木构下架和柱础的作用。

5.1.2.2 类型

（1）按位置分：平身科、柱头科、角科，见图5-6；

（2）按基本构件分：主要有斗、升、栱、翘、昂、蚂蚱头、撑头木、桁椀等构件；

图 5-1　斗栱实例

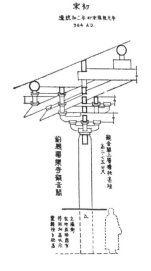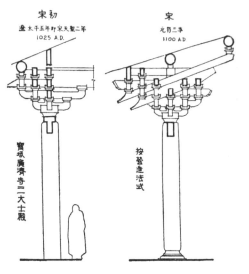

图 5-2　宋代初期斗栱的形
　　　　式（左）
图 5-3　宋代初期到末期斗
　　　　栱的演变（右）

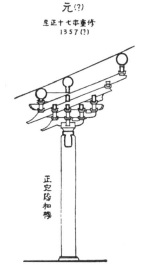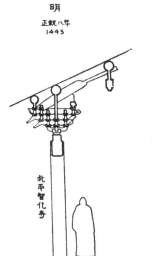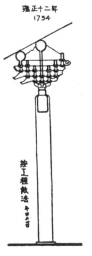

图 5-4　元、明、清时期斗
　　　　栱的演变

图 5-5 斗栱的演变
（a）古建筑斗栱实例；
（b）陕西晋祠圣母殿檐柱斗栱
昂构件实例

图 5-6 按位置分斗栱实例
（a）平身科斗栱实例；
（b）角科斗栱实例；
（c）柱头科斗栱实例

（3）按出踩分：三踩、五踩、七踩、九踩、十一踩；

（4）按斗栱类型分：翘昂斗栱、溜金斗栱、平座斗栱、品字斗栱、襻间斗栱、隔架斗栱等，见图 5-7。

5.2　清代斗栱构件的名称及尺寸

5.2.1　斗栱构件的专有名词

（1）攒：一组斗栱也称一攒斗栱，宋代称一朵。一攒斗栱由斗、升、翘、昂、栱等主要构件构成。

最简单的一攒平身斗栱是一斗三升斗栱，只有坐斗，正心栱，三才升3 件，总计 5 件。复杂的平身科重翘重昂九踩斗栱有斗、升、翘、昂、栱共 64 件。可见建筑等级不同，繁简差异很大。

（a）

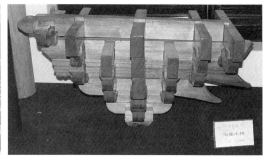
（b）

（c）

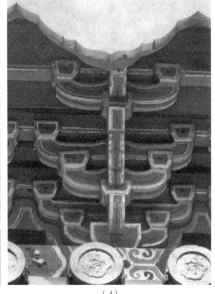
（d）

图 5-7　按类型分斗栱实例
（a）檩间（顺脊串）斗栱实例；
（b）七踩翘昂斗栱实例；
（c）品字斗栱实例；
（d）柱头科平座斗栱实例

（2）斗口：坐斗刻有"十"字形卯口，承托翘、昂方向的刻口称为斗口（与墙身垂直的构件）。斗口是权衡斗栱各构件的基本单位。

清工部《工程做法则例》中列出的斗口有以下十一种：一寸、一寸五分、二寸、二寸五分、三寸、三寸五分、四寸、四寸五分、五寸、五寸五分、六寸等（换算单位：1 米 =3 尺；1 尺 =10 寸；1 寸 =10 分；古代 1 尺 =32 厘米）。

（3）攒当：两攒斗栱轴线之间的距离，清工部《工程做法则例》定攒当为十一斗口，在实际工程中，根据斗栱的繁简程度可适当调整距离。

（4）踩：以正心栱为中心向外或向内每加一排栱，为一踩。前后各加一踩的称为三踩，各加两踩的称为五踩，以此类推，可加至十一踩。

（5）拽架：在一攒斗栱内，栱与栱之间的距离称为拽架，厢栱上承托挑檐枋，外拽万栱上承托拽枋，正心万栱上承托正心枋。清工部《工程做法则例》规定每个拽架之间的距离为 3 斗口。

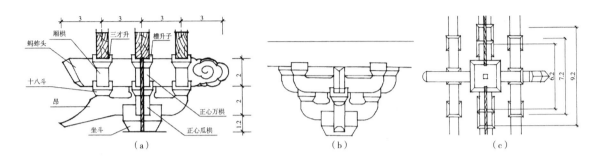

图 5-8　平身科三踩斗栱木构件位置图

（a）平身科三踩斗栱侧立面图；
（b）平身科三踩斗栱外立面图；
（c）平身科三踩斗栱仰视图

以三踩斗栱为例：自下而上依次安装坐斗、正心瓜栱（与墙体平行设置）、翘或昂并与正心瓜栱十字相交；正心瓜栱两端头上各设一个槽升子，槽升子上安装正心万栱（与瓜栱上下平行），翘或昂两端头上各设一个十八斗，十八斗上安装厢栱（与正心栱平行中心间距3斗口），翘或昂上平行安装蚂蚱头（与栱十字相交）；正心万栱两端头上各设一个槽升子，槽升子上安装正心枋，两侧出踩厢栱端头上各设一个三才升，三才升上设檐枋和内拽架枋，见图5-8。

5.2.2　斗栱基本构件的形式、名称与尺寸

5.2.2.1　平身科斗和升木构件

斗和升是方形构件，斗是整攒斗栱中的纵横构件连接节点构件；升是平行构件的结合构件。

（1）斗：也称坐斗、大斗（本书统一作"坐斗"），是斗栱下部最大构件，尺寸为长3斗口、宽3斗口、高2斗口。上开十字口，横向安正心瓜栱，纵向安翘或昂，见图5-9。

图 5-9　平身科斗栱坐斗木构件位置图（单位：斗口）

（a）坐斗正立面图；
（b）坐斗侧立面图；
（c）坐斗平面图；
（d）坐斗底面图

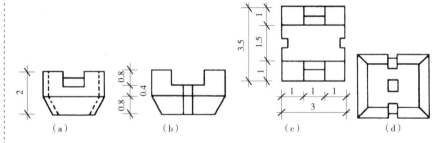

（2）十八斗：位于翘或昂与栱的交接点处，与坐斗相似，上方四面开口，斗底坐在出挑的翘或昂两端头上，上开口处是上一层昂与拽架中的瓜栱搭交处。长1.8斗口，宽1.48斗口，高1斗口，见图5-10。

（3）槽升子：安装在正心瓜栱、正心万栱两端。每攒斗栱只有四件。上口开通槽，安装正心瓜栱和万栱；两侧帮开槽，安装垫栱板。尺寸长1.3斗口，宽在瓜栱的厚度上加俩斗耳子厚度，见图5-11。

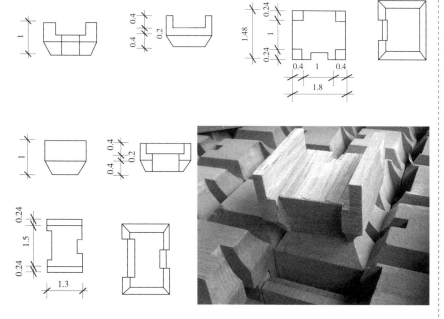

图 5-10　平身科斗栱十八
　　　　　斗木构件图（单
　　　　　位：斗口）

图 5-11　平身科斗栱槽升
　　　　　子木构件图（单
　　　　　位：斗口）

（4）三才升：安在内外拽架的瓜栱、万栱、厢栱两端上，尺寸长 1.3 斗口，宽 1.48 斗口，高 1 斗口，见图 5-12。

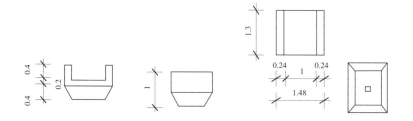

图 5-12　平身科斗栱三才
　　　　　升木构件图（单
　　　　　位：斗口）

5.2.2.2　斗栱横向构件（平行于墙体）

（1）正心瓜栱：位于坐斗上的第一层中心。尺寸高 2 斗口，厚 1.24 斗口（含垫栱板厚度），长 6.2 斗口，瓜栱外侧两端开设安装垫栱板的槽口，见图 5-13。

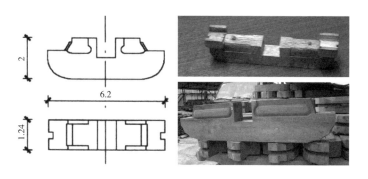

图 5-13　平身科斗栱正心
　　　　　瓜栱木构件图（单
　　　　　位：斗口）

（2）正心万栱：平行设在正心瓜栱上面。尺寸高2斗口，厚1.24斗口（含垫栱板厚度），长9.2斗口，瓜栱外侧两端开设安装垫栱板的槽口，见图5-14。

（3）拽架瓜栱（单材瓜栱）：在出踩拽架的第一层。尺寸高1.4斗口，宽1斗口，长6.2斗口，见图5-15。

（4）拽架万栱（单材万栱）：平行拽架瓜栱在其之上。尺寸高1.4斗口，宽1斗口，长9.2斗口，见图5-16。

（5）厢栱：最外侧出踩拽架最上层的栱。尺寸高1.4斗口，宽1斗口，长7.2斗口，见图5-17。

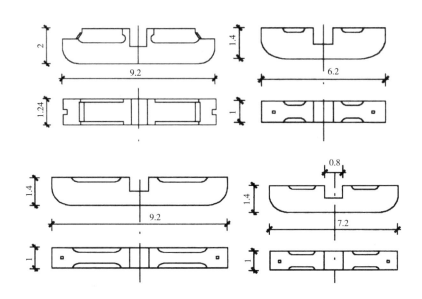

图5-14 平身科斗栱正心万栱木构件图（单位：斗口）（左）

图5-15 平身科斗栱拽架瓜栱木构件图（单位：斗口）（右）

图5-16 平身科斗栱拽架万栱木构件图（单位：斗口）（左）

图5-17 平身科斗栱厢栱木构件图（单位：斗口）（右）

5.2.2.3 斗栱纵向构件（垂直于墙体）

（1）翘：是一短方木。两端微弯曲，形状似栱，位于坐斗上，与瓜栱十字相交处，两构件搭扣榫结合。长度以拽架计算，高2斗口，宽1斗口，长两拽架加一斗口，见图5-18。

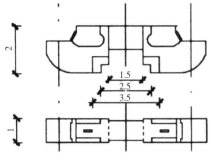

图5-18 平身科斗栱翘木构件图（单位：斗口）

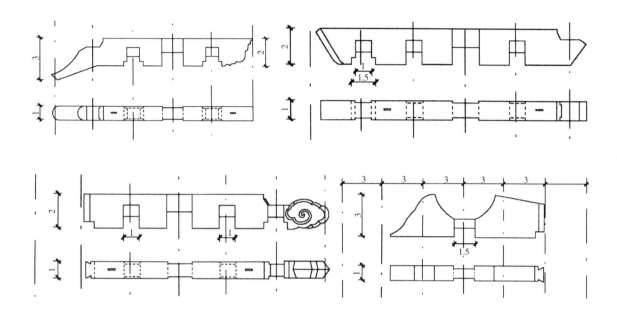

（2）昂：与栱十字交叉。外端头有向下的斜尖，内端做成翘形或菊花头形。昂在翘上，不设翘时，昂是纵向最下层构件。尺寸高3斗口，宽1斗口，长度以攒架计算，见图5-19。

（3）蚂蚱头（也称耍头）：在昂上与之平行。尺寸高2斗口，宽1斗口，长度以攒架计算，见图5-20。

（4）撑头木：撑头木外立面看不见，外端头做成燕尾榫形式，插入挑檐枋内，后尾做成三弯九转的麻叶头式样。是三踩以上斗栱不可缺少的构件。尺寸高2斗口，宽1斗口，长度以攒架计算，见图5-21。

（5）桁椀：是斗栱最上部构件，平行设在撑头木上，尺寸高3斗口，宽1斗口，见图5-22。

（6）正心枋：在斗栱横轴中心，安装在正心万栱上，尺寸通常高2斗口，宽1斗口加垫栱板厚度。层数随斗栱踩数而定。如三踩为一层，高度不足2斗口，五踩为三层，最上层枋高也不足2斗口。

图5-19 平身科斗栱昂木构件图（单位：斗口）（上左）

图5-20 平身科斗栱蚂蚱头（耍头）木构件图（单位：斗口）（上右）

图5-21 平身科斗栱撑头木木构件图（单位：斗口）（下左）

图5-22 平身科斗栱桁椀木构件图（单位：斗口）（下右）

5.3 清代斗栱木构架

5.3.1 平身科斗栱木构架

5.3.1.1 平身科斗栱外观形式

斗栱的形式种类多样，外檐常用的有单昂斗栱、重昂斗栱、单翘单昂斗栱、单翘重昂斗栱、重翘重昂斗栱、一斗两升交麻叶、一斗三升斗栱、平坐斗栱、溜金斗栱等；室内有品字科斗栱、隔架斗栱等，见图5-23。

图 5-23 平身科斗栱形式
实例
（a）一斗三升斗栱；
（b）隔架斗栱；
（c）溜金斗栱；
（d）一斗两升交麻叶斗栱

5.3.1.2 平身科斗栱木构架形式的选择

平身科斗口尺寸及形式的选择：按建筑使用功能确定建筑等级。先确定使用几等材，再定斗口尺寸；依据建筑等级和斗栱在建筑中的位置确定斗栱形式，再选择几踩斗栱。

5.3.1.3 单翘单昂平身科五踩斗栱木构架的构成

斗栱一般安装在平板枋上，以单翘单昂平身科五踩斗栱为例分析木构件之间的关系。

（1）坐斗上纵向构件（垂直于墙体）由下至上有翘、昂、蚂蚱头（耍头）、撑头木、桁椀。

（2）坐斗上横向构件（平行于墙体）由下至上有正心瓜栱、正心万栱、内外拽架瓜栱（单才瓜栱）、内外拽架万栱（单才万栱）、正心枋、厢栱、拽枋、挑檐枋。

（3）斗、升构件由下至上有坐斗、十八斗、槽升子、三才升。

斗栱木构件自下而上、由中心到两侧出踩之间的关系如下：

首层：坐斗。

第二层：正心瓜栱两端头上各设一个槽升子（与墙体平行设置），翘在上，与在下的正心瓜栱两构件十字相交，翘两端头上各设一个十八斗。

第三层：正心瓜栱的槽升子上设置正心万栱（与正心瓜栱上下平行），翘两端头的十八斗上设置拽架瓜栱（与正心栱平行，中心间距 3 斗口）。昂设在翘的上层，与之平行，两端叠落在十八斗和两侧的拽架瓜栱上，昂与正心瓜栱、拽架瓜栱十字相交，昂在上，正心瓜栱、拽架瓜栱在下。正心万栱两端头上各设一个槽升子，昂外端头上设一个十八斗，拽架瓜栱两端头上各设一个三才升。

第四层：正心万栱两端头上的槽升子上安装正心枋（与正心万栱上下平行），拽架瓜栱两端头的三才升上设置拽架万栱，昂外端头的十八斗上设置厢栱。蚂蚱头设在昂的上层，与之平行，两端叠落在十八斗和两侧的拽架万栱上，蚂蚱头与正心枋、拽架万栱、厢栱十字相交，蚂蚱头在上，正心枋、拽架万栱、厢栱在下。蚂蚱头里端头上设一个十八斗，拽架万栱、厢栱两端头上各设一个三才升。

第五层：正心枋上设置二层正心枋，内外侧拽架万栱两端头的三才升上设置拽架枋，外侧厢栱两端头的三才升上设置挑檐枋，蚂蚱头里端头的十八斗上设置厢栱；撑头木设置在蚂蚱头上层，与本层的挑檐枋丁字相交、与其他枋十字相交，撑头木在上、枋在下。里侧厢栱两端头上各设一个三才升。

第六层：里侧厢栱端头的三才升上设井口枋（室内井口天花枋），桁椀两侧正心处开槽口与两侧的正心枋十字相接，桁椀后端开榫与井口枋丁字相接，见图5-24、二维码5-1。

二维码5-1　3D平身科动画

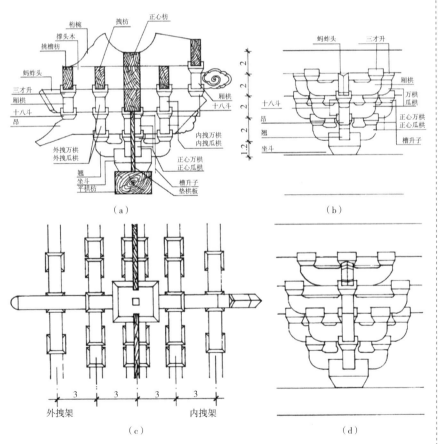

图5-24　单翘单昂平身科五踩斗栱图（单位：斗口）
（a）侧立面图；
（b）正立面图；
（c）仰视图；
（d）背立面图

5.3.2 柱头科斗栱木构架

1. 坐斗上纵向构件

由下至上有翘、昂、桃尖梁（亦称为"挑尖梁"，本书统一作"桃尖梁"）。

2. 坐斗上横向构件

由下至上有正心瓜栱、正心万栱、内外拽架瓜栱（单才瓜栱）、内外拽架万栱（单才万栱）、正心枋、厢栱、拽枋、挑檐枋。

3. 斗、升构件

由下至上有坐斗、筒子十八斗、槽升子、三才升。

4. 与平身科不同的构件

不同的构件有桃尖梁，由于桃尖梁承托檐檩尺度大，桃尖梁下部坐斗、翘、昂、筒子十八斗尺度也随之加大；桃尖梁高度大，占有了蚂蚱头和撑头木的空间，因此柱头科不设蚂蚱头和撑头木构件，同时也占据横向厢栱和拽架万栱的中间段空间，这两个木构件变成插万栱、插厢栱木构件。柱头科基本木构件形式及尺度，见图5-25。

5. 柱头科木构架的构成

以单翘单昂五踩柱头科斗栱为例，柱头科各层木构架的构成如下：

首层：坐斗。

第二层：正心瓜栱两端头上各设一个槽升子（与墙体平行设置），翘在上，与在下的正心瓜栱两构件十字相交，翘两端头上各设一个筒子十八斗。

第三层：正心瓜栱的槽升子上设置正心万栱（与正心瓜栱上下平行），翘两端头的十八斗上设置拽架瓜栱（与正心栱平行，中心间距3斗口）。昂设在翘的上层，与之平行，两端叠落在十八斗和两侧的拽架瓜栱上，昂与正心瓜栱、拽架瓜栱十字相交，昂在上，正心瓜栱、拽架瓜栱在下。正心万栱两端头上各设一个槽升子，昂外端头上设一个筒子十八斗，拽架瓜栱两端头上各设一个三才升。

第四层：正心万栱两端头上的槽升子上安装正心枋（与正心万栱上下平行），拽架瓜栱两端头的三才升上设置插万栱，昂外端头的十八斗上设置插厢栱。桃尖梁设在昂的上层，与之平行，两端叠落在筒子十八斗上，桃尖梁两侧连接正心枋、插万栱、插厢栱，并与两侧正心枋、插万栱、插厢栱各自丁字相交，桃尖梁在上，正心枋、插万栱、插厢栱在两侧。插万栱、插厢栱两端头上各设一个三才升。

第五层：桃尖梁两侧正心枋上各设置一根二层正心枋，内檐各设置一个插厢栱，内外侧插万栱两端头的三才升上各设置一根拽架枋，外侧插厢栱两端头的三才升上各设置一根挑檐枋，拽架枋、挑檐枋、插厢栱分别与桃尖梁丁字相交。

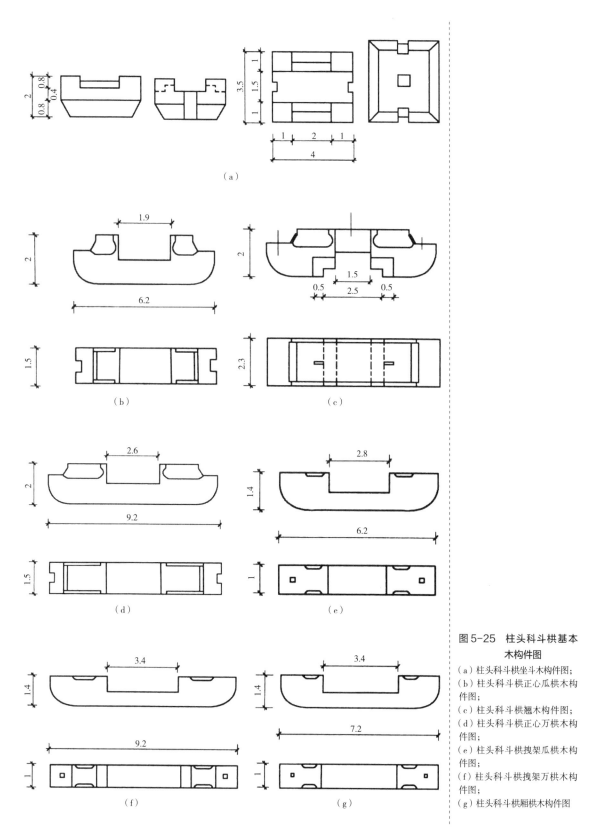

图 5-25　柱头科斗栱基本
木构件图

（a）柱头科斗栱坐斗木构件图；
（b）柱头科斗栱正心瓜栱木构
件图；
（c）柱头科斗栱翘木构件图；
（d）柱头科斗栱正心万栱木构
件图；
（e）柱头科斗栱拽架瓜栱木构
件图；
（f）柱头科斗栱拽架万栱木构
件图；
（g）柱头科斗栱厢栱木构件图

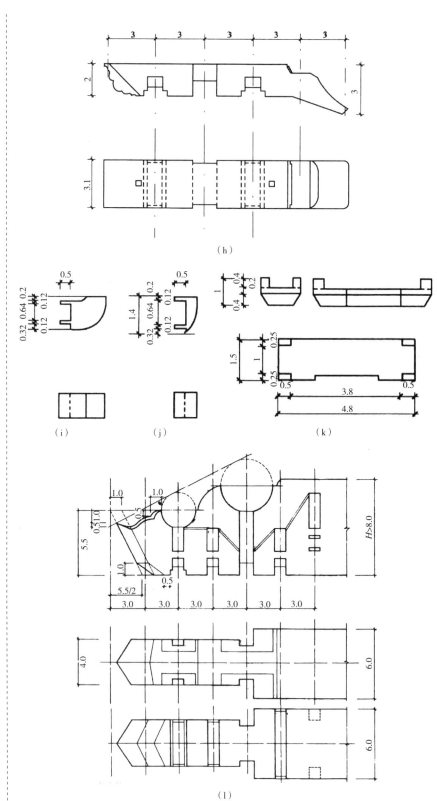

图 5-25 柱头科斗栱基本
木构件图（续）

（h）柱头科斗栱昂木构件图；
（i）柱头科斗栱插万栱木构件图；
（j）柱头科斗栱插厢栱木构件图；
（k）柱头科斗栱筒子十八斗木
构件图；
（l）柱头科斗栱桃尖梁木构件图

第六层：桃尖梁两侧的内檐插厢栱端头的三才升上各设一根井口枋，二层正心枋上平行各设置一根三层正心枋，井口枋、正心枋与桃尖梁丁字相交，见图5-26、二维码5-2。

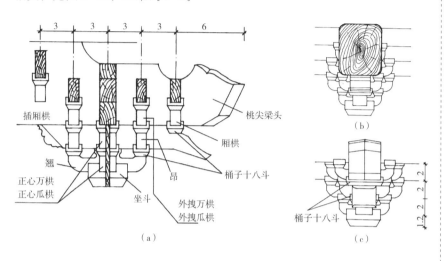

（a）

（b）

（c）

二维码 5-2　3D柱头科斗栱动画

图5-26　单翘单昂柱头科五踩斗栱木构架图
（a）单翘单昂柱头科五踩斗栱构架侧立面图；
（b）单翘单昂柱头科五踩斗栱木构架背立面图；
（c）单翘单昂柱头科五踩斗栱木构架立面图

5.3.3　角科斗栱木构架

角科斗栱是斗栱构架中最复杂的构架，由于木构架在建筑转角处，因此木构架既有平行于檐面、山面墙体的构件，又有与檐面、山面构件相交的斜构件，山面与檐面每个构件都是组合式构件。如檐面的纵向构件后面组合的是山面横向构件；反之山面的纵向构件后面组合的是檐面横向构件，见图5-27。

（a）

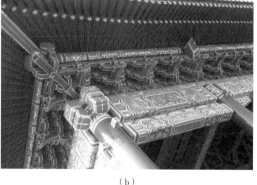
（b）

图5-27　角科斗栱木构架实例
（a）单翘重昂角科七踩斗栱木构架实例；
（b）角科五踩斗栱木构架实例

基本构件名称如下：

（1）平行檐面构件：坐斗上设翘后带正心瓜栱（或昂后带正心瓜栱），昂后带正心万栱（或二昂后带正心万栱），搭交闹昂后带拽架（单才）瓜栱、把臂厢栱，搭交闹蚂蚱头后带拽架（单才）万栱，蚂蚱头后带正心枋，搭交撑头木后带正心枋，搭交闹撑头木后带外拽枋。

（2）平行山面构件：坐斗上设翘后带正心瓜栱，昂后带正心万栱，搭交闹昂后带拽架（单才）瓜栱、把臂厢栱，搭交闹蚂蚱头后带单才万栱，蚂蚱头后带正心枋，搭交撑头木后带正心枋，搭交闹撑头木后带外拽枋，与平行于檐面的构件相同。

（3）山面檐面交角斜构件：斜头翘、斜头昂、由昂后带六分头、斜撑头木、斜撑头木与由昂连做（上设斗盘、宝瓶分位）、斜桁椀。

基本构架见图5-28。

（4）角科斗栱木构架的构成：

以单翘单昂五踩角科斗栱为例：

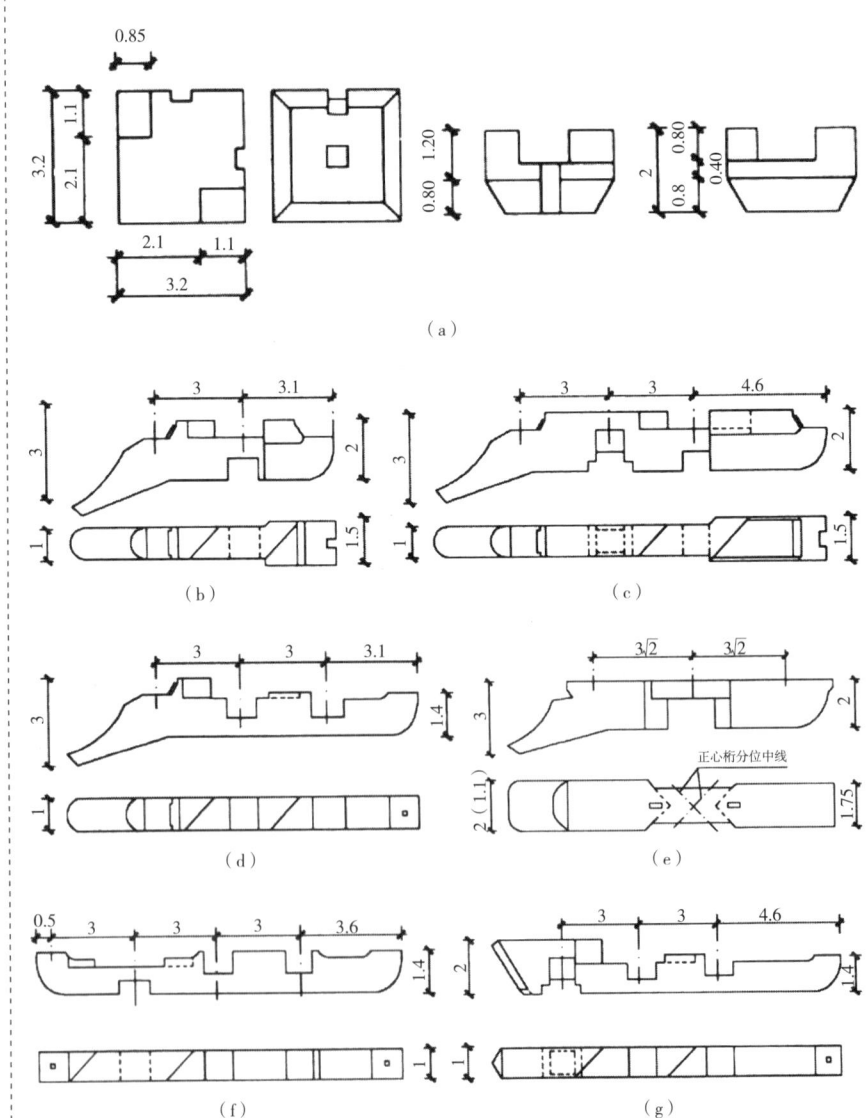

图5-28　角科斗栱基本木构件图

（a）角科斗栱坐斗木构件图；
（b）角科斗栱昂后带正心瓜栱木构件图；
（c）角科斗栱二昂后带正心万栱木构件图；
（d）角科斗栱搭交闹昂后带外拽瓜栱木构件图；
（e）角科斗栱斜头昂木构件图；
（f）角科斗栱把臂厢栱木构件图；
（g）角科斗栱搭交闹蚂蚱头后带万栱木构件图

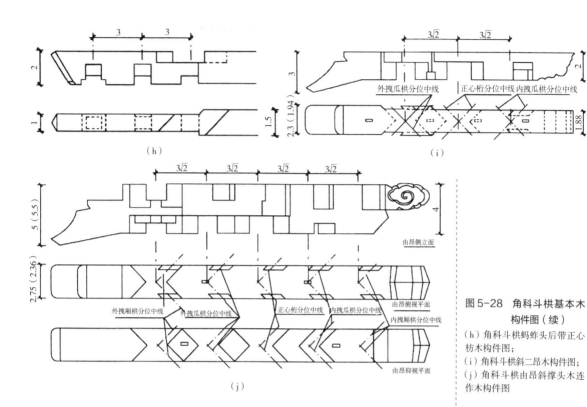

图 5-28 角科斗栱基本木
构件图（续）
（h）角科斗栱蚂蚱头后带正心
枋木构件图；
（i）角科斗栱斜二昂木构件图；
（j）角科斗栱由昂斜撑头木连
作木构件图

第一、二层：坐斗上先设置檐面翘后带正心瓜栱构件，后设置山面翘
后带正心瓜栱构件（山面压檐面十字相交），山面檐面构件外形尺寸相同、
榫卯形式不同，其次设置斜头翘（与檐面、山面构件呈 45°斜角相交），
构件构成见图 5-29。

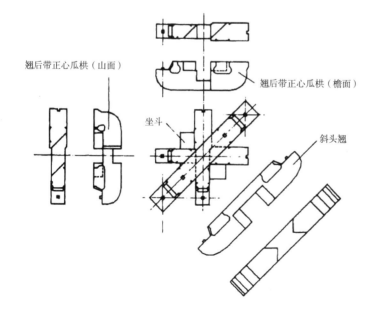

图 5-29 角科斗栱第一、二
层木构件位置图

087

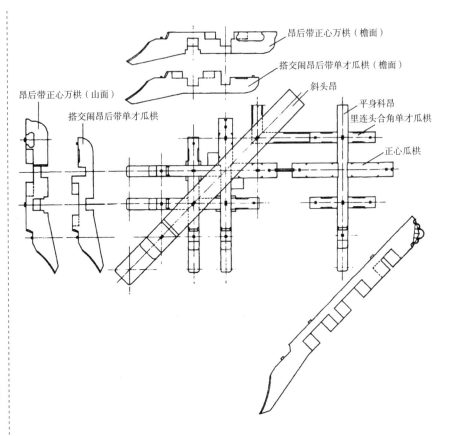

昂后带正心万栱（檐面）

搭交闹昂后带单才瓜栱（檐面）

斜头昂

平身科昂

里连头合角单才瓜栱

正心瓜栱

昂后带正心万栱（山面）

搭交闹昂后带单才瓜栱

图 5-30 角科斗栱第三层木构件位置图

第三层：先设置檐面构件，依次是中心构件昂后带正心万栱、外侧搭交闹昂后带外拽（单才）瓜栱、里侧拽架（单才）瓜栱；再设置山面构件，依次是中心构件昂后带正心万栱、外侧搭交闹昂后带外拽（单才）瓜栱、里侧拽架（单才）瓜栱，中心和外侧构件分别与对应的檐面构件十字相交（山面构件压檐面构件），里侧山面、檐面设置拽架（单才）瓜栱合角榫连接，山面檐面构件也是外形尺寸相同、榫卯形式不同，后设置斜头昂（与檐面、山面构件形成45°斜角相交），见图5-30。

第四层：也是先设置檐面构件，由外侧向里侧依次是把臂厢栱、搭交闹蚂蚱头后带单才万栱、蚂蚱头后带正心枋、单才万栱，再设置山面构件，山面构件依次顺序和名称同檐面，构件外形尺寸同檐面构件，榫卯构造不同（山面构件压檐面构件），里侧山面、檐面单才万栱与由昂侧面合角榫连接，其他山面构件与檐面相对应的构件十字榫卯相交，后设置由昂后带六分头（可与斜撑头木连做），与山面檐面构架呈45°斜角相交，见图5-31。

第五层：先设置斜撑头木，可与由昂连作，檐面构件由外侧向内里侧依次是挑檐枋、搭交闹撑头木后带外拽枋、搭交撑头木后带正心枋、里拽架枋、厢栱，山面构件由外向里依次顺序同檐面，构件榫卯与檐面不同（山

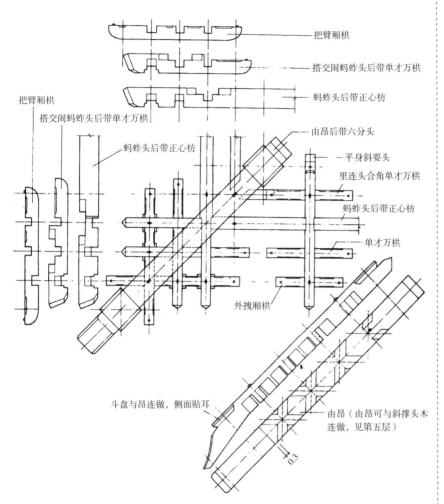

把臂厢栱

搭交闹蚂蚱头后带单才万栱

蚂蚱头后带正心枋

把臂厢栱

搭交闹蚂蚱头后带单才万栱

蚂蚱头后带正心枋

由昂后带六分头

平身斜耍头

里连头合角单才万栱

蚂蚱头后带正心枋

单才万栱

外拽厢栱

斗盘与昂连做，侧面贴耳

由昂（由昂可与斜撑头木连做，见第五层）

0.3

图 5-31　角科斗栱第四层木构件位置图

面构件压檐面构件），山面与檐面挑檐枋、搭交闹撑头木后带外拽枋、搭交撑头木后带正心枋构件十字相交，与斜撑头木 45°斜角相交，里拽架枋、厢栱与斜撑头木合角榫相交，见图 5-32。

第六层：斜桁椀（二维码 5-3）。

（5）重昂五踩角科斗栱木构架组合形式，见图 5-33。

5.3.4　溜金斗栱木构架

明清时期溜金斗栱体现唐、宋时期的构件形式，保留了原有纵向构件受力的功能，该斗栱形式明清时期常应用于园亭、古建筑抱厦处，分为落金斗栱、挑金斗栱两种，见图 5-34。

5.3.4.1　溜金斗栱的特征

溜金斗栱纵向构件蚂蚱头（耍头）以上构件直接支撑金檩构件。

二维码 5-3　3D角科动画

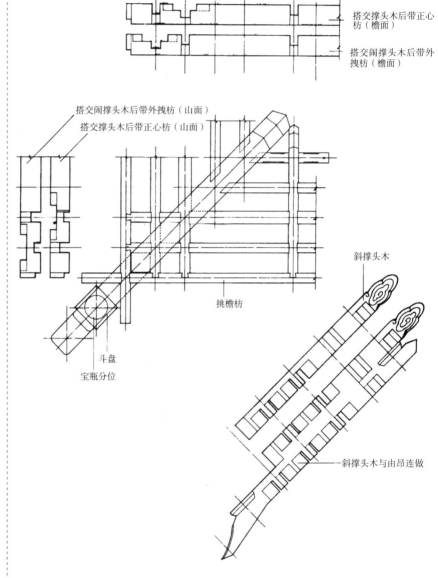

搭交撑头木后带正心枋（檐面）

搭交闹撑头木后带外拽枋（檐面）

搭交闹撑头木后带外拽枋（山面）

搭交撑头木后带正心枋（山面）

斜撑头木

挑檐枋

斗盘

宝瓶分位

斜撑头木与由昂连做

图5-32 角科斗栱第五层
木构件位置图

与翘昂斗栱相同之处：斗栱的正心构件外檐部分同一般出踩斗栱没有区别，第一层坐斗同一般坐斗，第二层的翘和正心瓜栱与一般斗栱的翘和正心瓜栱相同。

与翘昂斗栱不同之处：内檐部分不设瓜栱、万栱和厢栱，取代它们的构件是麻叶云栱和三福云栱；昂、蚂蚱头、撑头木、桁椀后尾为倾斜构件，撑头木延伸至金步并悬挑金步构件，起杠杆作用，称为起秤，起秤的构件称为起秤杆。

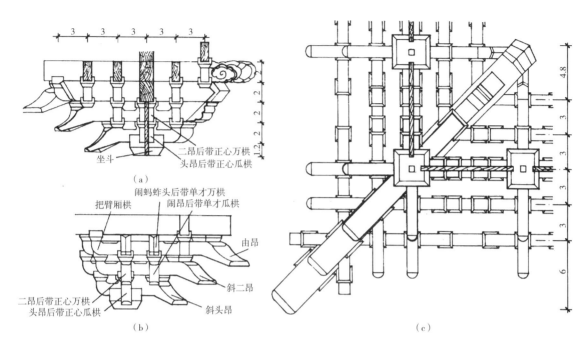

（a）

闹蚂蚱头后带单才万栱
闹昂后带单才瓜栱
把臂厢栱

二昂后带正心万栱
头昂后带正心瓜栱

由昂
斜二昂
斜头昂

（b）

（c）

图5-33　重昂角科斗栱木
构架图（单位：
斗口）

（a）侧立面图；
（b）正立面图；
（c）仰视平面图

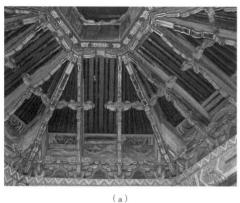

（a）

（b）

图5-34　溜金斗栱实例
（a）北京皇家太庙宰牲亭挑
金斗栱局部仰视木构架实例；
（b）北京中山公园松柏交翠亭
落金斗栱木构架实例

5.3.4.2　落金斗栱木构架

1.落金斗栱基本木构件名称

斗栱横向构件：正心构件设有正心瓜栱、正心万栱、正心枋，中心外侧构件设有单才瓜栱、单才万栱、厢栱、挑檐枋、盖栱板（可与挑檐枋连做），中心内侧构件设有麻叶云栱、三福云栱、瓜栱、老檐枋。

斗栱纵向构件：翘、昂后带举六分头、蚂蚱头后带举六分头、撑头木后起秤杆、槽桁椀后带夔龙尾、菊花头。

斗、升、连接构件：坐斗、十八斗、三才升、伏莲销。

2.落金斗栱木构架的构成

落金斗栱有两个坐斗，一个设在檐柱的平板枋上，另一个设在金檩桁下的托斗枋上（也称花台枋）。

正心横向构件构成：由下至上依次设有大斗（坐斗）、正心瓜栱（瓜栱两端各设一个槽升子）、正心万栱（万栱两端各设一个槽升子）、正心枋构件。

外檐出踩横向构件构成：依次设有单才瓜栱（单才瓜栱两端各设一个槽升子）、单才万栱（单才万栱两端各设一个槽升子）、厢栱（厢栱两端各设一个槽升子）、外拽架枋。

纵向与内檐构件构成：自下而上依次为：翘，翘上设十八斗，上设麻叶云；麻叶云承托昂后带举六分头，昂下设菊花头，昂后尾上设十八斗，上设三福云；三福云承托蚂蚱头后带举六分头，蚂蚱头下设菊花头，后尾上又设十八斗、三福云；三福云承托撑头木后起秤杆，后尾搭在花台枋上的坐斗口内，斗上设瓜栱，栱上托老檐枋。撑头木上设槽桁椀后带夔龙尾，撑头木后尾下设菊花头。纵向构件内檐有伏莲销，见图5-35。

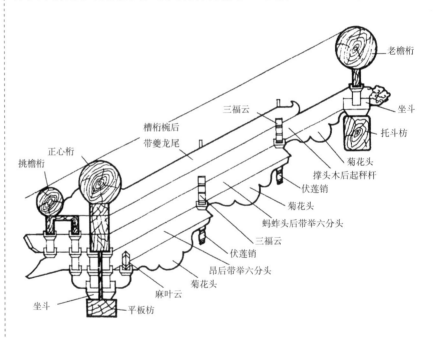

图5-35 落金斗栱木构架图

5.3.4.3　挑金斗栱木构架

1. 挑金斗栱构件名称

挑金斗栱内外檐木构件名称与落金斗栱相同。

2. 挑金斗栱与落金斗栱的区别

主要是撑头木构件后尾不落在任何承接构件上，与蚂蚱头木构件共同悬挑老檐桁等构件。通常用蚂蚱头和撑头木两个构件挑秤杆，增加承载力。构件后尾构造与落金斗栱不同，挑金斗栱运用杠杆原理承重，常用于檐步架尺度小的建筑。

3. 挑金斗栱木构架的构成

以单翘单昂五踩斗栱为例：斗栱横向正心构件与外檐横向构件的构成同落金斗栱。

斗栱纵向和内檐横向木构件构成：自下而上依次为：翘，翘上设十八斗，上设麻叶云；麻叶云承托昂后带举六分头，昂下设菊花头，昂后尾上设十八斗，上设三福云；三福云托蚂蚱头后带举六分头，蚂蚱头后尾上又设十八斗，上设正心瓜栱；撑头木后尾起秤杆并与瓜栱十字榫卯相接（与蚂蚱头共同起秤杆作用，承托老檐桁），撑头木上设槽桁椀后带夔龙尾，纵向构件后尾用伏莲销连接，见图5-36。斗栱构件形式见图5-37。

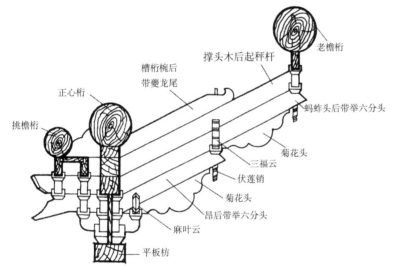

图5-36　挑金斗栱木构架图

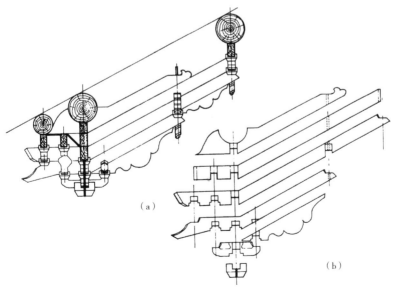

图5-37　挑金斗栱分件图
（a）五踩溜金斗栱挑金做法；
（b）溜金斗栱分件图

093

5.3.4.4 偷心造斗栱木构架

偷心造斗栱是一种简略的做法，将斗栱构件做法简化，一般省略内拽架枋和内出踩横栱构件，明清以前偷心造斗栱是常用的形式，宋代将内外拽架和横栱构件齐全的斗栱称作"计心造"斗栱。偷心造斗栱做法节省材料，构造相对简单，斗栱外观形式与"计心造"斗栱相同，明清时期沿用了历代的做法。

1. 偷心造斗栱的特征

斗栱正心横栱、外拽架、外出踩栱与其他斗栱相同，不设内拽架枋或内出踩栱，纵向构件内侧可做成六分头的形式。

2. 偷心造斗栱木构架的构成

以五踩斗栱为例。

内侧斗栱不出踩，不设拽架枋和横栱构件，外侧构件同翘昂斗栱。

内檐构件自下而上依次为：坐斗、翘，翘上设十八斗，十八斗上设麻叶云；麻叶云上十字榫卯相交昂后菊花头构件；昂上叠设蚂蚱头后尾作六分头构件，蚂蚱头后尾作六分头上设十八斗，斗上设麻叶厢栱；麻叶厢栱上十字榫卯相交撑头木构件；撑头木上设槽桁椀，见图5-38。

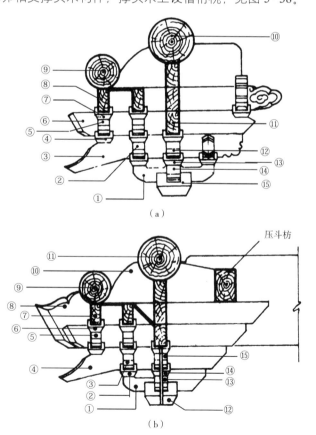

图 5-38 不同形式偷心造
斗栱图

（a）不设里拽架偷心造斗栱图；
1—翘；2—单才瓜栱；3—昂；
4—十八斗；5—厢栱；6—蚂蚱头；7—三才升；8—挑檐枋；
9—挑檐桁檩；10—正心桁檩；
11—正心枋；12—正心万栱；
13—槽升子；14—正心瓜栱；
15—坐斗
（b）纵向构件后尾撇头做法偷心造斗栱图
1—翘后带六分头；2—十八斗；3—单才瓜栱；4—昂后带六分头；5—厢栱；6—三才升；7—挑檐枋；8—桃尖梁；
9—挑檐桁檩；10—桁椀；
11—正心桁檩；12—坐斗；
13—正心瓜栱；14—槽升子；
15—正心万栱

（a）

压斗枋

（b）

课后任务

1. 习题

（1）斗栱的发展过程。

（2）斗栱构件的构成及类型。

（3）斗栱基本构件的名称及位置。

（4）斗栱基本构件的尺寸。

（5）斗栱专有名词。

（6）常用的平身科斗栱类型。

（7）平身科斗栱基本构件的名称及所在的位置。

（8）柱头科斗栱与平身科斗栱的区别。

（9）柱头科斗栱与平身科斗栱不同的构件有哪些？

（10）角科斗栱构件名称。

（11）溜金斗栱的特征。

（12）偷心造斗栱的特征。

（13）平身科三踩、五踩斗栱构成构件的先后顺序（掌握）。

（14）平身科斗栱基本构件的尺寸（熟悉）。

（15）柱头科斗栱基本构件的名称及所在的位置（掌握）。

（16）柱头科单翘单昂三踩、五踩斗栱构成构件的先后顺序（掌握）。

（17）柱头科斗栱基本构件的尺寸（熟悉）。

（18）构成角科斗栱构件各层的顺序（掌握）。

（19）不同种类溜金斗栱构架的构成（掌握）。

2. 分组识别练习

扫描二维码 5-4，浏览并下载本单元工作页，请在教师指导下完成相关分组识别练习。

二维码 5-4　单元五工作页

Danyuanliu Mugoujia Sheji

单元六
木构架设计

学习目标：

使学生掌握硬山、悬山、歇山、庑殿、攒尖、杂式等大式建筑的整体设计，学会分析问题、自主学习的方法，能与其他同学团结协作收集整理资料。

学习重点：

清代大木构架权衡。

学习难点：

建筑形式（大式、小式）的确定；柱径、斗口的选取和确定。

6.1 清代建筑通则

6.1.1 清代建筑通则的作用

古建筑建筑通则是中国古建筑设计的主要依据和法则，它对古建筑的等级、营造法作了明确的规定，并且权衡了建筑空间、构件之间的比例、尺度关系。古建筑权衡标准分为两种，有斗栱的建筑以斗口为权衡标准，无斗栱建筑以柱径为权衡标准。

6.1.2 面宽与进深

中国古建筑将单体建筑的长和宽定为宽和深，单体建筑由最基本的单元——"间"组成，每四根柱子围成一间，间是建筑平面中最基本的平面，也是最小的平面单位，见图6-1。

面宽：建筑物长度方向相邻两柱之间距离（一间的宽），又称面阔（现代建筑称开间）。

进深：垂直于面宽方向的相邻两柱之间距离（一间的深）。

不同位置布局的间：分为明间、次间、梢间、尽间等。

明间：建筑物居中的开间；

次间：建筑物与明间相毗连的间；

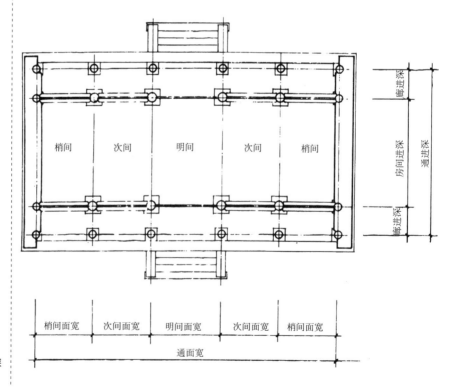

图6-1 面宽与进深

梢间：建筑物与次间相毗连的间（五间建筑两端部的间）。

尽间：建筑物与梢间相毗连的间（七间、九间建筑两端部的间）。

建筑最端部的间又称作边间或落翼（苏州地区称为落翼），在硬山建筑中可称为"边间"。

通面宽：建筑物两尽端柱间轴线距离（多个单间面宽之和）。

通进深：建筑物进深方向两尽端柱间轴线距离（多个单间进深之和）。

通面阔与通进深的尺度多少，取决于建筑的规模和等级。如北京故宫太和殿通面宽由十一间组成，通进深由一个廊进深和四个房进深组成，形成古建筑最高等级的木构架。

6.1.2.1　基本面宽的确定

1. 有斗栱建筑面宽的确定

通常用两种方法：

（1）按斗口定面宽：选择建筑斗口的等级，按斗栱攒数定面宽，每攒档斗栱尺寸取十一份斗口数。如斗口取二寸，每攒斗栱尺寸为二尺二寸。

面宽 = 斗栱攒数 × 平身科每攒档斗栱尺寸 +2×0.5 柱头科每攒斗栱尺寸

明间取偶数斗栱（按平身科斗栱的数量取），即空当坐中，次间在明间的基础上收一攒斗栱，梢间斗栱数同次间，或在次间的基础上收一攒斗栱，尽间面阔依次类推。

（2）初定面宽反求斗口：应用于实际工程限定的建造的地形，事先确定单间的面宽，或确定通面宽和单间数，反求斗口的大小。如面宽初选 5m（15 尺），明间取 4 攒斗栱数（加一柱头科斗栱共五攒），反求斗口大小。

计算方法：

$$15 尺 /5 攒 =3 尺 / 每攒；3 尺 /11 份 ≈ 2.7 寸$$

计算所得尺寸与斗口等级不符，此情况分析建造地段可用长度极限，决定斗口尺寸选取 3 寸还是 2.5 寸，然后根据选择的斗口尺寸按斗口定面阔的方法重新计算各间面宽。仿古新建筑可以用厘米计算（清代营造尺寸 1 尺 =32 厘米），仿古新建筑选择斗口应考虑现有木料的规格，以防用料浪费。

2. 无斗栱建筑面宽的确定

无斗栱建筑明间面宽与柱径尺寸有关，明间面阔与檐柱高关系为面宽一丈柱高八尺，即柱高 / 面阔是 8/10 的关系，柱高通常取 11 倍的柱径，面阔可通过柱径尺寸推算获得；次间面阔是明间的 8/10，梢间面宽可同次间，也可以取次间的 8/10，尽间面阔依次类推。

6.1.2.2　进深的确定

首先考虑使用功能，其次考虑用材合理，还要考虑空间比例适当。进深的确定分为大式和小式建筑。

大式斗栱建筑按面宽的两种方法确定进深，庑殿、歇山山面通进深取二至三间房进深不等。

小式建筑常取五檩四步架进深尺度，七檩梁架常通过设前后廊解决进深问题。

每个房进深：房进深与梁架的步架尺寸有关，小式建筑步架尺寸按柱径的倍数取值，大式建筑按檩径倍数取值，檩径与柱径的关系查看木构件权衡尺寸附表 1；以七檩梁架为例，由六个步架组成，以脊部为界，两侧自下而上分别是檐步架、金步架和脊步架，各步架名词解释及取值见后续步架内容。

廊进深：（廊步架尺寸）取 4~5 倍柱径或檩径。

6.1.3　步架与举高尺寸的确定
6.1.3.1　步架
1. 清式建筑步架定义

相邻两檩轴线之间水平距离为步架。

2. 步架名称

步架名称按位置不同由外向内依次分为廊步（或檐步）、金步、脊步等；卷棚双脊建筑，最上居中一步，称顶步。

3. 步架尺寸

小式建筑：

廊步架（或檐步架）：一般取 4~5 倍的 D（柱径）。

金步、脊步架：一般取 $4D$。

顶步架：小于金步，在 $2~3D$ 之间；以六檩卷棚为例，将架梁跨度分为五份，顶步架为一份，两侧金步、檐步架各为两份。

大式斗栱建筑：一般取檩径的 4~5 倍，见图 6-2。

6.1.3.2　举高

举高定义：相邻两檩下部之间垂直距离为举高。

$$举高尺寸 = 举架 × 相应的步架长度$$

1. 举架

清式建筑举架定义：举高与对应的步架之比为举架。

举架不同的数列：举高与对应的步架之比的举架是小于 1 的数列。如

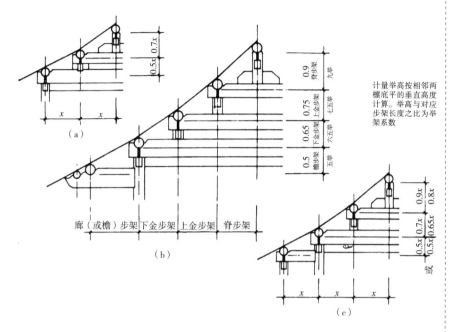

计量举高按相邻两
檩底平的垂直高度
计算。举高与对应
步架长度之比为举
架系数

图6-2　步架与举高关系
(a) 五檩小式建筑常用举架;
(b) 九檩大式建筑常用举架;
(c) 七檩小式建筑常用举架

0.5、0.65、0.75、0.9等对应的数列称五举、六五举、七五举、九举。

2. 举架数值的选择

九檩大式举架尺寸的选择:檐步举架取0.5、下金步取0.65、上金步取0.75、脊步取0.9。

举架选择的数列,决定屋面曲线的优劣,一般小式建筑脊步举架不超过0.85,大式斗栱建筑脊步举架不超过1,见图6-2。

6.1.4　木构架高度

木构架的高度由两部分组成,一部分是上架高度,另一部分是下架高度。上架高度是抱头梁或桃尖梁底皮至脊上木构架顶皮之间的垂直高度(廊步架举高和梁架步架举高叠加之和＋梁构件、脊檩构件截面高度);下架高度分两种,无斗栱建筑即柱高,有斗栱大式建筑由柱高和斗栱高度组成,见图6-3、图6-4。

1. 柱高的确定

大式斗栱建筑柱高:按斗口尺寸确定,清工部《工程做法则例》规定,檐柱根到挑檐桁底皮70斗口(含斗科、平板枋尺寸)。檐柱高常取56~58斗口(《清式营造则例》规定一律取60斗口)。

2. 柱高与柱径的关系

无斗栱建筑:柱高比柱直径为11:1;

大式斗栱建筑:柱径为6斗口(约柱高的1/10)。

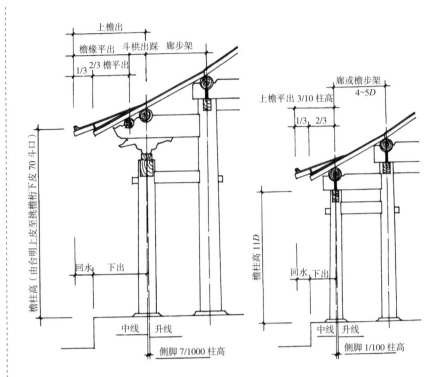

图 6-3 有斗栱大式建筑柱
高、上檐出挑、台
明出沿、回水（左）
图 6-4 无斗栱建筑柱高、
上檐出挑、台明出
沿、回水（右）

6.1.5 上出、下出、回水

上出、下出、台明是保护木构架的一种措施，上出是屋盖与建筑檐檩之间的关系，下出是建筑台明与檐柱之间的关系，回水是建筑屋盖与台明之间的关系。

6.1.5.1 上出

建筑屋盖上檐出挑称"上檐出"，简称上出。出挑尺寸与建筑有无斗栱有关，见图 6-3、图 6-4。

（1）无斗栱建筑：上檐出尺寸定为以檐檩中心至飞檐椽头外皮（若无飞檐按至老檐椽头外皮计算）。上檐出尺寸：取檐柱高的 3/10。将上出尺寸分为三等份，其中檐椽出头占两份，飞檐出头占一份。

（2）有斗栱大式建筑：上檐出尺寸由两部分组成：一部分是由正心桁中心到挑檐桁中心之间的水平距离，这部分尺寸按斗栱出踩数确定（每踩3斗口），即斗栱出挑尺寸；

另一部分是由挑檐桁中心至飞檐椽头外皮尺寸，取 21 斗口。其中2/3 檐椽平出尺寸，1/3 飞檐平出尺寸。

6.1.5.2 下出

建筑下部台明出沿，由檐柱中心延出至台明外沿边的长度间称下出。大式建筑与小式建筑有区别。

小式建筑下出：取上檐出的 4/5 或檐柱径的 2.4 倍；

大式建筑下出：取上檐出的 3/4。

6.1.5.3 回水、台明高

1. 回水

下出小于上出，二者之间的差叫回水，上出尺寸大于下出既起到屋盖遮雨的作用，又起到保护柱基础的作用，见图 6-3、图 6-4。

2. 台明高

台明高是由室外地坪至台明上皮的高度。

小式建筑台明高：取柱高的 1/5 或 2 倍柱径；

大式建筑台明高：取桃尖梁下皮至台明上皮高的 1/4。

6.1.6 收分、侧脚

1. 收分

古建筑柱径上下不等粗（除瓜柱等短柱以外），下粗上窄，柱上部收细的做法称"收分"或称"收溜"。小式建筑收分尺寸一般取柱高的 1/100；大式建筑收分尺寸《清式营造则例》规定取柱高的 7/1000。

2. 侧脚

建筑最外圈檐柱、山柱的下脚由定位轴线向外侧移一定尺寸的做法称侧脚，见图 6-5。

侧脚的作用：增加建筑的整体稳定性和视觉效果。

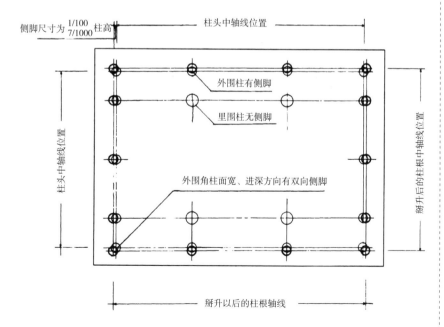

图 6-5 檐柱、山柱侧脚位置图

做法：建筑最外圈檐柱、山柱的下脚向外移一定尺寸，叫侧脚（也叫掰升）。外移尺寸同收分尺寸，即收溜多少，掰升多少。

6.1.7 建筑收山、推山法则

建筑收山是歇山建筑的山面做法，推山是庑殿建筑山面变曲面、屋脊加长的做法，两种做法改变屋面山面坡度和形式，使屋面美观。

1. 歇山建筑收山

确定歇山建筑山面山花板位置的法则称"收山法"。

（1）有斗栱建筑"收山法"规定，歇山建筑由山面正心桁轴心向内收一桁径，定为山花板外皮位置，见图6-6。

（2）小式建筑"收山法"规定，由山面檐檩轴心向内收一檩径，定为山花板外皮位置。

2. 庑殿推山法则

推山法是将庑殿屋面向两侧推，加长正脊长度，使四坡屋面交线呈曲线。分为等步架、不等步架推山法。单元二中对该法则已经作了详细介绍，在此不再详述。

6.2 木构件翼角设计

6.2.1 清官式、北方建筑翼角的组成

庑殿建筑、歇山建筑、攒尖建筑屋盖等在建筑转角处起翘加长，形成屋盖角部上扬飞翼的效果，既增强了建筑美观，又达到了屋面雨水远泄的功能，清代官式及北方建筑翼角木构架主要由老角梁、仔角梁、翼角椽、翘飞椽及大连檐、小连檐等构件组成。

6.2.2 角梁的位置及组成

（1）角梁的位置：设于建筑转角处，前端与搭交檐檩（挑檐桁、正心桁）相交，后尾与搭交金檩或老檐柱（金柱）相交。

（2）角梁的组成：竖向分为上下两层，下层为老角梁，上层为仔角梁。

6.2.3 角梁出挑尺寸

角梁截面尺寸按权衡要求确定，老角梁出挑长度与正身檐椽出檐长度有关，仔角梁出挑长度与正身飞檐出檐长度有关，木工口诀叫作"冲三翘四"。90°转角角梁见图6-7。

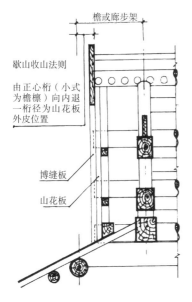

图 6-6　有斗栱歇山建筑收
　　　　山图（左）
图 6-7　北京故宫太和殿翼
　　　　角实例（右）

1）仔角梁梁头出挑尺度：仔角梁梁头（不含套兽榫）的水平投影长度，比正身檐的平出（正身飞檐至挑檐桁中之间的水平距离）长出 3 椽径，90°转角尺寸为 3 椽径 ×1.4142 ≈ 4.24 椽径，翘起高度 4 椽径，见图 6-8。

2）老角梁梁头出挑尺度：水平投影比正身檐头的平出长出 2 椽径，90°转角尺寸为 2 椽径 ×1.4142 ≈ 2.83 椽径，老角梁梁头不起翘，见图 6-8。

3）六角形、八角形等多边建筑的建筑转角：角度分别为 120°、135°。

（1）六角角梁梁头出挑尺度：仔角梁水平投影长度为 3 椽径 ×1.15471 ≈ 3.46 椽径，翘起高度 4 椽径，2 椽径 ×1.15471 ≈ 2.31 椽径；

（2）八角角梁梁头出挑尺度：仔角梁水平投影长度为 3 椽径 ×1.08 ≈ 3.24 椽径，翘起高度 4 椽径，2 椽径 ×1.08 ≈ 2.16 椽径。

其他角度的角梁出挑尺度计算方法同前，用出挑椽径乘以相应的角度系数。

6.2.4　翼角椽设计

翼角椽是檐椽在转角处的特殊形式，翼角椽根部在角梁排列处有积聚性。由此构件排列有其特殊性。

6.2.4.1　翼角椽位置

贴近角梁的翼角椽为第一根翼角椽，与正身椽相邻的翼角椽为最末一根角椽。平面投影，第一根翼角椽与最末一根角椽夹角略小于角梁与正身檐椽之间的夹角，第一根翼角椽尾部在角梁 2/3 长度处，90°转角建筑第二、

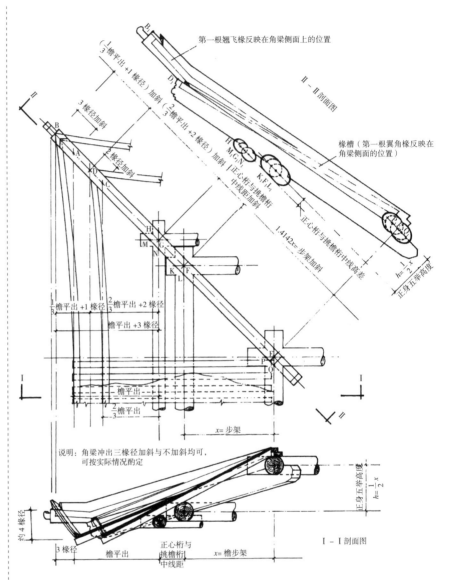

第一根翘飞椽反映在角梁侧面上的位置

II—II 剖面图

椽槽（第一根翼角椽反映在角梁侧面的位置）

（$\frac{1}{3}$椽平出+1椽径）加斜（$\frac{2}{3}$椽平出+2椽径）（$\frac{3}{3}$椽平出+3椽径）加斜丨正心桁与挑檐桁中线距加斜

3椽径加斜

2椽径加斜

正心桁与挑檐桁中线高差

1.4142= 步架加斜

$h=\frac{1}{2}x$ 正身五举高度

$\frac{1}{3}$檐平出+1椽径 $\frac{2}{3}$檐平出+2椽径

檐平出+3椽径

$\frac{2}{3}$檐平出

$\frac{1}{3}$檐平出

$x=$步架

说明：角梁冲出三椽径加斜与不加斜均可，可按实际情况酌定

约4椽径

3椽径

檐平出

正心桁与挑檐桁中线距

$x=$檐步架

正身五举高度 $h=\frac{1}{2}x$

I—I 剖面图

图6-8 90°转角翼角出挑
尺度投影图

第三根……翼角椽尾按0.8椽径的等距依次向后移。120°、135°转角分别按0.5和0.4椽径等距推移，见图6-9。

6.2.4.2 翼角椽根数的确定

翼角椽根数随建筑檐步架长短、出檐大小、斗栱出踩多少等因素而变。清代翼角椽常取奇数，规模较小的建筑每面可设7、9、11根，大式建筑可设15、17、19等根数。

1．带斗栱建筑翼角椽根数的计算方法

廊（檐）步架尺寸加斗栱出踩尺寸，再加檐平出尺寸，除以一椽一档尺寸，所得数取整数。该数如是奇数，即是根数，若是偶数，再加1根。

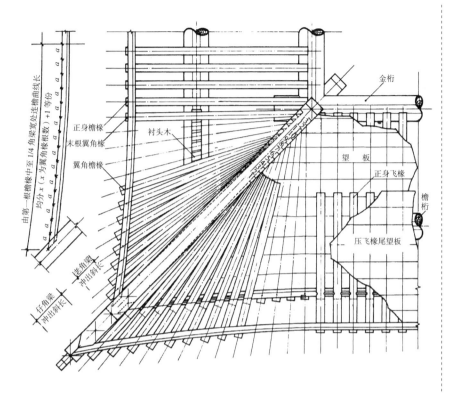

图6-9　90°转角翼角椽的排列

2. 无斗栱建筑翼角椽根数的计算方法

廊（檐）步架尺寸,加檐平出尺寸,除以一椽一档尺寸,所得数取整数。该数如是奇数,即是根数,若是偶数,再加1根。

6.2.5　大木架设计任务

6.2.5.1　设计清代官式建筑

选择清代硬山建筑、悬山建筑、歇山建筑、庑殿建筑、卷棚建筑等形式,依据建筑通则、建筑权衡尺寸设计木构架。

6.2.5.2　设计攒尖建筑

选择清代四角单檐或重檐单围、双围柱,六角单檐或重檐单围、双围柱,八角单檐柱,圆亭,五角亭,方胜亭等建筑形式,依据建筑通则、建筑权衡尺寸设计木构架。

任务具体内容:

(1) 按权衡尺寸确定建筑木构架各部位构件尺寸,并编制构件表;

(2) 图纸要求:平面图、立面图、剖面图各一个;

(3) 图纸比例:1∶50;

(4) 图幅大小:3、4号图纸;

(5) 图纸表达深度:方案图深度。

1．平面图表达

线型：剖切构件用粗实线绘制，看线用细实线绘制；

尺寸标注：两道尺寸线（柱子定位轴线、掰升线、台基外尺寸线）。

2．剖面图表达

线型：剖切构件用粗实线绘制，看线用细实线绘制；

高度尺寸标注：标注台明、檐柱顶、步架举高、栏杆、柱、倒挂楣子、屋脊、宝顶等标高；

水平尺寸标注：柱子定位轴线、步架尺度。

3．立面图表达

地面线用粗实线、大木架外轮廓用中粗线、小木构件用细实线绘制。

6.3 木构件设计

木构件设计需进行两部分设计：一是木构件的尺度；二是木构件之间的连接。木构件尺度依据古建筑权衡要求确定（见书后附表）。

6.3.1 清式木构件的榫卯作用与类型

如何将一栋建筑的各种构件连接成整体，古代工匠用智慧和劳动经验，积累了木构件榫卯连接技术，经历历代的应用与完善，木构件榫卯技术已广泛应用于建筑构件连接、建筑装修、家具制作等领域，我国现存的明清时期古建筑，历经几百年依旧完好，充分体现了古建筑榫卯技术的成熟和可靠。

1．木构件榫卯的作用

木构件榫卯能将构件有机连接成整体构架，承接垂直、水平等方向传来的力，使构件之间有一定的伸缩能力，抵抗来自自身重力，风荷载、地震等外力的破坏。

2．榫卯的要求

保证构件连接牢固、受力合理、宜于制作、便于构件组装和拆卸，组合后的木构架外观达到美观的效果。

3．木构件榫卯的类型

按功能分为六种：固定垂直构件的榫卯；水平构件与垂直构件相交拉接的榫卯；水平构件之间拉接相交的榫卯；水平或倾斜构件重叠稳固的榫卯；水平或倾斜构件叠交或半叠交的榫卯；板缝拼接的榫卯。

6.3.2　清式木构件设计

木构件所在位置不同，构件尺度依据木构架整体权衡要求确定，构件之间连接的方法随构件间关系而变化，由此各构件榫卯技术的设计要满足构件之间连接的差异需求。

6.3.2.1　各类柱构件设计

古建筑中垂直构件主要是各类柱子，由于柱子所在的位置不同，主要分为落地和不落地两种。落地的柱子（檐柱、金柱、中柱、山柱）固定于柱顶石内或穿过柱顶石落在基础上。不落地的柱子（童柱、瓜柱、雷公柱等）由梁架或悬挑构件承托。

1. 各类柱构件的尺度设计

分析各类柱在建筑木构架中的位置，无斗栱建筑首先确定檐柱径尺寸，檐柱径是建筑所有构件的设计权衡标准；有斗栱的大式建筑，先确定斗口尺寸，斗口尺寸是确定其他构件的权衡标准，然后按权衡尺寸要求确定不同位置的柱高。柱构件实际高度 = 所在位高度 + 榫卯尺寸。

2. 柱构件垂直方向固定的榫卯

1）管脚榫

位置在柱下部，用于各种落地柱的顶石或梁架、墩斗相交处。榫长根据柱径大小确定，一般控制在柱径的 2/10~3/10 之间，榫截面为方形或圆形，榫径取 1/4~1/3 柱径，榫端部适当收溜，见图 6-10（a）。

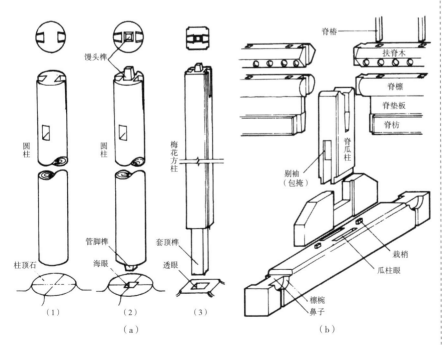

图 6-10　柱类榫卯
（a）落地柱管脚榫、馒头榫、套顶；
（b）梁上瓜柱与角背、檩、枋之间的榫卯

2）套顶榫

套顶榫是管脚榫的一种特殊形式，榫远远长于管脚榫，通常取柱子露明部分的 1/5~1/3；榫径约为柱径的 1/2~4/5。安装时榫穿透柱顶石，直接落在基础（磉墩）上。

套顶榫常用于长廊的柱（每隔 2~3 根柱子用一个），也可用于剪切力和风荷载有较大影响的建筑（牌楼）。

3）瓜柱柱脚半榫

用于瓜柱与梁架交接处，瓜柱管脚榫采用半榫的做法，榫长在 6~8cm 之间，对应的梁架处开卯口。脊瓜柱较高，为增强稳定性，下部常与角背结合一起用，脊瓜柱此时作双榫，与角背相交处各做半榫半卯，榫卯高度取角背高度的 1/2，并做别袖（包掩）以防连接后构件之间移动，与角背一起安装，见图 6-10（b）。

3. 柱（垂直构件）与水平构件相交拉接的榫卯

垂直构件与水平构件相交拉接，主要指柱与梁、枋的连接。由于构件的位置不同榫卯形式也不同。

1）柱顶部馒头榫

馒头榫呈梯形体，常用于柱顶榫，与梁头底部的海眼相连接。榫的长短与截面尺寸同管脚榫。梁底部海眼要凿成八字楞卯口，见图 6-10（a）、图 6-11（a）。

2）柱顶部卯口

柱顶部卯口用于固定枋构件，檐面、山面柱的卯口设在上柱头两侧，与檐枋的燕尾榫连接，卯口尺寸同枋的燕尾榫（见后续燕尾榫内容），见图 6-11（a）。角檐柱上部与来自檐面和山面两个方向的枋构件连接，柱顶刻十字口，枋口尺寸见后续箍头枋的榫尺寸内容，见图 6-12、图 6-13。

6.3.2.2 枋构件设计

1. 枋构件尺寸

檐枋、额枋、穿插枋、随梁枋等长度按所在位置的面宽或进深尺寸再加榫或出挑尺寸确定，金枋、脊枋、平板枋等构件按所在位置的面阔和进深尺寸确定，各构件的截面尺寸按构件权衡要求确定，依据斗栱或柱径尺寸查阅权衡构件表（书后附表）确定。

2. 枋构件榫卯设计

1）燕尾榫

燕尾榫常用于梁、枋等水平构件端头，榫头大根部小，与柱子拉接牢固，不易拔榫。榫长根据实际工程位置定（根据连接的梁、枋多少而定），常取柱径的 1/4,最长不超过 3/10,榫根部每面比头部窄 1/10。为便于安装,榫上宽下窄,下部每侧比上部窄 1/10,使梁安装下落时越落越紧。用于檐枋、额枋的燕尾榫常作袖肩,增强抗剪力。袖肩尺寸常取柱径的 1/8,宽同榫头,见图 6-11（b）。

2）透榫

透榫常用于穿透大木构件的做法,穿插枋构件穿透柱身,榫头做成大进小出的形式,大进是指占 1/3 榫长部分（即柱径的 1/2 长）穿入柱身卯口中,这部分榫的高度尺寸按枋的正身高度确定,剩余 2/3 榫长穿透柱身,这部分榫高度减半。这种做法减小了对柱截面的破坏。透榫的厚度尺寸取 ≤ 1/4 柱径或为自身高度的 1/3。榫伸出柱外的长度（柱外皮）为柱半径或自身高度的 1/2。透榫外露的部分,一般做成方头（宫殿式建筑）、三岔头、麻叶头的形式,见图 6-11。

3）箍头榫

箍头榫是枋与柱在尽端或转角的结合榫构造,箍头榫使枋与柱连接紧固,箍头外露起装饰作用,见图 6-12、图 6-13。

箍头榫伸出长度,一般从柱中向外伸一柱径长度。与柱连接处作套椀,外伸部分做箍头。箍头做成霸王拳或三叉头形式（用于无斗栱的园林建筑）,箍头的尺寸高低、厚薄均是正身枋尺寸的 8/10。角部箍头枋安装山面压檐面,檐面枋榫上部开卯口,山面枋榫下部开卯口,卯口高度各占 1/2。柱头顶部开单向卯口（悬山处）或十字卯口（转角处）。

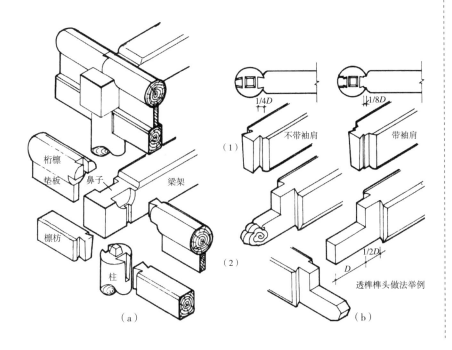

图 6-11　柱顶与梁枋之间榫卯连接

（a）柱顶与梁枋之间榫卯关系；
（b）檐枋燕尾榫、穿插枋大进小出榫构造

111

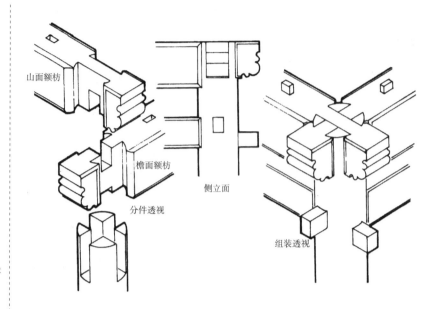

图 6-12 箍头枋与柱十字
　　　　榫卯相连接

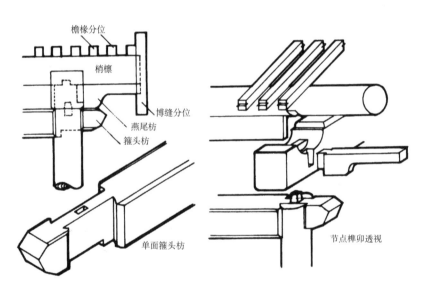

图 6-13 悬山箍头枋、燕
　　　　尾枋与柱单向榫
　　　　卯相连接

6.3.2.3 梁构件设计

1. 梁构件尺寸设计

梁构件长度按所在位置的进深尺寸再加两个梁头或榫尺寸，梁截面宽度按选定的柱径或斗栱尺寸权衡，查阅权衡表。

2. 梁的榫卯设计

1）梁与山墙柱连接榫卯

山墙柱、中柱两侧梁在一个标高处连接，柱上无法使用透榫时用半榫，山柱和中柱处将梁架分为前后两部分，此种情况做法是将柱径分为三部分，

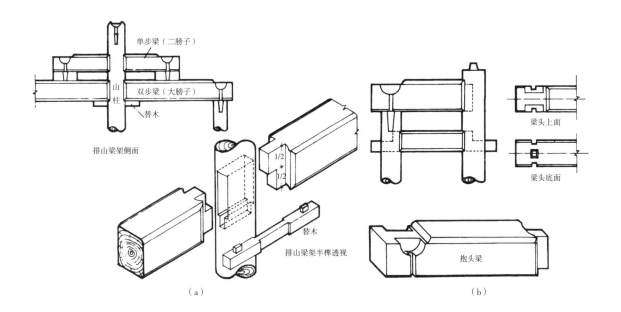

单步梁（二勝子）

山柱

双步梁（大勝子）

替木

排山梁架侧面

1/2
1/2

替木

排山梁架半榫透视

抱头梁

梁头上面

梁头底面

（a）　　　　　　　　　　　　　　　　　　　　　　（b）

图6-14　梁与柱榫卯连接半榫构造

（a）梁与山墙柱半榫连接；
（b）抱头梁与柱半榫连接构造

两侧的梁榫做成等掌和压掌的台阶形式，将榫高分为两份，压掌榫上部分长占柱径的2/3，下部分占1/3，等掌正相反，两梁穿入柱中卯口处上下扣搭形成整体，增加了连接长度，见图6-14，梁下常设替木和雀替构件，起防止梁、枋拔卯的作用。

　　2）梁架与水平或倾斜构件叠交或半叠交的榫卯设计

　　当构件之间不是垂直相交，形成一定角度叠交和半叠交时，构件连接采用桁椀、刻榫或压掌来稳定。

　　梁头桁椀：古建筑为防止构件位移，大木构造常采用桁椀固定桁檩、柁梁、脊瓜柱等。桁椀开口尺寸按檩径等相应构件尺寸确定；桁椀椀口深度：一般最深不超过半檩径，最浅不少于1/3檩径。相邻两檩在梁头搭接，两椀口之间做鼻子，将梁头宽向均分四份，鼻子居中占两份，两边椀口各占一份，见图6-15a；向山面出梢的檩子与排山梁相交时，梁头做小鼻子，鼻子的宽窄不大于檩径的1/5。

　　斜梁、角梁桁椀：按搭交檩所在位置和角度开设檩椀卯口，见图6-15（b）、图6-16。

　　3）趴梁阶梯榫

　　趴梁与檐檩之间相交多用阶梯榫，抹角梁与桁檩半叠交及长短趴梁之间相交部位，也将榫做成阶梯式。梁头阶梯榫做法，最下层阶梯深入檩半径的1/4；第二层尺寸同最下层，第三层可做成燕尾榫形式以防脱榫。榫最长不超过檩中，阶梯榫两侧各做1/4包掩。抹角梁与行檩相交，由于交角为45°，做直榫，在檩木上沿45°剔斜卯口，其他同阶梯榫做法，见图6-17。

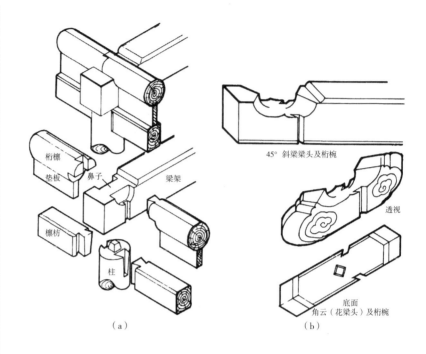

图 6-15 梁与檩榫卯连接
构造
（a）梁与檩相交榫卯构造；
（b）斜梁、角云子与檩连接构造

45°斜梁梁头及桁椀

透视

底面
角云（花梁头）及桁椀

（a）　　　　　（b）

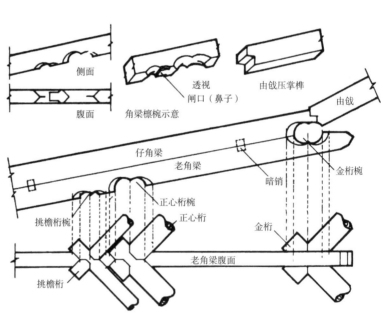

图 6-16 角梁与檩榫卯连
接构造

侧面
腹面
角梁檩椀示意
透视
闸口（鼻子）
由戗压掌榫
由戗

仔角梁
老角梁
暗销
金桁椀
金桁
正心桁椀
正心桁
挑檐桁椀
挑檐桁
老角梁腹面

6.3.2.4 檩构件设计

1. 檩构件尺度

　　檩构件长度按所在面阔的尺寸再加榫长，檩径尺寸按柱径或斗栱权衡尺寸确定。

2．檩与檩水平构件之间相交的拉结榫卯

檩与檩在同一个水平面内相交，构件连接构造分为构件之间头尾相接和十字刻榫相接。

1）大头榫

檩与檩之间头尾相接常用大头榫即燕尾榫，构造同前。常用与檐檩、金檩、脊檩等构件的连接，见图6-15（a）。

2）十字刻半榫

主要用于方形建筑转角构件或构件十字搭交处，山面构件刻掉自身下半部分形成盖口，檐面构件刻掉上半部分形成等口，为防止构件移动，在刻口外侧按枋的1/10做包掩。安装时山面檐枋构件在上，上下两构件十字相交扣搭形成整体，见图6-17。

3）十字卡腰榫

主要用于圆形（桁檩）或带有线角构件的十字相交处，构造是将桁檩沿截面宽度均分四等份，高度方向分两等份。依所需角度各刻去一份。按山面压檐的原则，将垂十字相交的上下两檐枋构件，上下各刻去一半截面，后扣搭连接，见图6-18。

图6-17　趴梁、抹角梁阶梯榫做法（左）
图6-18　十字相交卡腰与刻半榫（右）

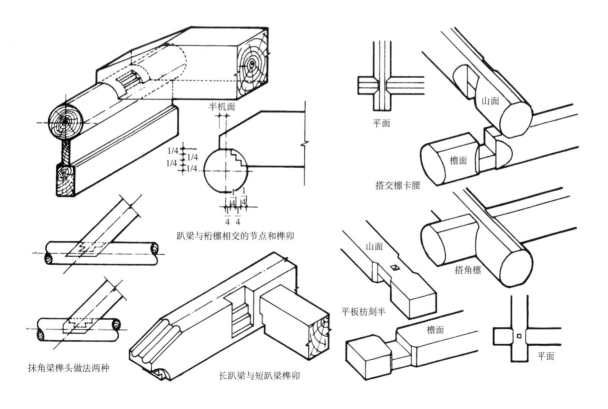

半机面

1/4　1/4
1/4　1/4

$\dfrac{1}{4}$　$\dfrac{1}{4}$

趴梁与桁檩相交的节点和榫卯

抹角梁榫头做法两种

长趴梁与短趴梁榫卯

平面

山面

檐面

搭交檩卡腰

山面

搭角檩

平板枋刻半

檐面

平面

6.3.2.5 椽、由戗构件设计

1. 椽构件尺寸

檐椽水平投影长度取檐步架尺寸再加檐平出的 2/3 尺寸，构件实际尺寸是所在位置的斜投影尺寸，脑椽、花架椽实际长度也是所在步架的屋面斜投影。椽构件截面尺寸按权衡要求确定。

由戗构件实际长度可用计算方法和投影方法获得，构件截面尺寸按权衡要求确定。

2. 椽与椽、由戗之间压掌榫连接

用于角梁、由戗与戗之间的连接。增加构件接触面，椽子与椽子之间的连接，常采用压掌榫。椽子与檩之间用钉子连接，见图 6-19。

6.3.2.6 板缝拼接的榫卯

古建筑山花板、博缝板等大板拼接常用榫卯加胶的拼接方法。常用五种方法：银锭扣（银锭榫）、穿带、抄手带、裁口、龙凤榫，见图 6-20。

1. 银锭扣

银锭榫两头大中腰细，是一种键结合做法。常用于与博缝板、榻板半分拼接。

2. 穿带

做法：在黏好的板背面刻剔燕尾槽，槽一端宽，另一端细，槽深为板厚的 1/3。后将做好的燕尾带（一头略宽，一头略窄）打入槽中，锁合各板。每块板穿带不少于 2~3 根，依据板长确定，并对头穿以防脱榫。

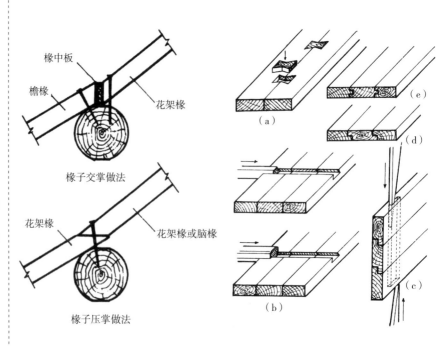

图 6-19 椽与椽之间压掌
榫连接（左）
图 6-20 板缝拼接榫卯
（右）
（a）银锭扣；
（b）穿带；
（c）抄手带；
（d）裁口；
（e）龙凤榫

椽中板
檐椽
花架椽
椽子交掌做法
花架椽
花架椽或脑椽
椽子压掌做法
（a）
（e）
（d）
（c）
（b）

3. 抄手带（暗穿带）

做法：在配好的木板侧面相同位置打透卯，待胶黏好木板后，将做好的鱼膘带，对头打入板卯眼中。这种做法常用于实榻大门。

4. 裁口

做法：将相邻木板侧面各裁上下半口，然后搭交黏贴成大板，常用于山花板。

5. 龙凤榫（也称企口榫）

做法：将相邻两块木板侧面，一块开槽，另一块做居中凸榫，后将两块木板胶合形成大板。木板拼缝构造一直沿用到现在的新建筑。

6.3.2.7　大木架分件图设计任务

1. 任务要求

依据榫卯技术要求深入设计大木架构件，绘制木构件分件详图。按权衡尺寸校对各木构件尺寸，并编制构件尺度即数量表。

2. 构件设计成果要求

图纸要求绘制构件平面图、正立面图、侧立面图、轴侧图（榫卯构造详细）。

（1）绘图比例：1∶2、1∶5、1∶10 等；

（2）图幅大小：3 号图纸；

（3）图纸深度：构件分件图达到施工图深度；

（4）平面图、立面图表达：木构件外轮廓用粗实线，构件轴线、榫卯分位线、尺寸标注用细实线；

（5）轴侧图不标注尺寸，要绘出对称轴线。

6.4　斗栱构件设计

斗栱基本构件尺度在单元五中已作了详细介绍，在此不再重述，平身科整攒斗栱一般纵向构件只设一个蚂蚱头、一个撑头木，柱头科昂以上只有桃尖梁，角科蚂蚱头、撑头木由出踩多少确定。翘、栱、昂设计数量也与斗栱踩数量有关。

6.4.1　一攒斗栱翘、昂、栱数量

1. 一攒斗栱翘、昂数量

出踩斗栱翘、昂的数量依据出踩多少确定，出踩越多翘、昂使用得越多，如三踩斗栱只设单翘或单昂一个构件；五踩斗栱常用单翘单昂；七踩

斗栱常用单翘重昂，九踩斗栱常用重翘重昂，多踩斗栱设计中选择多少昂翘由设计师决定，主要从美观角度确定。

2. 栱的数量选择

每一攒平身科和柱头科斗栱只设一个正心瓜栱、一个正心万栱，正心万栱至正心桁檩之间垂直空间由一个或多个正心枋填充，厢栱只在里外最外侧各设一个。其余每个出踩拽架上下只设一个单才万栱、一个单才瓜栱。角科斗栱按两个方向出踩确定纵横组合构件数量。

6.4.2　斗栱构件的连接设计

斗栱构件是水平或斜构件重叠稳固相交连接，重叠形式分为上下层构件分层叠合、上下层构件分层垂直相交或按一定角度半叠交，上下层构件一般由销件连接。

1. 栽销

在上下两层相对应的重叠部位凿卯眼，将木销榫栽入下层卯眼中，后将上层构件卯眼对准销榫套入，上下形成整体。卯眼与销榫构件尺寸大小按构件尺寸而定，没有明确规定，见图6-21。

2. 穿销

与栽销安装方法相同，不同之处是卯眼为透卯，销件穿透构件连接。溜金斗栱用穿销构件连接，见图6-22。

用于大屋脊的脊桩，具有栽销和穿销的功能，脊桩穿透扶脊木，栽入檩内1/4~1/3深度。

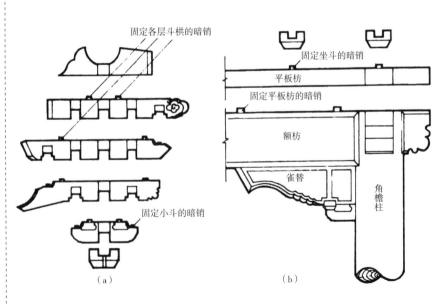

图6-21　竖向重叠构件之间暗销连接构造
（a）斗栱各层间用暗销固定；（b）额枋、平板枋及大斗（坐斗）间用暗销

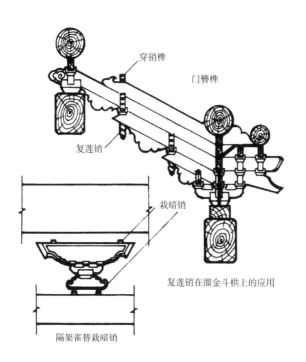

穿销榫

门簪榫

复莲销

栽暗销

复莲销在溜金斗栱上的应用

隔架雀替栽暗销

图6-22 竖向重叠构件之间栽销、穿销连接构造

6.4.3 斗栱构件的端头做法

1. 栱、翘下部弯头做法与尺寸

栱、翘构件下部端头作弧形，弧形做法清工部《工程做法则例》中规定，瓜四、万三、厢五，即栱、翘头下端45°角连线，瓜栱将连线分四份、万栱分三份、厢栱分五份，然后分别在端部水平和垂直向上对应作双曲连线，形成不同弧度的翘、栱头，具体做法见图6-23。

2. 柱头科斜头翘头、斜头昂头、斜菊花头、斜六分头、斜麻叶头构件尺寸与做法

柱头科斜构件头尾做法，昂后尾做菊花头、蚂蚱头后尾做六分头、撑头木后尾做三弯九转麻叶云形式，端部尺寸以斗口为倍数。具体做法见图6-24。

6.4.4 斗栱设计任务

6.4.4.1 设计任务

选择建筑形式：清代出踩单翘、单昂、重翘、重昂斗栱；五踩偷心造后尾撒头、柱头科梁头丁头栱斗栱；襻间斗栱等。

1）按权衡尺寸确定斗栱各构件尺寸。

2）要求：绘制斗栱组合构件立面，各构件平面图、立面图、侧面图各一个。

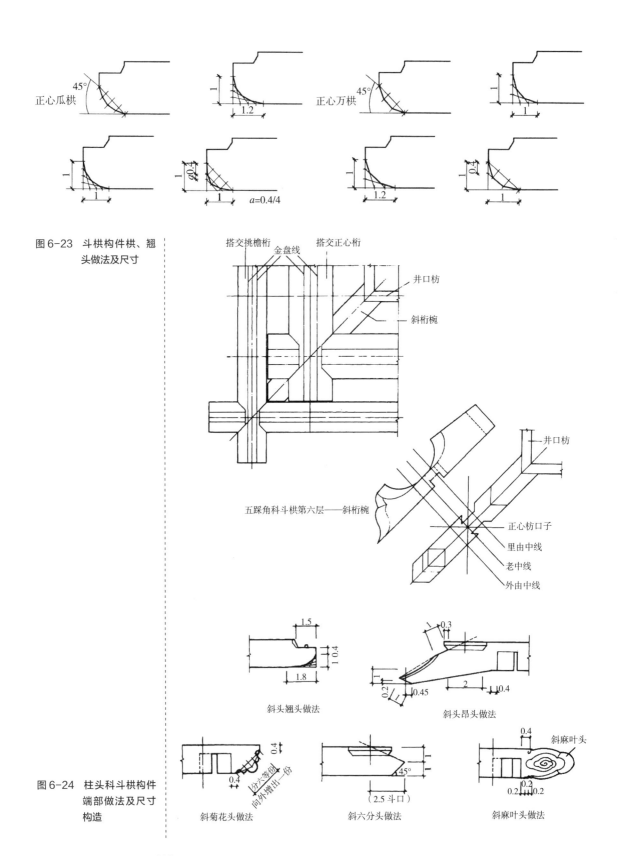

图6-23 斗栱构件栱、翘头做法及尺寸

五踩角科斗栱第六层——斜桁椀

图6-24 柱头科斗栱构件端部做法及尺寸构造

（1）图纸比例：自定（参考比例 1 ： 2~1 ： 5）；

（2）图幅大小：3 号图纸；

（3）图纸深度：施工图深度；

（4）线型：看到的线用中实线、看不到的线用虚线绘制；

（5）尺寸标注：两道尺寸线（外轮廓、细部）。

6.4.4.2　斗栱设计步骤

（1）选择斗栱设计方案；

（2）优化设计方案；

（3）确定斗口尺寸；

（4）依据清代斗栱权衡尺寸确定斗栱构件外轮廓尺寸；

（5）依据清代斗栱权衡尺寸确定每个构件榫卯尺寸；

（6）校对斗栱构件尺寸。

课后任务

1. 习题

（1）斗口分为几等？

（2）斗栱构件的权衡尺寸。

（3）斗栱拽架之间的间距。

（4）斗栱各构件相互之间的上下、内外关系。

（5）斗栱各构件相互之间的榫卯关系。

（6）斗栱构件端头形式及尺度。

2. 分组设计练习

扫描二维码 6-1，浏览并下载本单元工作页，请在教师指导下完成相关分组设计练习。

二维码 6-1　单元六工作页

7

单元七
木构架制作技术

学习目标：

使学生掌握木作加工注意事项及相关要点。

学习重点：

大木施工放线。

学习难点：

大木原材料选料、排料放线。

7.1 大木架制作前期准备

7.1.1 大木构件制作准备工作

1. 木构件图纸校对

依据建筑设计施工图（平、立、剖、分件图）、构件权衡尺寸，校对木构架分件设计图，检查构件榫卯构造之间的准确度，设计木构件加工工艺流程；查阅《古建筑修建工程施工与质量验收规范》JGJ 159—2008，作构件加工前准备。

2. 选择木料

1）备料

按设计图纸列出构件表，标明哪幢、几间、构件名称、材料、数量、规格等。

备料要"加荒"即毛料，柱、檩类一般长在一丈以内的加五寸左右，一丈以上的加小头直径一份，直径去树皮和疵病，按小头略大于用料直径为原则。梁、枋一类的方形构件，长每头加1~2寸，每根加2~4寸，特大的每端可加长3~4寸，每根可加长5~8寸，宽厚按构件宽厚的1/25加荒。

2）验料

材料的质量检验，按国家或地方工程质量检验评定标准要求检验；验料主要从腐朽、含水率、木节、斜纹、虫蛀、裂纹等方面进行。例如，柱类材料质量要求见表7-1，木材裂纹、木节形式见图7-1、图7-2。

柱类木构件材质量要求　　　　表7-1

腐朽	木节	斜纹	虫蛀	裂缝	髓心	含水率	备注
不允许	在构件任何一面任何150mm长度内，所有木节尺寸的总和不大于所在构件面宽的2/5	斜率不大于12%	不允许（允许表层有轻微虫眼）	外部裂缝深度不超过柱径的1/3；径裂不大于直径的1/3；轮裂不允许	不限	不大于25%	不包括瓜柱

7.1.2 木工机具

7.1.2.1 木作常用工具

大木手用工具：手锯、刨子、凿子、锤子、斧子、拐尺（角尺）、墨斗、水平尺、放样模板（榫卯、博缝板头、桃尖梁、檩椀、麻叶头）等，见图7-3；

木工机具：电锯、平刨、双面压刨、开榫机、电钻、立铣机、磨光机等。

7.1.2.2 木工机具的安全使用方法及其要求

1. 圆锯、截锯机安全使用技术操作规程

（1）开动机器前，先检查圆锯、截锯部件是否齐全，锯片无残裂纹，

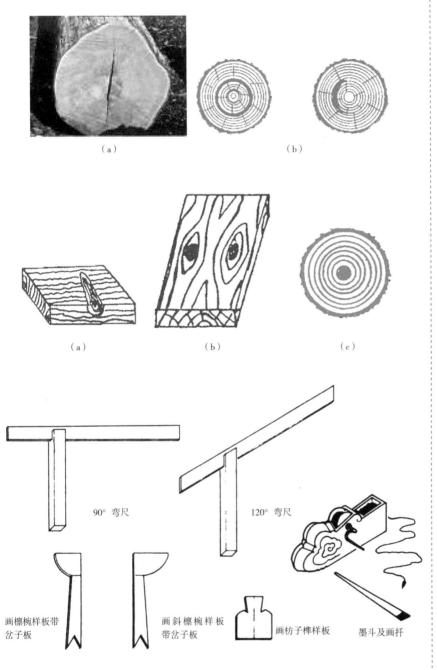

图7-1 木材裂纹形式
（a）木材单径裂纹；
（b）木材轮裂纹

图7-2 木节形式
（a）木材死节；
（b）木材活节；
（c）木材髓心

90°弯尺　　　　120°弯尺

画檩椀样板带
岔子板

画斜檩椀样板
带岔子板

画枋子榫样板　墨斗及画扦

图7-3 大木画线样板、角
度弯尺及传统墨斗

传动皮带坚固程度和防护罩是否可靠，然后让机器高速空车试转。

（2）开动机具前，必须检查锯片是否在工作轴上安装得当。锯片的夹紧螺母和防松螺母应拧紧。

（3）进料必须紧贴靠山，不得用力过猛，工件要放平均匀推进，不得有突进现象，如有硬木或节疤的木料应减速加工。

（4）操作要戴防护眼镜，手臂不得跨越锯片，短窄料应用推棍，接料使用刨钩。超过锯片半径的木料禁止上锯。

（5）操作者要站在机床的侧面，头部要避开屑片飞起方向。

（6）如工件过长，应在尾端放一个活动支架。

2．木立铣机安全使用操作规程

（1）检查机床各部件，铣刀是否紧固垂直，销子、压板是否牢固，皮带卡子是否正常；空运行中工作台的往复是否有问题，防护装置是否良好。

（2）工件必须调整卡紧，加工硬料或有节疤的大工件时，应放慢进刀，如木材节疤过多不得加工。

（3）当木材进入不正常或铣刀将工件带出时应立即停车，调整好刀具后方可继续工作。

（4）不得以反行程加工工件。

（5）当用溜板送料时，应注意工件是否紧固在溜板上。

（6）加工长料时，多余部分应用支架支撑。

3．木磨光机安全操作规程

（1）不允许站在磨盘旋转反方向去看被加工工件情况，防止木屑飞入眼内。

（2）工件应放在向下旋转的半面进行磨光，手不准靠近磨盘。

（3）不准用有裂纹的磨盘进行工作。

（4）工作台的定位手把必须牢固，切勿有松动情况。

（5）易滚动的木制零件，严禁磨削。

4．木平刨、压刨安全操作规程

（1）设备上所有转动部分，必须设有安全防护罩，并正确使用。

（2）检查机器设备关键部件是否良好，确认一切正常方可开车。

（3）上刨刃时，卡刨刃的螺钉紧固完毕后，必须检查是否牢固可靠，以防刨刃在开动时飞出伤人。

（4）如用油石磨刨刃时，必须把刨刃轴控制牢固，不允许有活动现象，以防伤手。

（5）开始启动时，必须提醒同车工作人员注意，后启动机器。

（6）继料时，应顺向机台，以防木料厚薄不均匀，倒转伤人。

（7）操作人员在续料时应站在机台侧面（闪开续料口），不允许正对机台。

（8）工作完毕后，切断电源，清理机台，保持环境卫生。

7.1.3　木材搬运安全操作规程

木材堆放要整齐，不得堵塞通道或妨碍工作。

（1）搬运长杆时，应注意前后左右，不得碰撞设备和人，转弯时要小心慢行；两人或多人抬料要同肩，放料下肩动作要一致。

（2）大木料要平放在地上，不准靠墙、物立放。圆木料要垫放稳妥。

7.2　木构件材料的初步加工

7.2.1　荒料加工成规格料

初步加工指画线以前将荒料加工成规格料的工作。

梁、枋等方料，先选择一个面作底面，刮刨光、取直顺，以该面为准，用90°角尺在迎头画底面垂中线，以中线为准，按材料使用的高度和厚度，量画出上下、两侧尺寸，然后按迎头画出的上下、两侧尺寸，在长身上下、左右弹线，按线砍荒成规格料（房砭上面可不砍荒），然后编号。

柱、檩类木构件放八卦线步骤：取直、刮一平面将木料平放画线台上，画出水平和垂直中线,先画四方、再画八方、十六方,然后砍圆、刮光,见图7-4。

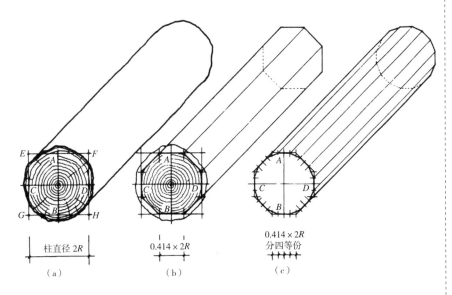

柱直径 2R

（a）

$0.414 \times 2R$

（b）

$0.414 \times 2R$
分四等份

（c）

**图7-4　柱、檩圆截面构件
放八卦线**
（a）在圆木端头按直径画线；
（b）分八方；
（c）分十六方

7.2.2　制作丈杆

1. 丈杆的作用

丈杆是古建筑空间、构件的排尺工具，主要起保证建筑空间与相应位置构件尺寸放线标注一致、减小误差的作用，以保障构件排尺误差在规范允许范围内。

2. 丈杆的类型

分为排总丈杆和排分丈杆。

（1）排总丈杆用于排放开间（明间、次间、梢间等）、进深、梁架长度、柱高等尺寸。丈杆四个面画有开间、进深、柱高、梁头中尺寸。

（2）排分丈杆用于排分各构件的各部分尺寸。丈杆四个面画有构件长、榫卯对中位置及尺寸，见图7-5。

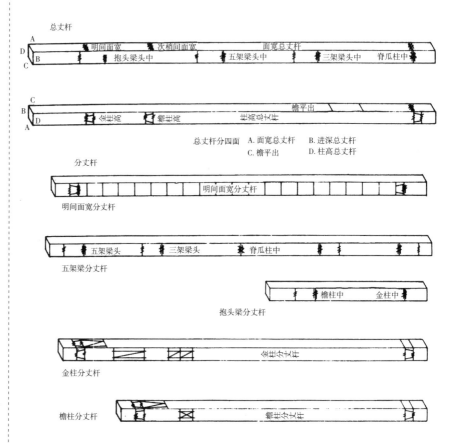

图7-5 不同类型的丈杆及排尺位置线

7.2.3 大木画线符号和大木位置符号

1. 大木画线的作用

在木构件上弹画墨线，作用是画出各构件之间连接的中线、截线等位置，以及榫卯位置和尺寸。

2. 常用符号类型

分别有中线、升线、截线、断肩线、透眼线、半眼线、大进小出线、正确的线、错误的线等，大木画线形式可由工程项目自己决定，常用的画线标志符号见图7-6，图中符号供参考。

7.2.4 大木位置编号及常用的标注方法

（1）大木位置号：大木的编号在木构件施工中很重要，主要是便于安

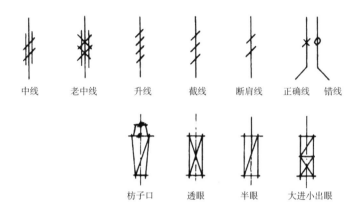

图 7-6 大木画线符号

装，若标注不清楚，给安装带来不便，易造成二次搬运，或造成搬运中构件受损，影响施工工期。

（2）古建筑大木的位置编号的标法：一种是开关号编法——由明间向两端标注的方法；另一种排关号编法——由一端向另一端标注的方法，见图 7-7。

（3）仿古新建筑混凝土构件，在现场直接浇筑，构件定位轴线按现代建筑方法标注，依据现行国家标准《房屋建筑制图统一标准》GB/T 50001、《建筑制图标准》GB/T 50104 标注。

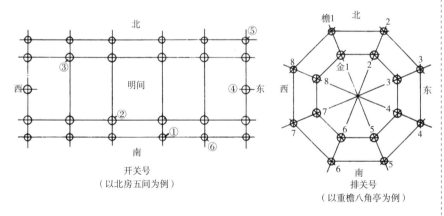

图 7-7 柱子所在位置的编号方法

柱上开关号编号标注方法：①明间东一缝前檐檐柱向北；②明间西一缝前檐金柱向北；③明间西二缝后檐金柱向南；④东侧山柱向西；⑤东北角檐柱向西南；⑥明间东二缝前檐柱向北

7.3 柱类木构件制作

7.3.1 柱料粗加工

（1）毛料粗加工工艺流程：毛料端部弹十字中线、八卦线→弹柱身八方顺直线→砍八方顺直线→弹柱身十六方顺直线→砍十六方顺直线……→直到刮圆、规方、净光，以待备用。

（2）圆柱粗加工：按圆柱的种类要求挑选圆木，根据木材生长的上下头，确定出柱头柱脚，用木垫垫好，在圆柱两端面的直径上分出中点，用线坠垂吊分中垂直线并在此线上分中，用方尺画出十字中线，在柱脚端面上按设计柱径尺寸放八卦线，在柱头端面上按设计柱高的 7/1000 或 10/1000 收分放八卦线，根据八卦线用墨斗顺柱身弹直线，依照此线用斧子或锛子把木料砍成八方，再弹十六方线，砍成十六方，依次三十二方等，直至把柱子砍圆，再用刨子刮光柱身。

（3）方柱、异形方柱粗加工：按方柱的种类，把方柱规格毛料选出上下头，柱脚按设计规方尺寸，柱头按设计柱高的 7/1000 或 10/1000 收分，用刨子找方、刮光、找平、顺直，在上下两端头截面上画出十字分中线或异形多角分中线。

7.3.2 檐柱制作

（1）工艺流程：规格料→按檐柱两端迎头十字中线弹放柱身中线和升线→画盘头打截线、柱脚管脚榫、柱头馒头榫→画穿插枋、额枋燕尾卯口线→盘柱头、柱脚→开柱脚、管脚榫和柱头馒头榫→凿卯→编号→码放在指定地点以备安装，见图 7-8。

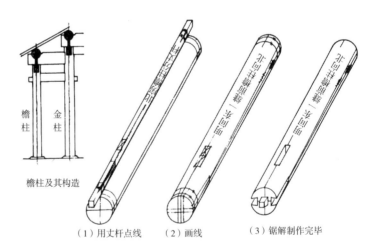

图 7-8 檐柱制作步骤

檐柱及其构造

（1）用丈杆点线　　（2）画线　　（3）锯解制作完毕

（2）弹、画柱中线：在已刨好的柱料两端画迎头十字中线（如果粗加工时已画好十字中线可利用原有的中线）。每一端的两条十字中线要垂直平分，两端对应的中线要相互平行。将迎头十字中线延伸，弹柱身顺长中线。弹线后观察柱面好坏，要选定好面作柱子正面，即外观面。

（3）弹、画柱升线：根据柱头、柱脚位置线，弹出柱子的升线。升线上端与柱头中线重合，下端位于柱中线里侧弹线，即柱脚外掰升线。升线的掰升尺寸与中线的距离，取柱高的 7/1000 ～ 10/1000。在两线上分别标注中线和升线符号，区别中线和升线。建筑两侧柱对称，画法相同，处于转角部位的檐柱要弹出四面升线。

（4）画出柱头馒头榫、柱脚管脚榫的位置线：以升线为准，依据檐柱丈杆尺寸用方尺、画扦画出柱头和柱脚线。柱头、柱脚都与升线垂直，不能与柱身中线垂直。有掰升的柱子上端向内侧倾斜，柱子侧面的升线垂直于地面，柱头和柱根与升线垂直，保持水平。在画柱头、柱根的同时，画出柱子的盘头线（上、下榫的外端线），按丈杆标注的尺寸，在柱子侧面的中线上画出柱头馒头榫、柱脚管脚榫的位置线。

（5）画出与檐柱相交枋类构件的卯口线：画柱身上的卯口线（母榫）。檐柱面阔方向两侧有檐枋或额枋燕尾榫的卯口，进深方向有穿插枋大进小出榫的卯口或随梁枋的燕尾榫卯口。大式檐柱若用双额枋，两侧应有大额枋燕尾榫卯口、由额枋燕尾榫卯口和由额垫板卯口，进深方向有穿插枋大进小出卯口或随梁枋燕尾榫卯口。以垂直于地面的升线作为卯口中线画卯口，确保枋子卯口线与地面垂直。有斗栱的大式建筑做法，柱头上安放平板枋，因此不做馒头榫。柱子各种线画完以后，要在内侧下端标写柱子所在建筑中的位置编号，以便后续的安装（编号距柱根 30cm 左右为宜）。检查各种线画得无误，方可加工制作。

（6）檐柱头上额枋燕尾卯口和随梁枋燕尾榫卯口尺寸：高为额枋高度，宽、深各为檐柱径的 3/10，燕尾口深度方向外侧每边各按卯口深的 1/10 收分做"乍"，宽度方向下端每边按口宽的 1/10 收"溜"，即上宽下窄，以便安装。采用袖肩做法时，袖肩长按柱径的 1/8，宽与乍的宽边相等。由额枋与檐额枋做法同。由额垫板卯口为直插卯，宽按柱径的 3/10，高为板高，深为柱径的 3/10，檐角柱头做十字箍头榫卯口，宽 3/10 檐柱径，箍头榫卯口里口高随箍头枋高，外口按额枋高 8/10 定高。

（7）穿插枋卯口尺寸：檐柱上的穿插枋卯口为大进小出式。进榫部分卯口高为穿插枋高。大进部分做半榫，深为 3/10 或 1/3 檐柱径。小出部分也做半榫，高按进榫一半，榫头长露出柱皮 1/2 檐柱径。卯口宽按柱径的 3/10。

（8）柱头馒头榫尺寸：柱头馒头榫按柱径的 1/4 或 3/10 定长、宽、方，榫上端按榫长的 1/10 收溜并将外端倒楞。柱脚管脚榫按柱径的 3/10 或 1/3 定长、宽（径），圆柱管脚榫截面通常做长圆柱形，方柱管脚榫与柱头馒头榫做法相同。

（9）手工工具加工方法：将刨好的规格料留做出两端的榫头，用二锯把柱头柱脚盘齐，用凿子按所画的卯口位置线，剔凿出每种卯口，按柱中线剔出柱头、柱脚榫。

（10）檐柱码放：按施工现场指定地点码。注意分层垫好，防止滚动伤人，做好防水措施，以防浸水变形，导致檐柱质量不达标。

7.3.3 金柱制作

金柱制作步骤同檐柱，不同之处是抱头梁与金枋相交处要注意卯眼位置和方向，穿插枋卯眼位置与檐柱穿插枋卯眼位置应前后相对应。

（1）工艺流程：规格料→弹放金柱两端迎头十字中线和柱身中线→画柱头馒头榫、柱脚管脚榫、盘头打截线→画老檐额枋燕尾卯口线、随梁枋卯口线、抱头梁后尾榫卯口线、穿插枋卯口线、递角梁、枋卯口；盘柱头、柱脚→开柱头馒头榫、柱脚管脚榫→按卯口画线凿卯；按柱位置编号码→成品摆放在指定地点。

（2）弹、画金柱中线：在已刨好的柱料两端画迎头十字中线（如果粗加工时已画好十字中线可利用原有的中线）。每一端的两条十字中线要垂直平分，两端对应的中线要相互平行。将迎头十字中线延伸，弹柱身顺长中线。弹线后观察柱面好坏，要选定好面作柱子正面，即外观面。

（3）盘头、打截、柱头、柱脚线：按金柱丈杆尺寸，在柱子侧面的中线上点画柱头馒头榫、柱脚管脚榫的位置线，以柱中线为准，同时用方尺和画扦画柱头、柱根线，再围画柱头、柱根和柱子的盘头线（上、下榫的外端线）。再画金柱相交构件的卯口线。

（4）画金柱的卯口线：金柱面宽两侧有老檐额枋燕尾卯口，进深方向有穿插枋大进小出卯口、随梁枋燕尾卯口、抱头梁或桃尖梁后尾榫卯口，转角部位的金柱设有递角梁、递角穿插枋卯口。以垂直于地面的中线为卯口中，确保枋子卯口线与地面垂直。有斗栱的大式建筑做法，柱头上安放平板枋，因此不做馒头榫。柱子各种线画完以后，在内侧下端标写柱子的位置编号，以备安装，检查各种线画的准确性，待加工制作。

（5）金柱上部卯口尺寸：额枋燕尾卯口、随梁枋燕尾卯口，高为额枋高，宽、深各按檐柱径的3/10尺寸取，燕尾口深度方向外侧每边各按卯口深的1/10收分做"乍"，宽度方向下端每边按卯口宽的1/10收"溜"。采用袖肩做法时，袖肩长按柱径的1/8取，宽取乍的宽边尺寸。

（6）金柱身大进小出卯口尺寸：穿插枋、抱头梁或桃尖梁卯口为大进小出榫时，进榫部分卯口高为穿插枋、抱头梁或桃尖梁自身高，深3/10或1/3檐柱径，梁在柱身的出榫部分高按进榫一半，榫头长露出金柱外皮1/2柱径。

（7）金柱身半榫卯口尺寸：抱头梁、桃尖梁或递角穿插枋卯口为半榫时，深度按金柱径 3/10 或 1/3 取，宽按金柱径的 3/10 或 1/3 取，高按自身高取。

（8）角金柱放线画线要求：应注意每种卯口的位置角度，角金柱头做十字箍头榫卯口时，宽 3/10 檐柱径，箍头榫卯口里口高随箍头枋高，外口按箍头枋自身高的 8/10 定高。

（9）剔做柱头柱脚榫卯：用手锯或电锯按画线盘齐柱头柱脚，同时做出两端的榫头，用凿子或榫机具按画出的卯口要求剔做出每种卯口，最后在柱脚四面剔出撬眼。

（10）金柱码放：同檐柱。

7.3.4 重檐金柱制作

重檐金柱的制作步骤基本同金柱和檐柱，与前面不同之处是金柱贯穿在两重檐之间，与它相交的构件多，制作前要分析清楚各构件所在的位置、方向、上下关系，画准确卯眼尺寸。

（1）工艺流程：规格料→按重檐金柱两端迎头十字中线弹放柱身中线→画柱头馒头榫、柱脚管脚榫、盘头打截线→画重檐额枋、围脊枋、承椽枋、棋枋、随梁枋燕尾卯口线→画抱头梁、桃尖梁、随梁枋、穿插枋、递角梁、递角穿插枋、插金角梁的卯口线→盘柱头、盘柱脚→开柱头馒头榫、柱脚管脚榫→凿卯→码放在指定地点以备安装，见图 7-9。

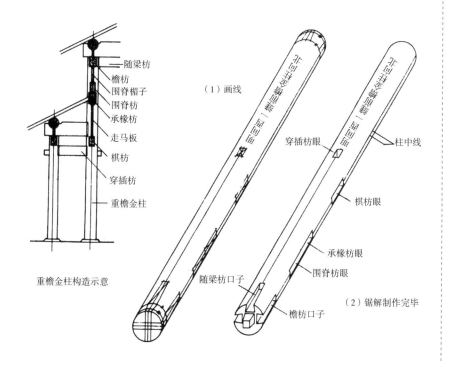

图 7-9 重檐金柱制作工艺

（2）弹画柱中线：在已经刨好的柱料两端画迎头十字中线（可利用初步加工时原有的十字中线）。每端的两条十字中线要垂直平分。两端对应的中线要互相平行。引迎头十字中线弹在柱子长身上。弹线后查看柱四面好坏，定出柱正面和侧面，柱子好面朝外，标注正面、侧面标记。

（3）画柱头、柱脚榫卯线：按重檐金柱丈杆的标注尺寸在重檐金柱侧面的中线上点出柱头、柱脚、馒头榫、管脚榫的位置线和与柱相交构件的卯口线。以中线为准，用方尺和画扦围画柱头和柱根线，同时画出柱子的盘头线。

（4）画重檐金柱的卯口（母榫）线：画出重檐金柱贯穿于两重檐之间由上至下面宽方向的重檐额枋、围脊枋、围脊楣子板、承椽枋、棋枋等构件的卯口位置线，进深方向的抱头梁、桃尖梁、随梁枋、穿插枋卯口位置线，转角部位重檐金柱的递角梁、递角穿插枋、插金角梁卯口线，卯口以垂直于地面的中线为卯口中，枋子与地面要垂直，带斗栱的大式做法柱头上要安放平板枋，不做馒头榫，柱子卯口线画完后，在内侧下端标写位置号，然后加工制作。

（5）重檐金柱柱头枋卯口尺寸：重檐金柱头上额枋（或檩枋）、随梁枋、围脊枋、承椽枋、栱枋等构件卯口为燕尾卯口（母榫）做法，高度尺寸为自身枋高，宽、深尺寸各按檐柱径的3/10，燕尾口深度方向外侧每边各按卯口深的1/10收分做"乍"，宽度方向下端每边按卯口宽的1/10收"溜"以便安装。采用袖肩做法时，袖肩长度按柱径的1/8取值，宽与乍的宽边相等。

（6）重檐金柱身枋卯口尺寸：重檐金柱身上的穿插枋、抱头梁或桃尖梁卯口为大进小出榫时，进榫部分卯口高为抱头梁或桃尖梁、穿插枋自身高，深为3/10或1/3檐柱径，出榫部分高度尺寸取进榫尺寸的一半，榫头露出柱外皮长度为1/2金柱径。

（7）重檐金柱身梁卯口尺寸：重檐金柱身上的抱头梁或桃尖梁、递角穿插枋、插金角梁、围脊楣子板卯口为半榫时，深按金柱柱径的3/10或1/3取值，宽按金柱柱径的3/10或1/3取值，高按自身高度取值。

（8）重檐角金柱箍头枋尺寸：重檐角金柱放线画线时应注意纵、横、斜每种卯口的位置角度。柱头做十字箍头卯口时，宽取3/10檐柱径尺寸，箍头榫卯口里口高随箍头枋高，外口取额枋高8/10尺寸。重檐角金柱向外的插金角梁后尾卯口，宽取3/10檐柱径，高随角梁高加举斜，见图7-10。

（9）柱头柱脚榫卯：用二锯把柱头柱脚盘齐，同时留做出两端的榫头，用凿子按所画出的卯口为直线剔做出每种卯口，最后在柱脚四面剔出撬眼。

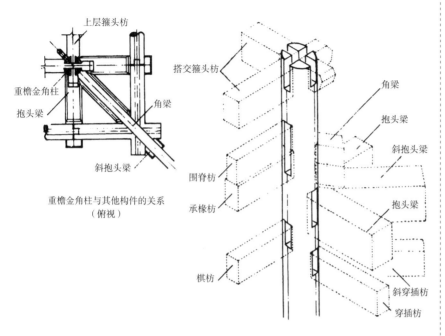

重檐金角柱与其他构件的关系
（俯视）

图 7-10　重檐角金柱制作
工艺

7.3.5　攒金柱制作

（1）工艺流程：可参考金柱制作流程。

（2）弹画柱中线：先在已经刨好的柱料两端画迎头十字中线，每端的两条十字中线要垂直平分。两端对应的中线要互相平行。引迎头十字中线弹画在柱子长身上。画线完毕根据柱子四面好坏定出柱正面和侧面，将好面朝外。

（3）弹画柱头、柱脚卯口线：用攒金柱丈杆在柱子侧面的中线上点画出柱头馒头榫、柱脚管脚榫的位置线和与柱相交构件的卯口线。以中线为准，用方尺画扦围画柱头和柱根线，同时画出柱子的盘头线。

（4）画攒金柱的卯口（母榫）线：攒金柱贯穿于楼阁上下两层之间，画出由上至下面宽方向的檐额枋、围脊枋、围脊楣子板、承椽枋、棋枋等构件的卯口位置线，画出进深方向的承重梁、承重随梁、抱头梁，或桃尖梁（单、双步）、随梁枋、穿插枋卯口位置线，画出位于转角部位的重檐金柱的递角梁、递角穿插枋、插金角梁卯口位置线，大式做法画出上下两层之间斗栱平座层的花台梁、花台枋卯口位置线，卯口以垂直于地面的中线为卯口中，枋子要与地面垂直，带斗栱的大式做法柱头上安放平板枋，不做馒头榫，柱子各卯口画完后，在内侧下端标写位置号，然后加工制作。

（5）攒金柱上枋的卯口尺寸：攒金柱上额枋、随梁枋、围脊枋、承椽枋、棋枋、花台梁、花台枋、承重随梁等构件卯口为燕尾卯口（母榫）做法，高取自身枋高尺寸，宽、深各取檐柱径的 3/10 尺寸，燕尾口深度方向外侧每边各按卯口深的 1/10 收分做"乍"，宽度方向下端每边按卯口宽的 1/10 收"溜"。采用袖肩做法时，袖肩长取柱径的 1/8 尺寸，宽取"乍"的宽边尺寸。

（6）攒金柱上梁的卯口尺寸：攒金柱上承重梁、抱头梁，或桃尖梁（单、双步）、位于转角部位的递角梁、递角穿插枋、插金角梁等构件，为直插榫卯口时，宽取 3/10 或 1/3 檐柱径尺寸，为半榫时榫卯长取 3/10 或 1/3 攒金柱径尺寸，高取自身梁、枋高度尺寸，大进小出透榫时，进榫部分卯口高取梁、枋高尺寸，大进半榫部分，深取 3/10 或 1/3 攒金柱径尺寸，小出榫部分，高取进榫一半，榫头露出柱外皮 1/2 攒金柱径尺寸。

（7）柱头柱脚榫卯：用二锯把柱头柱脚盘齐，同时留做出攒金柱两端的榫头，用凿子按所画出的卯口要求剔做出每种卯口，最后在柱脚四面剔出撬眼。

7.3.6 中柱、山柱制作

（1）工艺流程：规格料→按中柱、山柱两端迎头十字中线弹放柱身中线→画柱头馒头榫、柱脚管脚榫、盘头打截线→画三步梁或双步梁、单步梁卯口、替木卯口、跨空枋卯口线、随梁枋卯口线→盘柱头、盘柱脚→开柱头馒头榫、柱脚管脚榫→凿卯→码放在指定地点以备安装。

（2）弹画柱中线：在加工好的柱料两端画迎头十字线。每端的两条十字中线要垂直平分。两端对应的中线要互相平行。引迎头十字中线弹画在柱子长身上。山柱画线完毕根据柱子四面好坏定出柱正面和侧面，将好面朝外。弹出山面升线。

（3）弹画柱头、柱脚卯口线：用中柱、山柱丈杆在柱侧面的中线上点画出柱头馒头榫、柱脚管脚榫的位置线和与柱相交构件的卯口线。以中线为准（山柱以升线为准），用方尺画扦围画柱头和柱根线，同时画出柱子的盘头线。柱头用样板画出檩椀线和椀内鼻子榫线。

（4）画中柱、山柱的卯口（母榫）线：画中柱、山柱的三步梁卯口、双步梁卯口、单步梁卯口、关门枋卯口、跨空枋卯口、脊檩枋卯口、垫板卯口，若梁下有替木还应画出替木卯口，以垂直于地面的卯口中线为中画卯口线（山柱以生线为卯口中），以保证枋子与地面垂直。柱子画完以后，在内侧下端标写位置编号，然后按画线制作加工。

（5）柱上的梁、枋、替木卯口尺寸：单步梁卯口、双步梁卯口、三步梁卯口、替木卯口、跨空枋卯口，都采用直插通透榫卯口，宽取 3/10 中柱径尺寸，高取自身梁、枋高的尺寸。关门枋卯口、脊檩枋卯口高取自身枋高尺寸，宽、深各取檐柱径的 3/10 尺寸，燕尾口深度方向外侧每边各

136

按卯口深的 1/10 收分做"乍",宽度方向下端每边按卯口宽的 1/10 收"溜"。采用袖肩做法时,袖肩长取柱径的 1/8 尺寸,宽取 "乍" 的宽边尺寸。

（6）柱头柱脚榫卯：用二锯把柱脚盘齐,同时做出管脚榫头,用凿子按所画出的卯口的要求剔做出每种卯口,用锯挖出柱头上的檩椀,剔做出椀内的鼻子榫,同时在柱脚四面剔出撬眼。

7.3.7　童柱制作

体量比较大的建筑,当柱子影响空间使用时,通常用童柱解决屋盖梁架承重的问题,童柱下脚落在下层支撑构件桃尖梁或随梁上的墩斗上。安装不同之处,下脚有三根管脚枋穿入,三根枋只有内侧枋做透榫,见图 7-11。

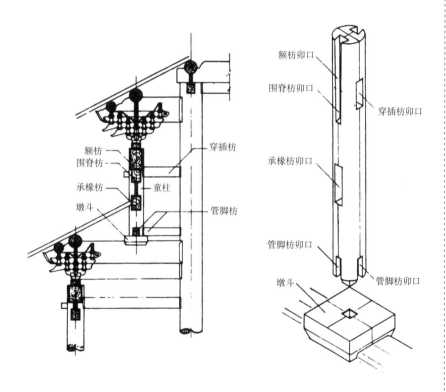

图 7-11　童柱制作

（1）工艺流程：规格料→按童柱两端迎头十字中线弹放柱身中线、升线→画柱头馒头榫、柱脚管脚榫、盘头打截线→画额枋燕尾卯口线、穿插枋卯口线→盘柱头、盘柱脚→开柱头馒头榫、柱脚管脚榫→凿卯→码放在指定地点以备安装。

（2）画童柱中线：在加工好的童柱料两端画上迎头十字中线（可以利用加工柱料的原有十字中线）。每端的两条十字中线要垂直平分。两端对应的中线要互相平行。引迎头十字中线弹到柱子长身上。画好线后根据柱四面好坏选定出柱正面和侧面，好面朝外。

（3）童柱头、柱脚卯口线和升线：用童柱丈杆在柱侧面的中线上点出柱头、柱脚、馒头榫、管脚榫的位置线，画出与柱相交构件的卯口线。弹出童柱的升线，升线的上端与柱头中线重合，下端位于中线里侧，升线与中线的距离取柱高的7/1000尺寸，点画柱脚升线尺寸，连接柱头、柱脚上、下端升线端点，画出童柱升线，为区别中线和升线，分别在两线上标出中线和升线符号，以备安装定位，童柱两侧画法相同，位于转角部位的童柱要弹画出各面升线。

（4）柱头、柱脚、盘头线：以童柱画好的升线为准，童柱上端向内侧倾斜，柱子侧面的升线垂直于地面，柱头、柱脚都要与升线垂直，不要与中线垂直。用方尺画扦围画柱头和柱脚线。因为童柱要掰升，只有柱头和柱脚线与升线垂直，才能保持水平。同时，还应画出柱子的盘头线。

（5）柱的卯口（母榫）线：以垂直于地面的升线为卯口中画卯口，枋子要与地面垂直。画完童柱卯口后，在内侧下端标注位置编号，然后加工制作。

（6）上枋的卯口尺寸：童柱位于重檐上下之间，柱脚落于墩斗之上，与童柱相交的重檐额枋、围脊枋、承椽枋、管脚枋为燕尾卯口，卯口高取额枋高尺寸，宽、深各按童柱径的3/10或1/3取值，燕尾口深度方向外侧每边各按卯口深的1/10收分做"乍"，宽度方向下端每边取卯口宽的1/10收"溜"。采用袖肩做法时，袖肩长取童柱径的1/8尺寸，宽取"乍"的宽边尺寸。位于转角的童柱头做十字箍头榫卯口，箍头榫宽取3/10童柱径，其他做法和尺寸同转角檐柱。穿插枋卯口采用大进小出形式，进榫部分卯口高取穿插枋高尺寸，半榫深取3/10或1/3童柱径尺寸，出榫部分高取进榫高的一半，榫头外露柱外皮1/2柱径尺寸。卯口宽取童柱径的3/10或1/3尺寸。围脊楣子板卯口采用直插榫，榫宽取3/10童柱径尺寸，深取3/10童柱径尺寸，高取楣子板高度尺寸。

（7）柱脚的榫卯：用锯盘齐柱头柱脚，同时用凿子按画好的卯口位置线剔做出每种卯口。

7.3.8 擎檐柱制作

（1）工艺流程：可参考檐柱制作工艺流程。

（2）擎檐柱中线和梅花线：在加工好的方柱料两端画上迎头十字中线，每端的两条十字中线垂直平分。两端对应的中线互相平行。引迎头十字中线弹画在柱子长身上，取方柱截面边长的1/10弹画在柱身上下四角，连接对应的上下四角形成柱深梅花线，观察柱四面好坏，选定出柱正面和侧面，让好面朝外。

（3）柱头、柱根卯口和升线：用擎檐柱丈杆在柱侧面的中线上点画出柱头盘头位置线，柱脚管脚榫的位置线，点画出与柱相交的擎檐枋燕尾卯口、折檐枋卯口线，根据柱头、柱脚位置线，弹出擎檐柱的升线，升线上端与柱头中线重合，下端位于中线里侧，升线与中线的距离取柱高的7/1000 尺寸，点画柱脚升线尺寸，连接柱头、柱脚上、下端升线端点，画出擎檐柱升线，为区别中线和升线，分别在两线上标出中线和升线符号，柱两侧画法相同，位于转角部位的擎檐柱要弹出各面升线。

（4）柱头、柱脚、盘头线：以擎檐柱画好的升线为准，柱头随檐椽角度画斜面，柱子侧面的升线垂直于地面，柱头、柱脚都要与升线垂直，不要与中线垂直。用方尺画扦围画柱头和柱脚线。因为擎檐柱要掰升，只有柱头和柱脚线与升线垂直，才能保持水平。同时，还应画出柱子的盘头线。升线弹出后，要以升线为准，用方尺画扦围画柱头和柱根线。在围画柱头柱根的同时，还应画出柱子的管脚榫线盘头线（管脚榫的外端线）。

（5）檐柱的卯口线：以垂直于地面的升线为卯口中画卯口，枋子与地面垂直。柱子画完后，在内侧下端标注位置编号，然后加工制作。

（6）柱卯口尺寸：擎檐柱两侧面，擎檐枋、折檐枋采用燕尾卯口，高取擎檐枋、折檐枋截面高尺寸，宽、深各取擎檐柱方的 3/10 或 1/3，燕尾卯口深度方向外侧每边各按卯口深的 1/10 收分做"乍"，宽度方向下端每边按卯口宽的 1/10 收"溜"。

（7）廊内穿插枋卯口尺寸：封护廊内弓形穿插枋（额楣枋）卯口大进小出，进榫部分卯口高取穿插枋高尺寸，半榫深按 3/10 或 1/3 擎檐柱方径，出榫部分高按进榫一半，榫头露出柱外皮 1/2 柱径尺寸。卯口宽按擎檐柱径的 3/10 或 1/3 取值。

（8）柱脚榫卯：用二锯盘齐柱头柱脚，同时留做出管脚榫的榫头，用凿子按所画卯口线剔做出每种卯口。

7.3.9　脊瓜柱的制作

（1）制作步骤：同其他柱。

（2）瓜柱中线、高厚线：用吊坠线画柱中垂线。脊瓜柱的高为脊檩与上金檩的垂直距离减掉三架梁的抬头和熊背高，另外在上面加出脊檩椀（按1/3 檩径），在下面加出榫长，即为实高。厚度为三架梁厚的 8/10，宽为檩径一份，（进深方向）脊瓜柱下脚做双榫。

（3）不规则梁脊背柱脚榫卯画线方法：当三架梁脊背为不规则弧形面

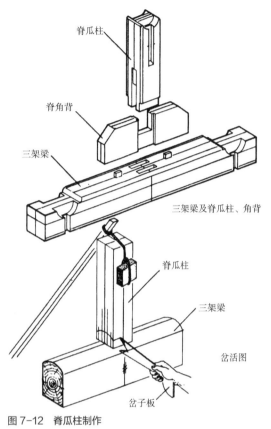

脊瓜柱

脊角背

三架梁

三架梁及脊瓜柱、角背

脊瓜柱

三架梁

岔活图

岔子板

图 7-12　脊瓜柱制作

时必须做岔活。用岔活板（做成燕尾状，两岔距离为榫长）蘸墨画线，岔活板保持垂直，一岔紧靠梁脊，另一岔在瓜柱上画线。用平行线原理在瓜柱上画出脊的弧形，制作的瓜柱地脚与梁架弧形一致，使瓜柱与梁架连接严密，见图 7-12。

7.3.10　木柱质量检验标准

1. 保证项目

（1）柱类侧脚掰升要求：檐柱或建筑物最外圈的柱子必须按设计及要求做出侧脚掰升，并且侧脚掰升的大小要符合不同历史时期有关营造法则或规定的设计要求。

（2）柱上下端榫要求：馒头榫、管脚榫的长度不应小于该端柱径的 1/4，不大于该端柱径的 3/10，榫的直径或截面宽与长度相同。

（3）柱上端枋卯口要求：柱上端枋子口深度不应小于柱径的 1/4，不应大于柱径的 3/10，枋子口最宽处不应大于柱径的 3/10，不应小于柱径的 1/4。

（4）柱身半卯眼深度要求：柱身半眼深度不得大于柱径的 1/2，不得小于柱径的 1/3。柱身透眼均采用大进小出的做法，大进小出卯眼的半眼部分，深度要求同半眼。

（5）柱身各种半卯眼、透卯眼宽度要求：圆柱不得超过柱径的 1/4，方柱不得超过柱截面宽的 3/10。

（6）柱类构件榫、卯加工要求：凿卯时以墨线外边为准剔凿，榫卯要松紧适度，对应的榫、卯形状、大小、宽窄一致，卯口内壁铲凿平整，不得有凸鼓，卯口里侧竖直方向还应适当留做出涨眼，以备安装时加楔使用。开榫按线中下锯，锯解面要平整，不要凹凸走锯。

（7）文物古建筑柱子要求：文物古建筑柱子的形制、榫卯规格、尺寸及做法必须符合法式要求或按原做法不变。

（8）检验方法：观察检查或实测检查。

2. 基本项目

（1）合格：柱子外形、直径和中线要求柱子两端对应中线平行，不绞线，无明显弊病，符合设计要求。柱子两端按升线盘头，截面平行一致，无明显弊病，符合设计要求。

（2）优秀：柱子外形、直径和中线要求柱子两端对应中线平行，不绞线，无弊病，符合设计要求。柱子两端按升线盘头，截面平行一致，无弊病，符合设计要求。

（3）检查柱子数量：抽查 10%，但不少于 3 根。

（4）检验方法：观察检查。

3. 柱子允许偏差项目

柱子制作允许偏差和检验方法应符合表 7-2 的规定。

允许偏差项目表　　　　　表 7-2

序号	项目	允许偏差	检验方法
1	构件长度（柱高）	柱自身高的 1/1000	实测尺量
2	构件直径或截面（柱径）	柱直径（或截面）±1/50	实测尺量
3	中线、升线偏差	不大于柱高的 1/100，不小于柱高的 7/1000	实测尺量
4	柱头、柱根平整度	柱径 300mm 以内，±1mm 柱径 300~500mm，±2mm 柱径 500mm 以上，±3mm	用平尺板搭尺实测
5	榫、卯上、下面和内、外壁平整度	柱径 300mm 以内，±1mm 柱径 300~500mm，±2mm 柱径 500mm 以上，±3mm	用平尺板搭尺实测

7.4 梁（柁）类构件制作

梁（柁）类构件制作适用于各种七架梁、五架梁、三架梁、六架梁、四架梁、月梁、三步梁、双步梁、单步梁（抱头梁）、顺梁、递角梁、顺趴梁、太平梁、抹角趴梁、井字长趴梁、短趴梁、踩步金梁、承重梁、花台梁、天花梁、老角梁、仔角梁、刀把角梁（仔角梁、老角梁连作）、窝角老角梁、窝角仔角梁、角云（花梁头）、由戗等梁类的构件加工。

7.4.1 材料要求

（1）按设计要求选择木材种类，梁类构件所选用的材质必须严格按质量检验规范把关，做好木材含水率测试，必要时应进行检测，或进行抗拉、抗压、抗剪等强度实验，符合木结构规范要求，设计对材料有特殊要求时，应符合设计要求。

（2）梁类木构件材质要求应符合表 7-3 的规定。

腐朽	木节	斜纹	虫蛀	裂缝	髓心	含水率
不允许	在构件任何一面任何150mm长度内，所有木节尺寸的总和不大于所在构件面宽的1/3	斜率不大于8%	不允许	外部裂缝不得大于材宽（或厚）的1/3；径裂不得大于材宽（或厚）的1/3；不允许轮裂	不限	不大于25%

梁类木构件材质要求　　　表7-3

7.4.2 梁类木构件制作

1. 梁料粗加工

（1）按照设计尺寸要求，将原木荒料锯截成所需梁构件的长短尺寸，适当留荒，以备制作时盘头打截，用机具把锯截好的圆木加工成见方规格毛料。

（2）根据屋架梁的种类，把加工好的见方规格毛料进一步加工刨光成规格净料。

2. 七架梁、五架梁、三架梁、六架梁、四架梁、月梁制作

（1）工艺流程：规格料→弹放迎头分中线、平水线、抬水线、滚楞线→弹画步架中线、瓜柱卯口位置线、梁头外端盘头线→用方尺画瓜柱卯口线、垫板卯口线、象鼻檩椀卯口线、海眼卯口线→盘梁头→凿卯→滚楞→码放在指定地点以备安装，见图7-13。

图7-13　五架梁制作步骤

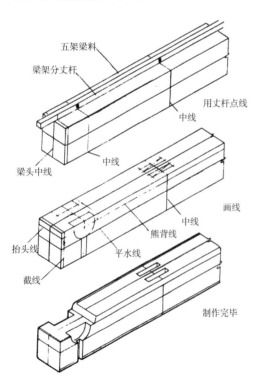

五架梁料
梁架分丈杆
用丈杆点线
中线
中线
梁头中线
画线
中线
熊背线
抬头线
平水线
截线
制作完毕

（2）弹画梁中线、平水线、滚楞线：梁两端画上迎头分中线垂直于底面，用方尺以迎头分中线为基准，从梁底向上反画出平水线、抬头线，从梁端引分中线弹画在梁上下长身上，再引平水线、抬头线弹画在梁的两个侧面上，按每面宽的1/10弹出梁下边角滚楞线，在梁的两侧上面以半椽径弹出梁上边角滚楞线，梁上边角两侧面按抬头线滚楞。

（3）弹画梁步架、瓜柱、梁头外端位置线：用梁丈杆在梁上面点画出1/2梁垂直于地面的中位线，由中位线分别向两梁端点画出每步架中线，点画出梁身上的瓜柱卯口位置线，从端头步架中线向外让出一檩径点画出梁头外端盘头线。

（4）画梁身卯口位置线：用方尺以中线为准，将梁上用丈杆点画的中位线、每步架中线、梁头外端盘头线引画到梁身四面，同时量画出瓜柱卯口位置线、垫板卯口位置线、梁头上面象鼻檩椀卯口位置线，用檩椀样板在梁头侧面圈画出檩椀式样卯口位置线。将

梁底面翻到上面，在底面上画出馒头榫海眼。在靠前檐步架的熊背上，分别标注上位置编号。

（5）盘梁头、凿卯眼、滚楞角：用二锯把梁头盘齐，用凿子按所画卯口线剔做出每种卯口，用刨子把梁四角滚楞刮圆。

（6）梁架构件码放：加工好的梁架构件分类、分层垫好，码放在指定地点，做好防水措施，以备安装。

3. 三步梁、双步梁、单步梁（抱头梁、桃尖梁）、顺梁制作

（1）工艺流程：规格料→弹放迎头分中线、平水线、抬头线、滚楞线→点画步架中线、瓜柱卯口位置线、梁头外端盘头线、梁后尾榫外端盘头线→过方尺画瓜柱卯口、垫板卯口、象鼻檩椀卯口、海眼卯口、梁后尾榫线→盘梁头→凿卯、开榫→滚楞→码放在指定地点以备安装，见图7-14。

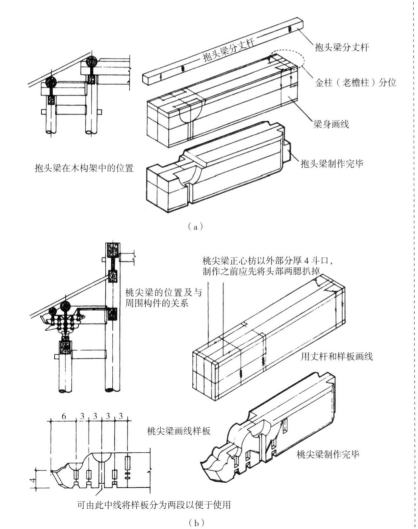

图7-14　抱头梁、桃尖梁制作步骤
（a）抱头梁制作步骤；
（b）桃尖梁制作步骤

143

（2）弹画梁中线、平水线、滚楞线：梁两端画上迎头分中线垂直于底面，用方尺以迎头分中线为基准，从梁底向上反画出平水线、抬头线，从梁端引分中线弹画在梁上下长身上，再引平水线、抬头线弹画在梁的两个侧面上，按每面宽的 1/10 弹出梁下边角滚楞线，在梁的两侧上面以半椽径弹出梁上边角滚楞线，梁上边角两侧面按抬头线滚楞。

（3）弹画梁步架、瓜柱、梁头外端位置线：用丈杆在梁上面的中线上点画出每步架中线，从端头步架中线向外让出一檩径，点画出梁头外端盘头线、梁尾盘头线、梁尾榫头抱柱肩膀线和回圆肩膀断肩线，点画出瓜柱位置卯口线。

（4）画梁身卯口线：用方尺以中线为准，画出瓜柱卯口、垫板卯口，画出梁尾榫头，梁头上面象鼻檩椀卯口，用檩椀样板圈画出檩椀式样卯口线，将梁底面翻到上面，在底面上画出馒头榫海眼线。在靠前檐步架的熊背上，分别标注上位置编号。

（5）盘梁头、凿卯眼、滚楞角：用二锯把盘齐梁头，开出梁尾榫头，挖出抱肩断肩和回圆肩膀。用凿子按所画卯口位置线，别做出每种卯口，用刨子把梁四角滚楞刮圆。

4. 递角梁制作

（1）工艺流程：规格料→弹放迎头分中线、平水线、抬头线、滚楞线→点画加斜步架中线、瓜柱卯口位置线、梁头外端盘头线、梁后尾榫外端盘头线→过方尺画瓜柱卯口、垫板卯口、象鼻檩椀卯口、海眼卯口、梁后尾榫线→盘梁头→凿卯、开榫→滚楞→码放在指定地点以备安装，见图 7-15。

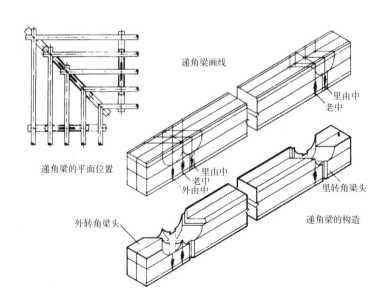

递角梁画线

里由中
老中

里转角梁头

递角梁的构造

递角梁的平面位置

里由中
老中
外由中

外转角梁头

图 7-15　递角梁制作步骤

（2）弹画梁中线、平水线、滚楞线：梁两端画上迎头分中线垂直于底面，用方尺以迎头分中线为基准，从梁底向上反画出平水线、抬头线，从梁端引分中线弹画在梁上下长身上，再引平水线、抬头线弹画在梁的两个侧面上，按每面宽的1/10弹出梁下边角滚楞线，在梁的两侧上面以半椽径弹出梁上边角滚楞线，梁上边角两侧面按抬头线滚楞。

（3）弹画斜步架、檩子、梁头外端位置线：用丈杆在梁上面的中线上点画出斜长步架中线，从端头十字搭交檩老中线向外让出一檩径，点画出梁头盘头位置线，点画出梁上檩子的老中线、里由中线、外由中线的位置线，同时点画出梁尾榫头抱柱肩线和回圆肩膀断肩线、盘头位置线。

（4）画梁身卯口线：用方尺以中线为准，过画出梁尾榫头线，过画梁上檩子的老中线、里由中线、外由中线，用檩椀样板圈画出十字搭交檩椀卯口，将梁底面翻到上面，在底面上画出馒头榫海眼线。在靠前檐步架的熊背上，分别标注上位置编号。

（5）盘梁头、凿卯眼、滚楞角：用二锯把梁头盘齐，开出梁尾榫头，挖出抱肩、断肩、回肩、圆肩膀，用斧和锯挖出十字搭交檩椀卯口，剔做出馒头榫卯口，用刨子把梁四角滚楞刮圆。

（6）梁构件码放：加工好的梁架构件分类、分层垫好，码放在指定地点，做好防水措施，以备安装。

5．顺趴梁制作

（1）工艺流程：规格料→弹放迎头分中线、滚楞线→点画步架中线、瓜柱卯口位置线、趴梁头外端盘头线、梁头巴掌榫线、梁后尾榫外端盘头线→过方尺画瓜柱卯口、趴掌榫、梁后尾榫线→盘梁头→凿卯、开榫→滚楞→码放在指定地点以备安装，见图7-16。

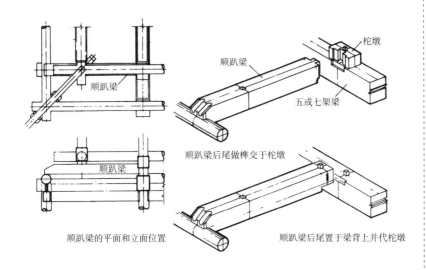

图 7-16　顺趴梁制作步骤

（2）弹画梁中线：梁两端画上迎头分中线，把中线弹在梁上下长身上，按每面宽的1/10弹出梁上下角滚楞线。

（3）弹画梁身卯口、梁端线：用梢间丈杆在梁身的中线上点画出梁长度尺寸（中至中），由檐檩中线向里点画出步架中线，从檐头檩中线向外让出1/2檩金盘头线，定为趴梁檐头外端盘头线，点画出步架交金瓜柱（交金墩）的卯口位置线，梁尾点画出交于瓜柱或插入金柱的榫头断肩线、盘头线，若梁内端趴在大梁上，则梁尾应与柁墩同做，向外再让出柁墩尺寸点画梁尾盘头线。

（4）画梁端榫位置线：用方尺以中线为准，画出梁头榫头或梁尾榫头，在靠前檐步架的熊背上，分别标注上梁位置编号。

（5）盘梁头、凿卯眼、滚楞角：用二锯把梁头盘齐，开出梁头、梁尾阶梯榫头，挖出抱肩断肩，用凿子按所画出的卯口要求剔做出卯口，用刨子把梁四角滚楞刮圆。

（6）梁构件码放：加工好的梁构件分层垫好，码放在指定地点，做好防水措施，以备安装。

6. 太平梁、抹角趴梁、井字长趴梁、短趴梁制作

（1）工艺流程：可参考顺趴梁制作工艺流程，见图7-17。

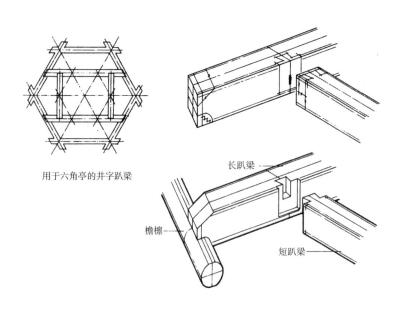

用于六角亭的井字趴梁

长趴梁

檐檩

短趴梁

图7-17 井字长、短趴梁制作步骤

（2）弹画梁中线：在抹角趴梁、长趴梁、短趴梁两端画上迎头分中线，引中线弹在梁上下长身上，量取每面宽的1/10弹出梁上下角滚楞线。

（3）画梁身长度、搭接构件位置线：用丈杆过画抹角趴梁、长趴梁的中线上，点画出梁长度尺寸位置线（中至中），从檐头檩中线向外量出1/2

檩尺寸，定出金盘线，作为太平梁、长趴梁檐头外端盘头线（抹角趴梁檐头外端盘头线按角度加斜），由檐檩中线向内点画出长趴梁步架中线，同时点画出短趴梁的卯口位置线，在太平梁上点画出步架瓜柱卯口位置线，在抹角趴梁上点画出步架交金瓜柱（交金墩）的卯口位置线。

（4）画短趴梁长度、盘头、榫头长度线：用丈杆在短趴梁的中线上点画出梁长度尺寸（中至中），从两端中线上向外让出燕尾榫头长，画出盘头线和燕尾榫线。

（5）画梁的榫头：用方尺以中线为准，按设计每种趴梁的不同卯口和榫头，画出长趴梁上面的短趴梁卯口，长趴梁、抹角趴梁、短趴梁头榫头，短趴梁燕尾榫头，在趴梁的熊背上分别标注梁构件位置编号。

（6）盘梁头、凿卯眼、滚楞角：用二锯盘齐梁头，开出梁头、梁尾阶梯榫、燕尾榫头，挖出断肩，用凿子按卯口的位置线剔做出卯口，用刨子把梁四角滚楞刮圆。

7.踩步金梁制作

（1）工艺流程：规格料→弹放迎头分中线、滚楞线→点画步架中线、瓜柱卯口位置线、十字搭交檩头线、椽椀线→过方尺画瓜柱卯口、十字搭交檩头线、椽椀线→盘梁头→做十字搭交檩头→凿卯、开榫→滚楞→码放在指定地点以备安装，见图7-18。

（2）弹画梁中线：梁两端画上迎头分中线，把中线弹在梁上下长身上，按每面宽的1/10弹出梁上下角滚楞线。

（3）弹画梁身卯口、梁端线：用丈杆在梁身的中线上点画出1/2的梁中位置线，以中线为准，分别向两端点画出每步架中线，点画梁身上的瓜柱卯口位置线。以端头步架中线为基准向里量出檩径的1/2，点画出十字搭交檩头线，向外量出1.5倍的檩径，点画出梁头外端盘头线。依据山面檐檩上椽花的位置，点画出踩步金梁的外侧面椽椀位置线。

图 7-18　踩步金制作步骤

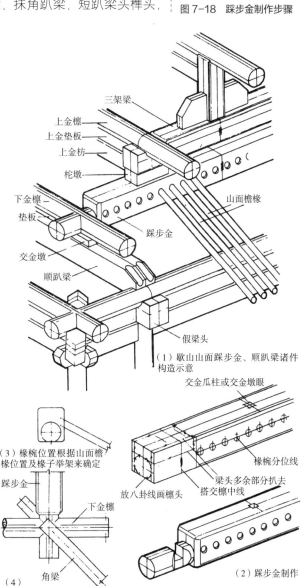

（1）歇山山面踩步金、顺趴梁诸件构造示意

（3）椽椀位置根据山面檐椽位置及椽子举架来确定

（4）

（2）踩步金制作

(4) 围画梁身线和瓜柱卯口：以中线为准，用方尺将中线上的中位线、各步架中线、梁头外端盘头线围画到梁身四个面上，画出梁上的瓜柱卯口位置线，点画出十字搭交檩头（檩头底皮即梁底皮）和檩头后梁的回肩，在靠前檐步架的熊背上，分别标注上位置编号。

(5) 盘梁头、凿卯口、刻腰榫：用二锯盘齐梁头，用凿子按卯口的位置线剔做出梁上的瓜柱卯口、梁外侧的椽窝卯口，用锯和斧子依据十字搭交檩头断肩线、回肩线制作出十字搭交檩头，同时剔做出十字卡腰榫，最后用刨子把梁四角滚楞刮圆。

7.4.3 质量标准

1. 保证项目

(1) 梁类构件中跨度大的梁必须按设计要求的断面尺寸留做出熊背，在通常情况下榫卯规格、做法必须符合有关营造法则规定及以下标准。

(2) 梁头檩椀的深度不得大于1/2檩径，不得小于1/3檩径。

(3) 梁头垫板口子深度不得大于垫板自身厚度。

(4) 梁头两侧檩椀之间必须按梁宽1/2留象鼻子榫，承接梢檩的梁头留小象鼻子榫，榫高、宽尺寸不大于1/5檩径，不得小于1/6檩径。

(5) 趴梁、抹角梁与桁檩相交，梁头外端必须压过檩中线，长度不得小于15%檩径，梁端头上楞必须沿椽上皮抹角；大式建筑抹角梁端头如压在斗栱正心枋上，搭置长度由正心枋中至梁端头不小于3斗口。

(6) 趴梁、抹角梁与桁檩相交扣搭必须做阶梯榫，榫头与桁檩咬合部分不得大于1/5檩径。

(7) 短趴梁搭置于长趴梁上，阶梯榫搭置长度不小于1/2长趴梁宽，榫头与长趴梁咬合部分不得大于1/5长趴梁截面积。

(8) 老角梁下皮与檐檩扣搭位置的榫卯必须做闸口榫卯，不得做檩椀卯口，老角梁、仔角梁后尾扣金做法时，檩椀卯口内必须留做小象鼻子榫。

(9) 所有梁类构件榫、卯加工要松紧适度，对应榫、卯形状、大小、宽窄一致，凿卯时以墨线外边剔凿，卯口内壁铲凿平整，不得有凸鼓，开榫按线中下锯，锯解面要平整，不得走锯凹凸。

(10) 文物古建筑梁（栿）的形制、榫卯规格尺寸及做法必须符合法式规定或按原做法不变。

(11) 整榀梁架步架的举架尺寸必须符合设计要求。

(12) 检验方法：实测检验。

2. 基本项目

(1) 合格：梁的中线、平水线、抬头线、滚楞线条准确清楚，滚楞浑圆直顺，无明显弊病，符合设计要求。

（2）优秀：两端梁头盘头平整，截面平行一致，梁的中线、平水线、抬头线、滚楞线条准确清楚，滚楞浑圆直顺，无弊病，符合设计要求。

（3）检验方法：观察检查。

3．允许偏差项目

梁允许偏差符合表 7-4 的要求。

允许偏差项目 表 7-4

序号	项目	允许偏差（mm）	检验方法
1	梁长度（梁两端中线间的距离）	±0.05% 梁长	用丈杆或钢尺校核
2	构件截面高度尺寸	−1/30 梁截面高（增高不限）	实测尺量
3	构件截面宽度尺寸	±1/20 梁截面宽	实测尺量
4	榫、卯上下面和内外壁平整度	±2	搭尺测量

7.5 枋类木构件制作

枋类构件制作适用于建筑的檐枋、额枋、由额枋、金枋、脊枋、随梁枋、围脊枋、跨空枋、天花枋、间枋、关门枋、拱枋、檩枋以及箍头枋、承椽枋、穿插枋、帘笼枋、平板枋（坐斗枋）、弧形檩枋、擎檐枋、折檐枋等构件的加工。

7.5.1 枋类材料要求

（1）确定枋类用材种类、材质，选择材料必须按质量检验规范严格把关，枋类木构件所使用的木材必要时应进行检测，或进行抗拉、抗压、抗剪等强度实验。做好木材含水率测试，设计对材料有特殊要求时，应符合设计要求。

（2）枋类木构件材质要求应符合表 7-5 的规定。

枋类木构件材质要求 表 7-5

腐朽	木节	斜纹	虫蛀	裂缝	髓心	含水率
不允许	在构件任何一面，任何 150 mm 长度内，所有木节尺寸的总和不大于所在构件面宽的 1/3，死节面积不得大于截面积的 5%，节点榫卯处不允许有节疤	斜率不大于 8%	不允许	榫卯处不允许，外部裂缝不得大于材厚的 1/3；径裂不得大于材宽（或厚）的 1/3；轮裂不允许	不限	不大于 25%

（3）木构件的防虫蛀、防腐处理应符合设计要求及有关规范的规定。

7.5.2 枋类木构件的制作工艺

（1）按照设计尺寸要求，将原木荒料打截、留荒，留足所需枋构件的长短尺寸，以备制作时盘头打截用，将打截好的圆木用机具加工成见方规格毛料。

（2）枋类粗加工：根据枋的种类，把加工成的规格毛料进一步加工刨光成规格枋净料。

7.5.3 燕尾枋制作

额枋（内外檐额枋）、由额枋、金枋、脊枋、随梁枋、围脊枋、跨空枋、天花枋、间枋、关门枋、拱枋、随檩枋等枋类构件与柱连接的榫，做成燕尾榫形式，为叙述方便以下各种枋类构件简称枋子。

（1）工艺流程：按规格放净料→弹放中线、滚楞线→点画盘头线、榫头位置线→过方尺画榫→盘头开榫→滚楞边→码放以备安装，见图7–19。

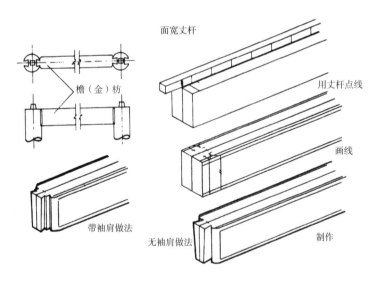

图 7-19 燕尾枋制作步骤

（2）弹画枋子中线、滚楞线：将已备好的枋子规格料两端画上垂直于底面的迎头分中线，并引分中线弹在枋子上下长身上，按上下小面宽的1/10弹出额枋四角滚楞线。

（3）画枋子盘头线、长度线：在枋子一端点画出一道盘头线，以该盘头线为准线向里点画出该端燕尾榫所需的长度线（燕尾榫的长按柱径的3/10），以此线为基准，用相应的枋子丈杆过画枋子长度，将所标的建筑面宽或进深（柱中至柱中）尺寸过画到枋子上（减去柱头一柱径，每端半柱径），点画出两柱之间枋子净长线，由此线向外再点画出另一端燕尾榫所需的长度线，此线即另一端盘头线。

（4）画燕尾榫、袖肩位置线：用半柱径内圆燕尾榫样板画榫根与柱交接弧线，以两端柱间枋子净长线（即两端燕尾榫根线）为准线，在枋子上下两面圈画出枋子的抱柱肩膀，用燕尾榫样板套画出枋子两端燕尾榫，燕尾榫高取额枋高，宽、长各取柱径的3/10，燕尾榫根部向里侧每边各按燕尾榫长的1/10收分做"乍"，枋子燕尾榫头上宽下窄便于安装，枋子榫头下面燕尾榫头每边按榫宽的1/10收"溜"。采用袖肩做法时，袖肩长按柱径的1/8，宽与乍的宽边相等。燕尾榫两侧抱柱肩膀，按"三开一等肩"分成三份，里一份画出撞肩，外两份画出圆回肩，用方尺把所点画、圈画、套画的线过画出来，在枋子上面标注位置编号，然后加工制作。

（5）盘枋子头、开燕尾榫：用二锯把额枋两端盘齐，开燕尾榫、断肩、拉圆回肩，用刨子把额枋四角滚楞刮圆。

7.5.4 箍头枋制作

（1）弹画枋子中线、滚楞线：将已备好的枋子规格料两端画上垂直于底面的迎头分中线，并引分中线弹在枋子上下长身上，按上下小面宽的1/10弹出额枋四角滚楞线。

（2）画箍头枋子盘头线、长度线：在箍头枋子一端点画出一道盘头线，以该盘头线为准线向里点画出该端燕尾榫所需的长度线（燕尾榫的长按柱径的3/10），以此线为基准用相应的枋子丈杆过画枋子长度，将所标的建筑面宽或进深（柱中至柱中）尺寸过画到枋子上（减去柱头一柱径，每端半柱径），点画出两柱之间箍头枋子净长线，由此线向外再点画出霸王拳箍头或三叉头箍头的长度线（由柱中轴线平行向外1.5柱径为箍头外皮），此线即另一端盘头线，见图7-20。

（3）画箍头燕尾榫、箍头榫、卡腰榫线：用半柱径内圆燕尾榫样板画榫根与柱交接弧线，两端柱之间箍头枋净长线为一端燕尾榫根线至另一端的箍头榫

图 7-20 箍头枋制作步骤

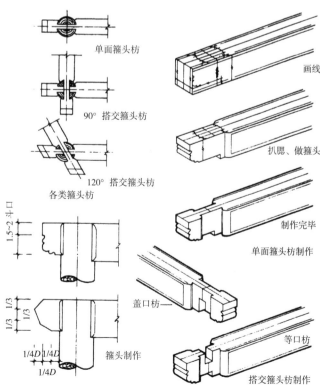

单面箍头枋

90°搭交箍头枋

120°搭交箍头枋

各类箍头枋

1.5~2斗口

箍头制作

1/3 1/3

1/3 1/3

1/4D 1/4D

1/4D

画线

扒腮、做箍头

制作完毕

单面箍头枋制作

盖口枋

等口枋

搭交箍头枋制作

根线，用在箍头枋上下两面圈画出一端燕尾榫与另一端箍头榫的抱柱肩膀，用燕尾榫样板套画出箍头枋一端燕尾榫（燕尾榫做法与额枋同），用方尺画出另一端箍头榫（箍头榫的宽按柱径 3/10 高随箍头枋高），若是十字搭交箍头榫，则应按山面压檐面的规则画出上下十字卡腰榫，燕尾榫与箍头榫两侧抱柱肩膀按"三开一等肩"分成三份，里一份画撞肩，外两份画出圆回肩，箍头榫外箍头高取枋正身高的 8/10，从下皮向上减去 2/10 枋正身高度，箍头宽取枋正身宽的 8/10，枋两侧各向内量取 1/10 枋宽度画扒腮线，用方尺过画各种榫线，并按分份的规则，分画出箍头的霸王拳或三叉头式样，在箍头枋上面标注位置编号，然后加工制作。

(4) 盘箍头枋子头、开榫、扒腮：用二锯把箍头枋两端盘齐，开燕尾榫、断肩、锯圆回肩、扒腮、割出霸王拳或三叉头、用凿子剔做筛头榫上下十字卡腰榫，用刨子把额枋四角滚楞刮圆。

7.5.5 承椽枋制作

(1) 画承椽枋中线：在承椽枋规格料两端画上垂直于底面的迎头分中线，引分中线弹在承椽枋上下长身上，按上下面宽的 1/10 弹出额枋四边角滚楞线，见图 7-21。

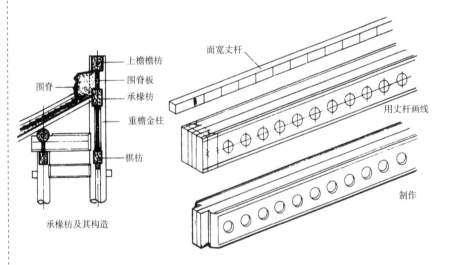

图 7-21 承椽枋制作步骤

(2) 画盘头、榫头位置线：在承椽枋一端点画出一道盘头线，以该盘头线为准向里点画出该端燕尾榫所需的长度线，以此线为基准，用相对应的丈杆所标注的建筑面宽（柱中至柱中）尺寸，过画承椽枋净长尺寸线，承椽枋净长尺寸线为两柱之间减去柱头一柱径（每端半柱径），由此线向外再点画出另一端燕尾榫所需的长度线（燕尾榫的长按柱径 3/10），此线即另一端盘头线，同时将丈杆上已分排好的椽椀线，点画到承椽枋的外侧面上。

（3）画燕尾榫、袖肩线：用半柱径内圆样板以两端柱之间承椽枋净长线（即两端燕尾榫根线）为准线，在承椽枋上下两面圈画出承椽枋的抱柱肩膀，用燕尾榫样板套画出承椽枋两端燕尾榫，燕尾榫高取承椽枋高，宽、长各按柱径的 3/10，燕尾榫根部向里侧每边各按燕尾榫长的 1/10 收分做"乍"，采用袖肩做法时，袖肩长按柱径的 1/8，宽与"乍"的宽边相等。燕尾榫两侧抱柱肩膀，按"三开一等肩"分成三份，里一份为撞肩，外两份画出圆回肩线，用方尺过画榫和袖肩线，按举斜画出椽椀，在承椽枋上面标注位置编号，然后加工制作。

（4）盘枋子头、开榫、剔椽椀：用二锯将承椽枋两端盘齐，开燕尾榫、断肩、拉圆回肩，用凿子剔做出椽椀，用刨子把额枋四角滚楞刮圆。

7.5.6　大进小出榫跨空枋、穿插枋、帘笼枋制作

（1）弹画枋中线、滚楞线：在穿插枋、帘笼枋规格料两端画上垂直于底面的迎头分中线，引分中线弹在穿插枋上下长身上，按上下小面宽的 1/10 弹出额枋四角滚楞线。

（2）点画盘头线、榫头线：在穿插枋、帘笼枋一端点画出一道盘头线，以该盘头线为准，向里取与枋相交的柱径尺寸，点画出该端大进小出榫的长度线，若柱外留做小麻叶头或小将军头，取与枋相交柱的 1.5 柱径尺寸，点画榫长线，以此线为基准线，用相对应的丈杆（柱中至柱中）尺寸，分别减去两端半柱径，点画出两柱之间穿插枋净长尺寸线，由此线向外再点画出另一端大进小出榫的榫长线，大进小出榫宽按柱径 3/10，大进榫高取穿插枋高，小出榫高取 1/2 穿插枋高，此线即为另一端盘头线，见图 7-22。

（3）画榫和袖肩线：用半柱径内圆样板以两端柱之间穿插枋净长线为准线（即两端大进小出榫根线），在穿插枋上下面圈画出穿插枋的抱柱肩膀，按"三开一等肩"分成三份，里一份为撞肩，外两份画出圆回肩，用方尺画出穿插枋两端大进小出榫，过画榫和袖肩线，在穿插枋上面标注位置编号，然后加工制作。

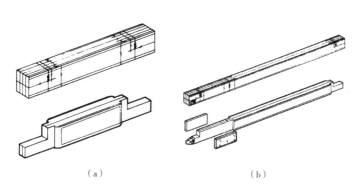

（a）　　　　　　　　　（b）

图 7-22　大进小出枋制作步骤

（a）穿插枋制作步骤；
（b）麻叶穿插枋制作步骤

（4）盘头、开榫、做袖肩：用二锯把穿插枋两端盘齐，开出大进小出榫、断肩、拉圆回肩，做出小麻叶头，用刨子把额枋四角滚楞刮圆。

7.5.7 平板枋（坐斗枋）、搭角平板枋制作

（1）画平板枋中线：在平板枋规格料两端画上垂直于底面的迎头分中线，引分中线弹在平板枋上下长身上，见图7-23。

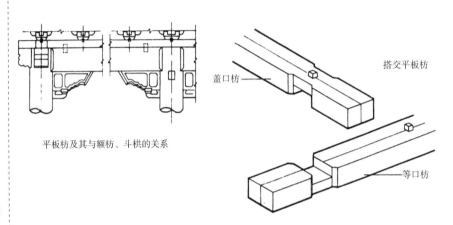

平板枋及其与额枋、斗栱的关系　　搭交平板枋　盖口枋　等口枋

图7-23　平板枋制作步骤

（2）画平板枋的盘头线和长度线：在平板枋一端点画出一道盘头线（即柱中线），以该线为基准，向里量取平板枋宽1/3尺寸点画出燕尾卯口位置线，用平板枋盘头线相对应的丈杆点画出柱中至柱中尺寸线，以此线为准线向外取平板枋宽1/3尺寸点画出燕尾榫的榫长线，此线即另一端盘头线。

（3）画榫位置线：在搭角平板枋一端点画出一道盘头线（即柱中轴线），由此线向里画出燕尾卯口线（或燕尾榫的长榫线），以盘头线为准线将相对应的丈杆柱中到柱中尺寸线过画到枋子上，再由此线向外取1.5倍柱径尺寸点画出搭角平板枋的搭角出头线，即另一端盘头线，同时用尺画出十字搭角榫。

（4）盘齐平板枋端头、开榫：用二锯把平板枋或搭角平板枋两端盘齐，开出燕尾卯口或燕尾榫、断肩，开出十字搭角榫，用凿子剔做出燕尾卯口、搭角榫，用刨子把平板枋净光。

7.5.8 弧形檩枋制作

（1）制作弧形檩枋规格料：按设计用圆弧檩枋样板画出弧形檩枋外轮廓线，锯截成型，而后刮光。

（2）画弧形檩枋中线、榫头线、盘头线：用圆弧檩枋样板套画出檩枋

中线、两端盘头线、燕尾榫、撞肩、圆回肩，用方尺画扦围画出来，按上下小面宽的 1/10 围画出弧形檩枋四角滚楞线，在弧形檩枋上面标写位置号，然后交制作人员制作。

（3）盘枋头、做袖肩、开榫：用二锯把圆弧檩枋两端盘齐，开燕尾榫、断肩、拉圆回肩、用刨子把圆弧檩枋四角滚楞刮圆。将成品按要求码放，以备安装。

7.5.9 擎檐枋、折檐枋制作

（1）弹画枋子中线：在擎檐枋、折檐枋规格料两端画上垂直于底面的迎头分中线，引分中线弹画在擎檐枋、折檐枋上下长身上，按檐椽举架斜度在擎檐枋外侧长身上弹出角度线。

（2）画盘头、榫长、枋子长度位置线：在擎檐枋、折檐枋一端点画出一道盘头线，以盘头线为基线向里点画出该端燕尾榫的榫长线，以此线为基准用相对应的面宽丈杆（柱中至柱中）尺寸过画枋子长度，然后减去柱头一柱径（每端半柱径）点画出擎檐枋、折檐枋两柱之间净长线，由此线向外再点画出另一端燕尾榫的榫长线（燕尾榫的长按柱径的 3/10），此线即另一端盘头线。

（3）画枋端燕尾榫：用方尺圈画出擎檐枋、折檐枋断肩线，用燕尾榫样板套画出两端燕尾榫，燕尾榫高取枋高，宽、长各取柱径的 3/10 尺寸，由燕尾榫根部向里侧每边各按燕尾榫长的 1/10 收分做"乍"，擎檐枋、折檐枋上燕尾榫头下面每边按榫宽的 1/10 收"溜"并连斜线至燕尾榫头上面，在擎檐枋、折檐枋上面标注位置编号，然后加工制作。

（4）盘枋子头、开榫：锯截出擎檐枋斜面，再用二锯把擎檐枋、折檐枋两端盘齐，开燕尾榫、断肩，用刨子把擎檐枋净光，下角滚楞刮圆。

7.5.10 质量标准

1. 保证项目

（1）枋类构件在通常情况下榫卯规格、做法必须符合有关营造法则规定及以下标准。

（2）额枋（内外檐额枋）由额枋、金枋、脊枋、随梁枋、承椽枋、围脊枋、跨空枋、天花枋、间枋、关门枋、栱枋、随檩枋、擎檐枋、折檐枋、弧形檩枋等燕尾榫长度不应小于柱径的 1/4，不大于柱径的 3/10，燕尾榫外角最大宽度与长度相同，燕尾榫两边做"乍"和收"溜"，必须按燕尾榫截面宽的 1/10 收分。

（3）大进小出榫跨空枋、穿插枋、帘笼枋等采用直插榫方式连接的枋类，榫卯必须做大进小出榫，榫厚为檐柱径的 1/5~1/4，不大于檐柱径的 3/10，其半榫部分长度不小于檐柱径的 1/3，不大于檐柱径的 2/5。节点榫卯只能做半榫时，其榫长度不小于檐柱径的 3/10。

（4）庑殿建筑、歇山建筑转角处的枋或多角建筑的枋，必须做箍头榫，不准做假箍头榫，十字搭交箍头榫必须是山面压檐面，榫厚不得小于柱径的 1/4，不大于柱径的 3/10。

（5）承椽枋、棋枋的榫子截面宽度不应小于枋自身截面宽度的 1/4 或柱径的 1/5，承椽枋侧面椽椀深度不浅于 1/2 椽径，不深于承椽枋厚的 1/2，椽椀下边应位于承椽枋下边向上 2/5 的位置，椽椀与椽椀必须在一条水平线上，椽椀必须与檐椽垂直对应。

（6）圆形、扇形建筑的檐枋、金枋等弧形构件，弧度必须准确，符合样板。

（7）所有枋类构件榫、卯加工要松紧适度，对应榫、卯形状、大小、宽窄一致，开榫按线中下锯，榫外壁铲拉平整，不得有凸鼓鸡心，锯解面要平整，不得走锯凹凸。

（8）文物古建筑枋的长、短、截面、榫、卯规格、尺寸及做法必须按原做法不变。

2. 基本项目

（1）合格：枋的中线、滚楞线条准确清楚，滚楞浑圆直顺，无明显疵病，符合设计要求。

（2）优良：两端断肩平整，抱肩浑圆，截面平行一致，无疵病，符合设计要求。

3. 允许偏差项目（表 7-6）

<table>
<tr><td colspan="4" style="text-align:center">允许偏差项目表　　　　　　　　　　　表 7-6</td></tr>
<tr><td>序号</td><td>项目</td><td>允许偏差（mm）</td><td>检验方法</td></tr>
<tr><td>1</td><td>构件截面高度尺寸</td><td>±1/60 截面宽</td><td>尺量实测</td></tr>
<tr><td>2</td><td>构件截面宽度尺寸</td><td>±1/30 截面宽</td><td>尺量实测</td></tr>
<tr><td>3</td><td>榫、卯上下面和内外壁平整度</td><td>±0.5</td><td>搭尺测量</td></tr>
</table>

7.6 檩、桁类木构件制作

适用于正身各位置的檩（桁），如檐檩、金檩、脊檩、挑檐檩、搭角檩、梢檩、弧形檩以及扶脊木、踏脚木等各种檩类的构件加工。

7.6.1　檩（桁）类木构件材料要求

（1）选备材料必须严格把关，檩类构件所使用的木材必要时应进行检测，确定其名称、种类、材质，或进行抗拉、抗压、抗剪等强度实验。做好木材含水率测试，设计对材料有特殊要求时，应符合设计要求。

（2）檩类木构件材质要求应符合的规定见表7-7。

檩类木构件材质要求　　　　　　　　　表 7-7

腐朽	木节	斜纹	虫蛀	裂缝	髓心	含水率
不允许	在构件任何一面，任何150mm长度内，所有活节尺寸的总和不大于圆周长的1/3；单个木节的直径不得大于檩径的1/6，不允许有死节	斜率不大于8%	不允许	榫卯处不允许有裂缝，外部其他处裂缝深度不超过檩径的1/3，不允许轮裂	不限	不大于20%

（3）木构件的防虫蛀、防腐处理应符合设计要求及有关规范的规定。

7.6.2　檩（桁）类木构件制作工艺

1. 檩（桁）类原木下料

按照设计尺寸要求，把原木荒料打截成构件所需的长短尺寸适当留荒，以备制作时盘头打截。

2. 檩（桁）类的粗加工

根据梁架的种类选择作为檩的圆木，垫好画线，在两端直径面上分出中点、垂吊分中直线，在此线上分中，用方尺画出十字中线，在此基础上按檩径的尺寸放八卦线，引八卦线用墨斗顺檩的长身弹直线，依照该线用锛子把檩料砍成八方，再弹十六方线，把檩料砍成十六方，直至把檩砍圆，用刨子把檩身刮圆刮光。

7.6.3　正身檩（檐檩、金檩、脊檩、挑檐檩）制作

（1）弹画中线：首先在已经刨好的檩料两端画上迎头十字中线（如果初步加工时已画好十字中线，可利用原有的中线），每一端的两条十字中线要垂直平分，两端对应的中线要互相平行。把迎头十字中线弹在檩长身上，弹线后根据檩四面好坏定出桁檩上下面，要好面朝外，弹画出上下面的金盘线，见图7-24。

（2）画盘头线：在檩一端点画出一道盘头线，以盘头线向里取檩径3/10尺寸点画出此端燕尾卯口线和与之相对应梁头象鼻子榫的巴掌榫，以盘头线用相对应面阔的檩丈杆点画出柱中至柱中面阔尺寸线，以此线为准

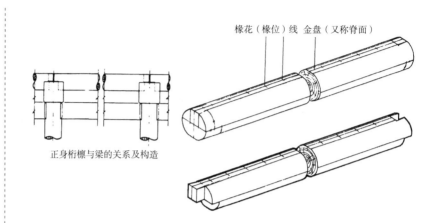

椽花（椽位）线　金盘（又称脊面）

正身桁檩与梁的关系及构造

图7-24　正身檐檩制作步骤

向里点画出与之相对应的梁头象鼻子榫的巴掌榫，向外按檩径 3/10 尺寸点画出燕尾榫的榫长线，即另一端盘头线，同时还要把在丈杆上已分排好的椽档点画到檩的上面。

（3）画榫卯线：用方尺画扦围画檩断肩线，画出两端象鼻子榫的巴掌榫、燕尾卯口、燕尾榫，在檩的上面标写位置号，然后加工制作。

（4）盘头凿卯：用二锯把檩两端盘齐，开出象鼻子榫的巴掌榫、燕尾卯口、燕尾榫、断肩，用凿子剔做出燕尾卯口，用刮子刮出上下面的金盘线。

7.6.4　搭角檩制作

（1）弹画中线：首先在已经刨好的檩料两端画上迎头十字中线，每一端的两条十字中线要垂直平分，两端对应的中线要互相平行。把迎头十字中线弹在檩长身上，弹线后根据檩四面好坏定出檩上下面，要好面朝外，弹画出上下面的金盘线，见图 7-25。

（2）画盘头线：在搭角檩一端点画出一道盘头线，以盘头线向里取 1.5 檩径尺寸点画出此端柱中轴线，以此柱中轴线为准线，用相对应面阔的檩丈杆点画出柱中到柱中面阔尺寸线，再以此线向外按 1.5 檩径尺寸点画出另一端盘头线，若另一端与正身檩相交，则应按与正身檩相交的对应做法画出，同时还要把在丈杆上已分排好的椽档点画到搭角檩的上面。

（3）檩出头尺寸：当搭角檩大于 90° 角时，搭角檩出头尺寸应按自身角度平行长出 1.5 倍檩径尺寸，当檩出头短于角云侧面外皮尺寸时，檩出头应按自身 1/5 直径尺寸加长，见图 7-26。

（4）画榫卯线：用方尺画扦围画檩盘头线、断肩线，画出十字搭角榫、象鼻子榫的巴掌榫、燕尾卯口、燕尾榫，在搭角檩上面标注位置编号，然后加工制作。

（5）盘头凿卯：用二锯把檩两端盘齐，开出十字搭角榫、象鼻子榫的

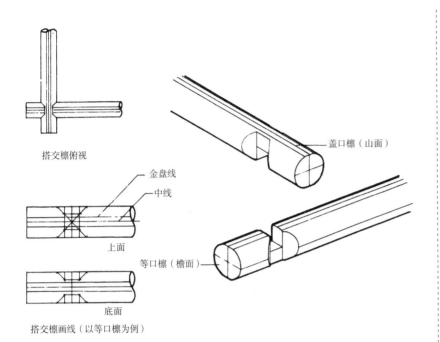

搭交檩俯视

金盘线
中线
上面

等口檩（檐面）

底面

搭交檩画线（以等口檩为例）

盖口檩（山面）

图 7-25 90°角搭交檩制作步骤

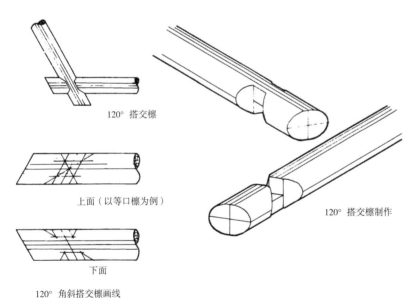

120°搭交檩

上面（以等口檩为例）

下面

120°角斜搭交檩画线

120°搭交檩制作

图 7-26 120°角搭交檩制作步骤

巴掌榫、燕尾卯口、燕尾榫，断肩用凿子剃做出燕尾卯口，用刨子刮出上下面的金盘线。

7.6.5 梢檩制作

（1）弹画中线：首先在已经刨好的檩料两端画上迎头十字中线，每一端的两条十字中线要垂直平分，两端对应的中线要互相平行。引迎头十字中线弹在檩长身上，弹线后根据檩四面好坏定出檩上下面，要好面朝外，见图 7-27。

（2）画盘头线：在搭角檩一端点画出柱中轴线，以柱中轴线向里取檩径 3/10 尺寸点画出此端燕尾卯口线，或向外点画出燕尾榫的榫长线，以柱中轴线为准线，用相对应面阔的檩丈杆点画出柱中到柱中面阔尺寸线，再以此线向外取四椽四档尺寸，点画出梢檩的总长度，同时还要把在丈杆上已分排好的椽档点画到梢檩上面。

（3）画榫卯线：用方尺画扦围画檩盘头线、断肩线，画出象鼻子榫的巴掌榫、燕尾卯口、燕尾榫，在梢檩上面标注位置编号，然后加工制作。

（4）盘头凿卯：用二锯把檩两端盘齐，开出十字搭角榫、象鼻子榫的巴掌榫、燕尾卯口、燕尾榫，断肩用凿子剃做出燕尾卯口，用刨子刮出上下面的金盘线。

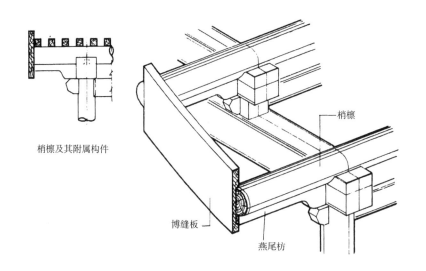

梢檩及其附属构件

图 7-27　梢檩制作步骤

7.6.6　质量标准

1. 保证项目

（1）檩（桁）类构件的榫卯规格、做法必须符合有关营造法则规定及以下标准。

（2）檩（桁）构件通常延续连接，接头处燕尾榫长度不小于檩径的 1/4，不大于檩径的 3/10，燕尾榫两边按燕尾榫卯长 1/10 做"乍"。

（3）檩（桁）转角十字搭交时必须做十字卡腰搭交榫，榫的水平截面为 1/2 檩径，十字卡腰搭交榫要"山压檐"，下檩的十字卡腰搭交榫垂直截面 1/2 檩径减 1 寸，上檩的十字卡腰搭交榫垂直截面檩径的 1/2 加 1 寸，开闸口 1 寸。

（4）檩（桁）与其他构件上下相叠时，上下面必须做金盘，金盘宽不大于3/10、不小于1/4檩（桁）径。

（5）圆形、扇形建筑的弧形桁（檩）弧度必须准确，符合样板。

（6）扶脊木两侧椽椀深度不小于椽径的1/3，不大于椽径的1/2。

（7）所有檩（桁）类构件榫、卯加工要松紧适度，对应榫、卯形状、大小、宽窄一致，开榫按线中下锯，榫外壁铲拉平整，不得有凸鼓，锯解面要平整，不得走锯凹凸。

（8）文物古建筑檩（桁）的长、短、截面、榫、卯规格、尺寸及做法必须按原做法不变。

2．基本项目

（1）合格：桁（檩）的四面中线、椽花线准确清楚，表面浑圆直顺，无明显疵病，符合设计要求。

（2）优秀：两端断肩、盘头平整，截面平行一致，无疵病，符合设计要求。

3．允许偏差项目

檩（桁）类构件的允许偏差项目见表7-8。

允许偏差项目表　　　　　　　表7-8

序号	项目	允许偏差（mm）	检验方法
1	构件截面直径尺寸	±1/50 檩径	尺量实测
2	扶脊木椽椀中距	±1/20 椽径	尺量实测
3	榫、卯上下面和内外壁平整度	±0.5	搭尺测量

7.7　椽、望板类木构件制作

适用于圆檐椽、方檐椽、圆花架椽、方花架椽、脑椽、罗锅椽、飞椽、圆翼角椽、方翼角椽、翘飞椽、里口木、小连檐、大连檐、基枋条、椽椀、闸挡板、望板等构件的加工。

7.7.1　材料要求

（1）选备材料必须严格把关，木基层所使用的木材必须经过木材检验部门的检测，确定其名称、种类、材质，做好抗拉、抗压、抗剪等强度实验。做好木材含水率测试，实验结果必须达到国家木结构规范要求，设计对材料有特殊要求时，应符合设计要求。

（2）椽、望类木基层构件材质要求应符合表7-9的规定。

（3）木构件的防虫蛀、防腐处理应符合设计要求及有关规范的规定。

椽望类木基层构件材质要求 表 7-9

类别	腐朽	木节	斜纹	虫蛀	裂缝	髓心	含水率
椽类构件	不允许	死节不允许，活节不得大于椽径的 1/3	斜率不大于 8%	不允许	外部裂缝不得大于椽径的 1/4，不允许轮裂	不限	不大于 20%
连檐类构件	不允许	正身连檐允许活节占构件截面积的 1/3，翼角连檐活节不得超过截面积的 1/5，不允许有死节	正身连檐斜率不大于 8%，翼角连檐斜率不大于 5%	不允许	正身连檐裂缝不得超过截面积的 1/4，翼角连檐不允许有裂缝	不允许	不大于 20%
望板类构件	不允许	活节面积之和不超过板宽的 2/5，允许有少量死节	斜率不大于 12%	可有轻微虫眼但不影响使用	横望板不限，顺望板不超过板厚的 1/3	不限	不大于 20%

7.7.2 椽、望板制作工艺

1. 工艺流程

毛料→加工规格椽毛料→打截荒椽料→刨光加工成规格净椽料→盘头绞掌→码放在指定位置以备安装。放大样做出檐椽、花架椽、脑椽交掌样板，做出飞椽样板，做出翼角椽、翘飞椽的翼角搬增样板，用文字标明。

2. 圆檐椽制作

（1）圆檐椽放样：如设计无规定时，圆檐椽直径，大式 1.5 斗口，小式 1/3 檐柱径，椽长檐步架加 2/3 上檐出乘举斜系数，按上述尺寸放大样并制作样板。

（2）圆檐椽粗加工：把选择出的直径适合制作圆檐椽的荒料，按椽长加盘头出荒份打截，在檐椽两端画迎头十字线，以此线为准，用椽径样板套画出八方、十六方，然后用机具将椽子刮圆净光。

（3）画十字中线和盘头线：引迎头十字线弹画到椽子长身上，用檐椽样板画出椽长和椽子盘头线，交掌盘头线取椽径的 3/10 弹出椽子金盘线。

（4）盘椽头、画金盘线：按弹线用锯盘椽头，用刨子刮出金盆线，按编号码放到指定位置以备安装。

3. 方檐椽制作

（1）方檐椽放样：如设计无规定时，圆檐椽直径，大式 1.5 斗口，小式 1/3 檐柱径见方，椽长檐步架加 2/3 上檐出乘斜系数，按上述尺寸放大样并制作样板。

（2）方檐椽加工：按放样线将方檐椽规格料盘头截荒，用檐椽样板画出椽长和椽子盘头线，交掌盘头线取椽径的 3/10 弹出椽子金盘线。

（3）盘椽头、画金盘线：按弹线用锯盘椽头，用刨子刮出金盘线，编号码放到指定位置，以备安装。

4．飞椽制作

（1）飞椽放样：椽头长按檐出 1/3 乘斜度系数取值，椽尾取椽头长的 3 倍放样并加工。

（2）其他制作程序同檐椽。

5．望板制作

（1）顺望板厚取椽径的 1/2，宽取一椽加一椽档尺寸，长随步架椽长，上下作交掌，底面刨光，按编号码放，以备安装。

（2）横望板厚取 0.5~0.6 寸，长不小于 1.2m，每块横望板的两侧边做成柳叶边，按编号码放，以备安装。

7.7.3 质量标准

1．保证项目

（1）椽望类（木基层）构件，在通常情况下，做法必须符合有关营造法则规定及设计规定的尺寸标准。

（2）飞椽必须方正直顺，尾子一头三尾。

（3）翼角椽、翘飞椽撇度、翘度、椽头长度必须符合建筑形制上营造法则的要求，符合冲三翘四撇半椽（椽径的 2/5）、冲三翘二五撇半椽（椽径的 2/5）的规定。

（4）文物古建筑椽望类的截面规格、尺寸及做法必须按原做法不变。

2．基本项目

（1）椽类构件圆椽表面浑圆直顺，方椽表面平正直顺，无明显弊病，符合设计要求。

（2）椽头盘头平整，截面平行一致，无明显弊病，符合设计要求。

（3）翼角椽、翘飞椽撇度、翘度、椽头长度必须符合建筑形制上营造法则的要求，符合冲三翘四撇半椽（椽径的 2/5）、冲三翘二五撇半椽（椽径的 2/5）的规定。

3．允许偏差项目（表 7-10）

允许偏差项目表　　　　　　　　表 7-10

序号	项目	允许偏差（mm）	检验方法
1	圆椽子截面尺寸	椽径	尺量实测
2	方椽子（或飞椽子）截面尺寸	±1/30 截面高（宽）尺寸	尺量实测
3	翼角椽、翘飞椽子撇度	±1/50 截面尺寸	尺量实测
4	大、小连檐平直度	±3	尺量实测
5	望板底面刨光平度	±1	尺量目测

7.8 翼角木构件制作

翼角主要由角梁（老角梁、仔角梁）、翼角椽、翘飞椽及大连檐、小连檐等组成。角梁设于建筑转角处，前端与搭交檐檩（挑檐桁、正心桁）相交，后尾与搭交金檩或柱相交。

角梁用材要求同梁架，翼角椽选料标准见表7-9。

7.8.1 翼角角梁木构件制作

外转角梁按做法分为扣金做法、插金做法、压金做法三种。

1. 扣金角梁制作

（1）定水平投影尺寸：先在平板上弹出一条直线，定位角梁的中线，按建筑物檐（或廊）步架、出檐及正心与挑檐桁中－中平面尺寸加斜，确定老、仔角梁与桁檩的交点 G、F、E，见图7-28（a）。然后由交点加冲，确定角梁出挑长度 B、D 交点。

（2）画角梁宽窄和桁檩位置：过 G、F、E 点画桁檩中线，按中线画出桁檩直径和角梁的宽度，由此得到桁檩与角梁中线和外侧尺寸的交线，即老中、外由中、里由中交点，见图7-28（b）。

（3）角梁实际长度放样：按檐步架举架高度加斜，放角梁实长斜线，过水平投影 B、D、G、F、E 点作垂线交于斜线，确定角梁端部、檐檩、金檩位置，见图7-28（c）。

（4）按角梁权衡尺寸放样画线，见图7-28（d），按角梁画好的图样锯解样板，见图7-28（e）。

（5）角梁排料、放样、用工具锯解构件，按要求编号、码放。

2. 插金角梁的放样

俗称刀把做法，指角梁后尾做榫插入柱中的做法。当建筑物为重檐做法时，下层檐角梁后尾不与搭交金檩相交，只能插入金柱中。

（1）定位放线：做法同扣金角梁，找准搭交檐檩和檐桁中线，然后角梁由檐桁中线交点加冲，确定角梁出挑长度。找准角梁后尾的标高线，定出梁高线和翘高线，见图7-29。

（2）后尾榫形式：仔角梁做半榫。老角梁可做透榫，后尾出榫部分做成方头或麻叶云头。采用何种做法看建筑形式和用途。

（3）制作插金角梁构件：校对尺寸制作样板，用样板排料、放样、用工具锯解构件，按要求编号、码放。

3. 压金角梁的放样

做法指角梁后尾压在金檩上，用于步架过小的建筑。该类建筑通常一

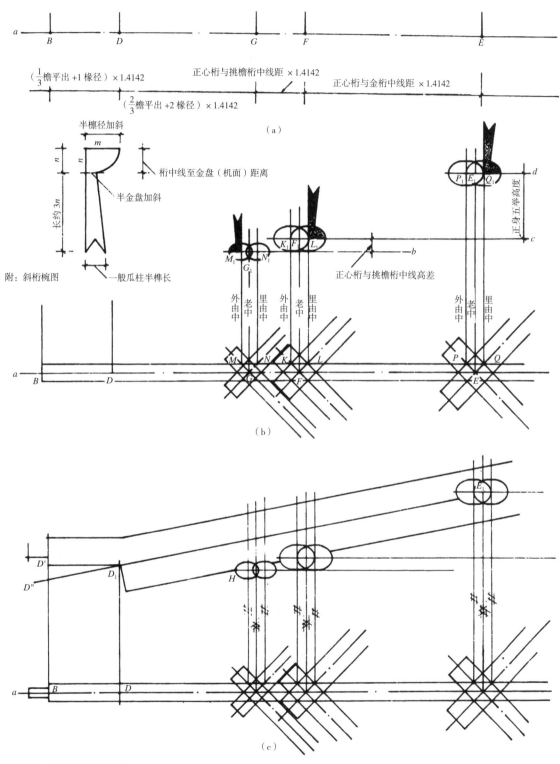

图 7-28 扣金角梁制作步骤

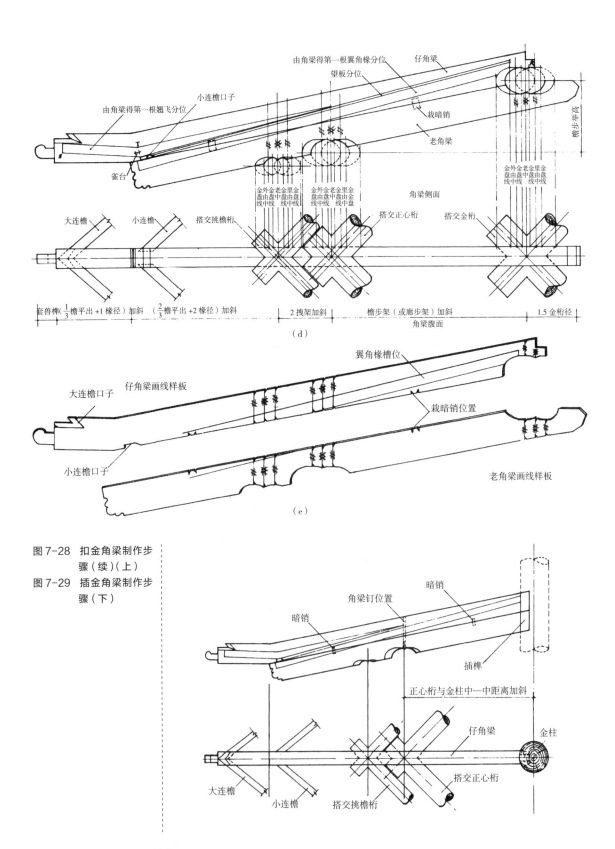

（d）

（e）

图 7-28 扣金角梁制作步
　　　　骤（续）（上）
图 7-29 插金角梁制作步
　　　　骤（下）

步架到顶，故无法采用扣金的做法，如游廊转角处，其仔角梁的形式如翘飞椽压扣在金檩上。

（1）定尺寸放线：做法同扣金角梁，确定搭交檐檩和檐桁中线，确定角梁中线，然后由角梁与檐桁中线交点加冲，确定角梁出挑长度；确定檐步架标高线，定出梁高线和翘高线；角梁后尾与脊步椽做搭扣榫结合。

（2）放样程序：画出搭交檐檩和檐桁中线，过中线交点弹出角梁中线。按角梁截面宽度和檐檩宽度，弹线定出老中线和里外由中线；引老中、由中线垂线，画出角梁侧立面搭交檩定位中线，确定角梁翘高和举架高，见图7-30。

（3）制作样板：校对尺寸、检查檩椀准确度，按画线锯解样板。

（4）制作压金角梁构件：校对尺寸，制作样板，用样板排料、放样，用工具锯解构件，按要求编号、码放。

4.多角形建筑角梁的放样

六角形、八角形等多边建筑的角梁放线法与方形建筑基本相同，不同之处主要是角度和桁椀形状等方面。

（1）定角度：做六方和八方尺，角度分别为120°、135°。

（2）弹角梁中线：定出檐步斜步架位置和尺寸（六角檐步架×1.1547、八角檐步架×1.08），仔角梁、老角梁梁头分别加冲。

（3）确定角梁宽度、高度：找出老中线、由中线位置，沿中线作垂线，画出梁高度和宽度。

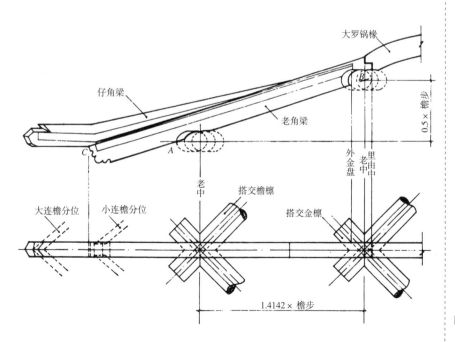

图7-30 压金角梁制作步骤

（4）画后尾榫、六方和八方檩椀，画出角梁实样。锯解、编号、码放备用，见图7-31。

（5）角梁头饰尾饰及桁椀榫卯的放样做法，见图7-32。

5．窝角梁的构造、放样和制作技术

（1）窝角梁位置：窝角梁处于屋面凹角转角处（即凹角梁），清工部《工程做法则例》中称为里掖角梁、里角梁，是承接里转角蝼蛄椽的构件，上部扣有仔角梁，也称角梁盖。

窝角梁平面投影处于与两侧檐椽各成45°角的位置，后尾扣交于交金檩上，前端交于凹角桁檩上，使两侧檐口水平交圈，见图7-33。

窝角桁檩有两种交接方法：一种是搭交桁檩做法；另一种是合角榫做法，搭交桁檩做法优于合角榫做法。也可将老角梁和仔角梁用一根木做成，如牌楼和游廊等，该做法应用得较少。

角梁头饰同转角梁，大式建筑做套兽榫，小式建筑做三岔头，但不起峰。大连檐做合角榫。窝角梁两侧与蝼蛄椽相交处一般不剔椽椀。

（2）窝角梁尺寸：高3斗口（2椽径），厚3斗口，仔角梁头部断面同窝角梁，后尾呈楔子形，窝角梁、仔角梁长度分别由檐口和飞檐口处外伸1/2椽径，窝角梁不冲出翘起，在立面上同檐椽、飞椽上皮相平，构造上与出角梁有不同之处。

（3）窝角梁的放样程序：同转角梁，先放一条直线作为角梁中线，按设计的檐步架平出尺寸×1.4142，确定出斜步架和斜檐出的距离；在中线上点出金桁檩A、挑檐桁檩B、檐椽口线C、飞椽口线D各点，放出老角梁和仔角梁尺寸；按截面宽度画出各构件平面位置线，找出老中、由中线，沿中线作垂线，定出梁各点高度线，画出角梁实样。

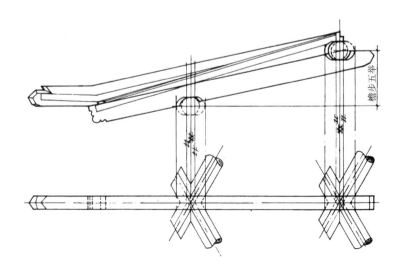

图 7-31 大于 90°角梁制作步骤

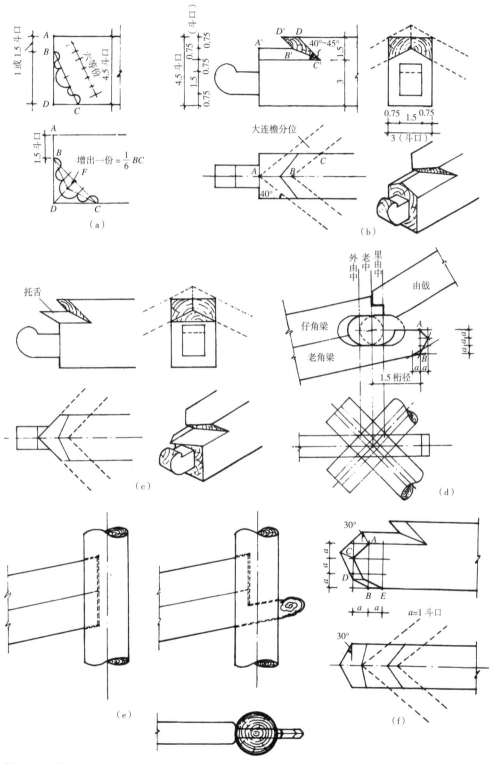

图 7-32　角梁、头饰尾饰制作放样

中国古建筑木作技术

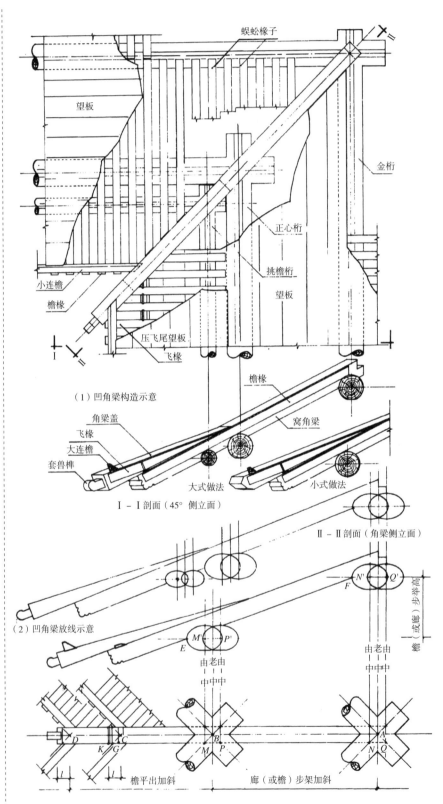

蜈蚣椽子

望板

金桁

正心桁

挑檐桁

望板

小连檐

檐椽

压飞尾望板

飞椽

（1）凹角梁构造示意

檐椽

角梁盖

飞椽

大连檐

窝角梁

套兽榫

大式做法

小式做法

Ⅰ－Ⅰ剖面（45°侧立面）

Ⅱ－Ⅱ剖面（角梁侧立面）

（2）凹角梁放线示意

由老由

中中中

由老由

中中中

檐平出加斜

廊（或檐）步架加斜

图 7-33　窝角梁放样制作
　　　　步骤

170

（4）制作窝金角梁构件：校对尺寸制作样板，用样板排料、放样，用工具锯解构件，按要求编号、码放。

7.8.2 翼角椽木构件制作

翼角椽是檐椽在转角处的特殊形式，翼角椽根部在角梁排列处有积聚性。头部有撇向，由此构件排列和制作有其特殊性，见图7-34。

7.8.2.1 翼角椽位置

贴近角梁的翼角椽为第一根翼角椽，与正身椽相邻的翼角椽为最末一根翼角椽。平面投影，第一根翼角椽与最末一根翼角椽夹角略小于角梁与正身檐椽之间的夹角，第一根翼角椽尾部在角梁2/3长度处，90°转角建筑第二、第三根……翼角椽尾按椽径的4/5等距依次向后移。120°、135°转角分别按0.5和0.4椽径的1/2和2/5等距推移。

7.8.2.2 规范要求

（1）第一根翼角椽头撇1/3椽径，第一根翘飞椽头撇1/2椽径；翼角大连檐必须用手锯或薄片锯锯解破缝。

（2）翼角椽冲出长度尺寸：由于角梁比正身椽出挑长，因此翼角处椽子冲出长度不等（翼角椽长度相等），第一根冲出最长，接近老角梁冲出长度（2椽径），依次递减。

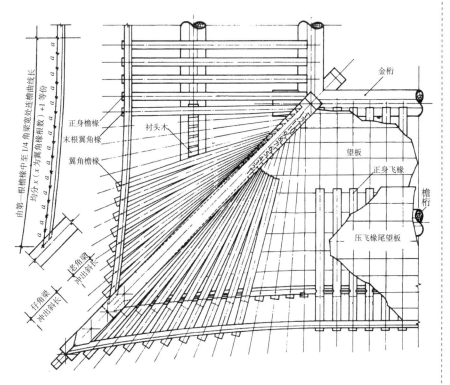

图7-34 翼角椽的排列

（3）翼角椽根数的确定：翼角椽根数随建筑檐步架长短、出檐大小、斗栱出踩多少等因素而变。清代翼角椽常取奇数，规模较小的建筑每面可设 7、9、11 根，大式建筑可设 15、17、19 等根数。

7.8.2.3　翼角椽的弹线和制作

为了将翼角椽与角梁结合在一起，须将翼角椽的后尾砍制成楔形（称铰尾子），方形翼角椽头部还要砍成角度不同的菱形，圆翼角椽也要确定椽头撇向问题。

1. 方形翼角椽的放线和制作

（1）放线前的准备工作：制作椽头撇向搬增板、活尺、铰尾子用弹线卡具。

椽头撇向搬增板制作：将一边刮直（工作边），用 90°方尺按椽断面弹画一方框，在底边上取 1/3，按翼角椽根数将这段分成若干份，见图 7-35。

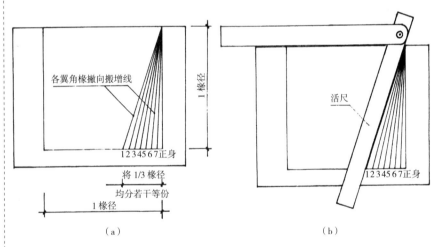

图 7-35　方形翼角椽撇向搬增板制作与使用
（a）翼角椽头撇向搬增板；
（b）翼角搬增板的使用

方形翼角椽的卡具制备，准备两块 1.5cm 厚的薄板（长宽需按椽径大小确定），分别做头部和尾部卡具。

（2）头部卡具做法：垂直于底边画中线，以此线分中、刻口，刻口宽、高均为 1 椽径，在刻口两侧边各取椽径的 4/5，按椽数均分，依次标明编号。

（3）尾部卡具做法：垂直于底边画中线，以此线为中轴，在板上刻 1 长方形口，宽为 1 椽径，高为 1.33 倍椽径，在上口的中线两边各取椽径的 2/5，按椽数均分，依次标明编号，见图 7-36。

（4）备料和标写翼角椽位置号：备料是按翼角搬增线所标的角度，在用料木板上依次画迎头线在大面上弹线，按线锯解断面呈菱形的单根椽子，见图 7-37。

（5）方形翼角椽的铰尾子弹线：将弹线卡具固定在工作台上，头部卡具固定在距椽尾约为椽长 8/10 的位置，尾部卡具距椽头距离依据翼角椽

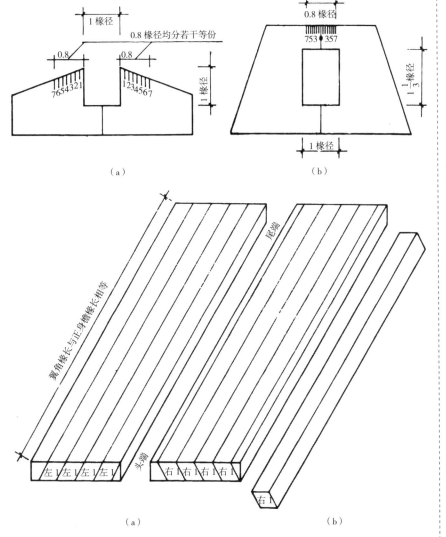

图 7-36　方形翼角椽卡具
制作与使用
（a）方形翼角头部放线样板；
（b）方形翼角尾部放线样板

图 7-37　方形翼角椽排料、
放线、锯解
（a）按搬增板在木板上放线；
（b）按线锯解成单根待用

排列的疏密调整，即可弹线。先弹第一根，将椽尾部插于卡具方孔中，头部探出卡具 2/10，然后两人操作弹线，见图 7-38。

2. 圆形翼角椽的放样和制作

1）圆形翼角椽的弹线放样准备工作

做法同方形翼角椽，只是铰尾卡具的刻口和挖孔形式不同，头部卡具刻半椽椀，尾部卡具挖一个整椽椀。搬增板、活尺、头尾标尺与方形翼角椽相同，见图 7-39。

2）砍刨金盘确定翼角椽所在位置

圆形翼角椽不利于固定连檐，由此与连檐交接面要砍出金盘，金盘平面宽度为椽径的 3/10。

173

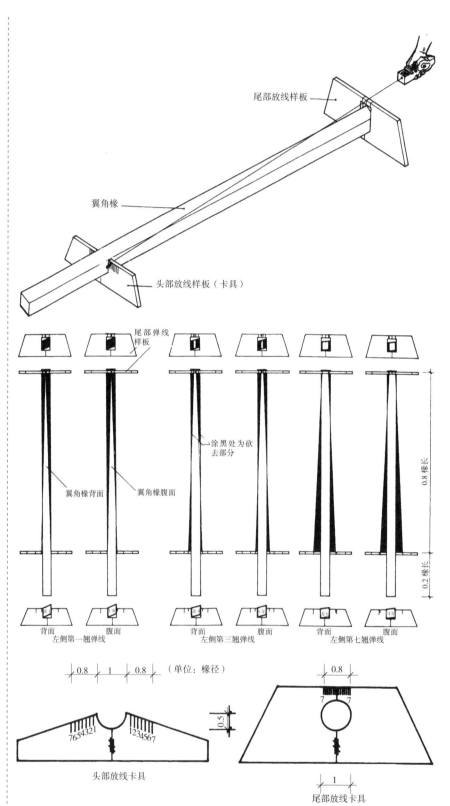

尾部放线样板

翼角椽

头部放线样板（卡具）

尾部弹线样板

涂黑处为砍去部分

翼角椽背面

翼角椽腹面

0.8椽长

0.2椽长

图 7-38　方形翼角椽正反面弹线，铰尾子

背面　　腹面　　　　　背面　　腹面　　　　背面　　腹面
左侧第一翘弹线　　　　左侧第三翘弹线　　　左侧第七翘弹线

0.8　1　0.8　（单位：椽径）

0.5

0.8

7　7

7654321　1234567

1

头部放线卡具

尾部放线卡具

图 7-39　圆形翼角椽卡具制作

翼角椽的撇向和各自的具体位置确定：将翼角椽搁置在卡具上，金盘面朝上与工作台面平行，在椽子迎头过中心点画金盘面的垂线，垂线垂直于工作台面；用活尺从撇向搬增板上，讨下（锯截出）该椽的撇度，按该角度过椽中心点画中线，见图 7-40（a）；然后将椽子转动，使该撇向中线与工作面垂直，此时金盘面的位置方向，是实际与连檐连接的位置，见图 7-40（b）；随后在椽头上编写左一、右一、二等编号。

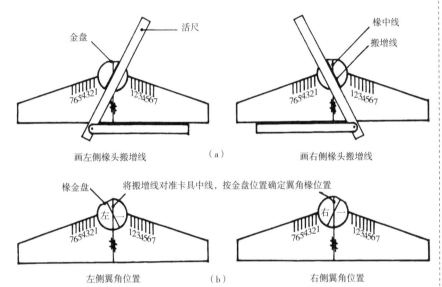

画左侧椽头搬增线　　（a）　　画右侧椽头搬增线

将搬增线对准卡具中线，按金盘位置确定翼角椽位置

左侧翼角位置　　（b）　　右侧翼角位置

图 7-40　圆形翼角椽放线位置

3）圆形翼角椽的弹线和制作

做法同方形翼角椽，将椽头和尾固定在卡具上，两卡具板相距椽长的 4/5，椽子头探出头部卡具 2/10 椽长，使金盘转动到与椽子所在位置一致的方向上，撇向中线与工作面垂直，并与卡具中线重合，然后开始弹线。与角梁贴近的第 1 根椽子，贴近角梁一侧，将两端线头按在刻度"0"上弹线，另一侧将两端线头按在刻度"1"上弹线，然后翻转 180°以同样的方法弹椽子腹部线。校核弹线的准确性，按弹线位置将尾部两腮多余部分砍去。按此方法，依椽子先后顺序弹线、砍腮、编号、草验、分组摆放，以备安装，见图 7-41。

3. 翘飞椽木构件制作

1）翘飞椽的形状与角梁的关系

翘飞椽是正身飞椽在翼角处的特殊形式，仔角梁在角部出冲起翘，使飞椽撇角度和起翘发生了变化，翼角处飞椽椽身形成头部起翘的折线形，翘飞椽椽头呈不同角度的菱形，随小连檐冲出的曲线角度变化扭脖子（称翘飞母），见图 7-42。

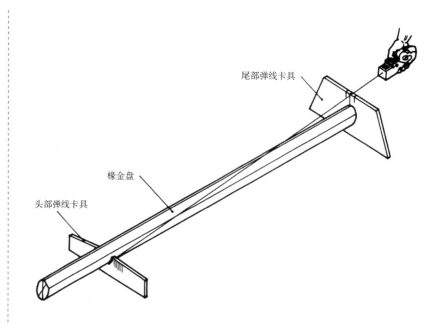

尾部弹线卡具

椽金盘

头部弹线卡具

图 7-41　圆形翼角椽放线

2）翘飞椽的尺寸与角梁的关系

由于角梁起翘的影响,翘飞椽长度、起翘高度、扭脖子角度随位置不同,由角梁处第 1 根翘飞椽起,呈等差级数递减。第 1 根翘飞椽最长,起翘最高,见图 7-42。

3）翘飞的放样、制作

（1）排翘飞长度杆和翘度杆制作

由角梁侧面翘飞分位,得到第 1 根翘飞椽投影图的长度、翘度,将正身飞椽的头和尾与翘飞的头和尾相比较,排出翘飞翘度杆和长度杆,将第1 根翘飞椽与正身飞椽头、尾的长度差,以及翘飞椽的翘飞母刻画到木杆上,按翘飞根数均分头、尾长度差和翘飞母,制作成翘飞长度杆,作为弹放各翘飞椽长度和扭脖子尺度的依据,见图 7-43。

将角梁一侧第 1 根翘飞投影图的头部和尾部端点连线,过扭脖子转折点作垂线,头尾连线在垂线上截得翘飞高度。将这段高度画到小木杆上,并且按翘飞的根数均分这段高度,标出序号。形成每根翘飞的起翘高度,即做成翘度杆,见图 7-43。

（2）制备翘飞头撇度和翘飞母扭向的搬增板制作

翘飞椽的撇度由〝冲三翘四撇半椽〞的工程定语来确定。第 1 根翘撇度为半椽,其余依次减小。搬增板制作方法同方形翼角椽,在两块薄板上用直角尺各画出一方框,在方框底边线上分别截画椽径的 1/2 和椽径的 4/5,并按翘飞根数均分底边线,标上点画线的编号,依次将编号与右上角 A 点连线,做成各翘飞撇度搬增板,见图 7-44。

176

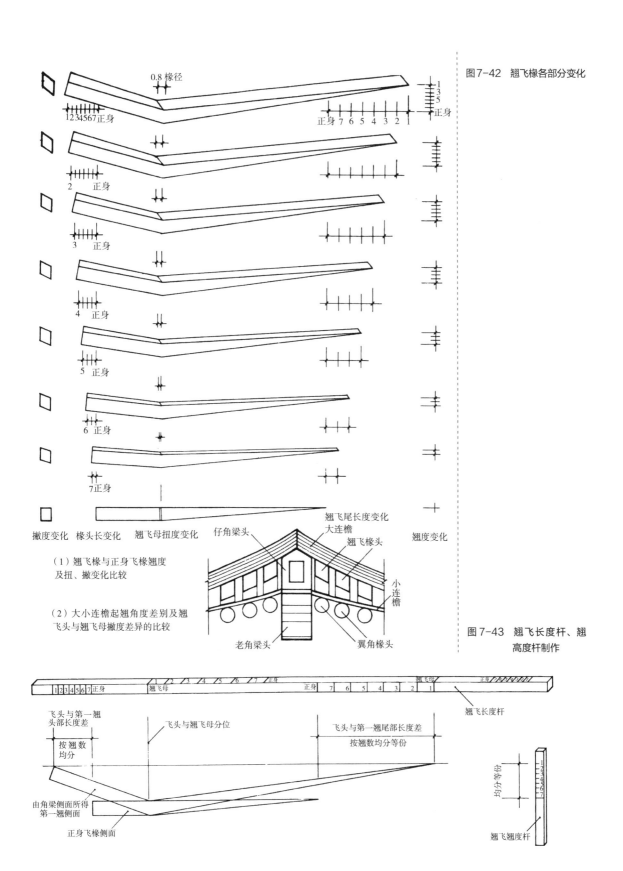

图 7-42　翘飞椽各部分变化

0.8 椽径

1234567正身

正身 7 6 5 4 3 2 1

2　正身

3　正身

4　正身

5　正身

6　正身

7正身

撇度变化　　椽头长变化　　翘飞母扭度变化

翘飞尾长度变化
大连檐
翘飞椽头
小连檐
仔角梁头
翘度变化

（1）翘飞椽与正身飞椽翘度
　　及扭、撇变化比较

（2）大小连檐起翘角度差别及翘
　　飞头与翘飞母撇度差异的比较

老角梁头　　　　翼角椽头

图 7-43　翘飞长度杆、翘
高度杆制作

1234567正身　　翘飞母　　1 2 3 4 5 6 7 正身　　正身 7 6 5 4 3 2 1 翘飞母　　正身

翘飞长度杆

飞头与第一翘
头部长度差
按翘数
均分

飞头与翘飞母分位

飞头与第一翘尾部长度差
按翘数均分等份

由角梁侧面所得
第一翘侧面

正身飞椽侧面

均分等份

1234567

翘飞翘度杆

177

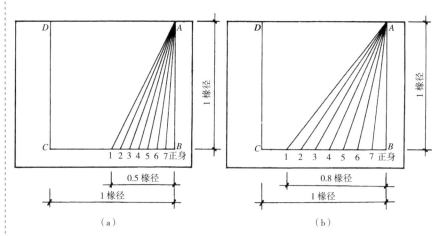

**图7-44 翘飞扭度、撇度
搬增板制作**
（a）翘飞头撇向搬增板；
（b）翘飞母扭度搬增板

（3）翘飞椽按长度和翘度杆搬增板排料

翘飞椽采用1椽径厚的宽木板制作，翘飞板料一般为荒料，须先行排版、截料。排料时，应考虑套截板料，节省木料。

排宽度：由于翘飞椽是折线形，宽度选料时，第1根翘飞板板宽应满足如下要求，确定出第一翘飞椽的板宽，按翘起高度加撇半椽尺寸再加4倍椽径（四角同时排四根，需考虑锯口和椽子加荒，比正身大），以此方法确定其他翘飞椽板宽。

排长度：先号第一翘飞椽长度，然后号第二、第三翘，翘飞板长度应满足一头加一尾再加一头，再加两端长荒料（约2椽径）。翘飞椽为省料，一般对头套放线，由四根翘飞椽组成的板宽，多加一头长度，可锯解八根翘飞椽，见图7-45。

（4）翘飞放线程序

先在预排的大板料一直边内弹一基准线，基准线平行于板边，基准线与板边的距离等于翘飞母处的撇度。将翘飞长度杆平行于基准线，在基准线上点画出翘飞头、尾、翘飞母各点，过各点画基准线的垂线。以第一根飞椽为例放线，建筑有几个转角，就排几根，见图7-45（a）；用翘飞长度杆在各垂线上点画出翘飞椽的翘起高度尺寸，见图7-45（b）；过各点弹翘飞各点连线，见图7-45（c）；在板的侧面过大板面垂线棱边画翘飞母的扭度线交到背面的边棱，作为画背面垂线的依据；再在大板迎头按翘飞母的撇度及翘飞头的撇度画线，以备画背面线用，见图7-45（c）；将大板翻过来，按已备好的基准线、迎头线和垂线画背面大板线，见图7-45（d）。

（5）锯解刨光

翘飞椽既有扭度，又有撇度，锯解时两人合作，将板侧立固定，用长手锯按放线标志锯解后刨光。成品编号、码放以备用，见图7-46。

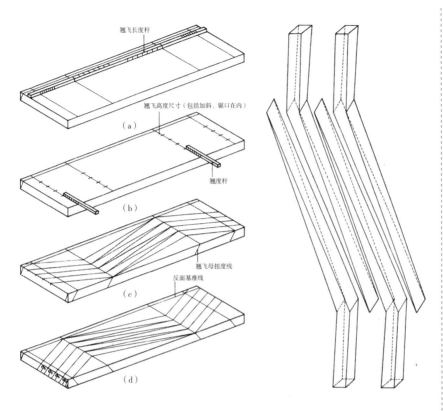

翘飞长度杆

翘飞高度尺寸（包括加斜、锯口在内）

（a）

翘度杆

（b）

翘飞母扭度线

反面基准线

（c）

（d）

图 7-45 翘飞椽放线程序
（左）
（a）按长度杆点尺寸、画线；
（b）按翘度杆点尺寸；
（c）按所点尺寸在大面弹线，并画出扭向搬增线；
（d）翻过板面，按程序点出尺寸，弹线
图 7-46 翘飞椽套裁锯解图（右）

7.8.3 翼角木构件质量标准

翼角由于其特殊性，质量要求严格按前述梁、椽、望板工程质量标准控制，以保证安装时误差在工程质量允许范围内，见表 7-9、表 7-10。

7.9 斗栱木构件制作

7.9.1 平身科斗栱的制作

适用于清官式做法昂、翘斗栱的制作与安装。

1. 主要机具

（1）电动工具：圆盘锯、带锯、曲线锯、平刨、压刨、手提刨、开榫机、磨光机等。

（2）手工工具：直线锯、曲线锯、手推平铇、手推净铇、曲线铇、扁铲、平凿、圆凿、刻刀、木锉、斧子、钉锤、砂纸、红铅笔、黑铅笔、墨斗、画签、线坠、水平尺、盒尺、方尺、角尺、活动角尺、尺板、工具袋。

2. 材料要求

（1）昂翘斗栱用材一般采用天然生长的优质红、白松风干料为制作原材料，根据斗栱各分件对材质的不同要求，其用材的标准应符合表 7-11 的规定。

（2）昂翘斗栱柱头科、角科坐斗用材宜使用硬杂木，如柏木、桦木、落叶松木等。

（3）昂翘斗栱昂嘴等处构件用材，可根据实际情况粘（拼）接，但必须用木螺钉固定，并将钉帽卧进木材中，表面用同树种、同纹理木材嵌实补平。

（4）昂翘斗栱制作用胶的各项指标必须符合国家有关规范标准。

3.制作工艺流程

熟悉图纸→确定分件尺寸及做法→放大样→制作样板→加工规格料→依样板画线→分件制作→试装摆验→捆绑存放→成品运输→制定整体安装顺序→安装位置抄平找方→定位裁销→拉线安装。

4.熟悉图纸

（1）通过熟悉图纸及设计交底详细了解建筑物的功能做法、构造特点、设计意图及有无特殊的使用要求。

（2）熟悉昂翘斗栱各分件的扣搭、安装顺序、头尾组合，熟悉昂翘斗栱每层的构件组成。

（3）核实图纸上昂翘斗栱各部位的斗口尺寸，如攒档、拽架尺寸、构件长、宽、厚是否与传统权衡尺寸一致，避免误操作。

（4）核实个别部位的特殊做法，如构件是否减做、连做等。

5.确定分件尺寸及做法

根据施工图或文物建筑原有构件确定各分件的尺寸及做法，如无明确要求，应按以下规则确定：

昂翘斗栱构件用材标准表　　　　　　　　　　表7-11

构件类别	腐朽	木节	斜纹的斜率	虫蛀	裂缝	髓心	含水率	备注
坐斗	不允许	在构件任何一面、任何150mm长度内，所有木节尺寸的总和不得大于所在面宽的2/5，不允许有死节	不大于12%	不允许	不允许	不允许	不大于18%	斗栱中的受压构件
翘、昂、耍头、撑头木、桁椀	不允许	在构件任何一面、任何150mm长度内，所有木节尺寸的总和不大于所在面宽的1/4，不允许有死节，刻口卡腰保留部分不允许有木节	不大于8%	不允许	不允许	不允许	不大于18%	斗栱中纵向向外挑出的悬挑受弯、受压构件
单材栱、足材栱	不允许	在构件任何一面、任何150mm长度内，所有木节尺寸的总和不大于所在面宽的1/4，不允许有死节，刻口卡腰保留部分不允许有木节	不大于10%	不允许	不允许	不允许	不大于18%	斗栱中横向向两侧外挑的悬挑受弯构件
正心枋、内外拽架枋、挑檐枋、井口枋	不允许	在构件任何一面、任何150mm长度内，所有木节尺寸的总和不大于所在面宽的2/5，不允许有死节	≤10%	不允许	不允许	不允许	不大于18%	联系一间内各攒斗栱的衔接受弯、受压构件

（1）昂翘斗栱做法通用规定：凡斗栱构件相叠，必须栽木销。纵向构件及斜向构件相叠，每层用于固定的销子不少于 2 个，升、斗销子每件 1 个，挑檐枋及正心枋栽销间距不大于 1m。

（2）昂翘斗栱平身科做法的一般规定：平身科斗栱中横向（面宽）、纵向（进深）构件相交，均须"刻口卡腰"扣搭。刻口部位的要求：横向（栱）构件为"等口"，刻口向上，纵向（昂、蚂蚱头、撑头木）构件为"盖口"，刻口向下（即山面压檐面），各留 1/2。遇有"连做"构件，则可根据安装顺序灵活掌握。"刻口卡腰"必须两面"剔袖"，袖深 0.1 斗口。斗栱各构件刻口形式见单元五中基本构件图例。

（3）昂翘斗栱平身科分件尺寸及细部做法：纵向构件因斗栱踩数不同而头、尾饰搭配各异，不同的工程应根据不同踩数的斗栱灵活搭配，其间各相同刻口部位的尺寸、各纵向构件的长度，根据构件的种类、所处位置、踩数多少加出相应的拽架尺寸为全长。各横向栱的长度如设计无特殊要求的按传统清式权衡尺寸。

1）平身科坐斗（大斗）

平身科坐斗宽 3 斗口，深 3.25 斗口，高 2 斗口。斗底、腰、耳高比为 2：1：2；平身科坐斗用材的横切面与"翘、昂"口子相垂直；平身科坐斗斗耳部分双方向刻口。垂直于建筑物面宽方向刻"翘、昂"等口子，并于口子内做"鼻子"；平行于建筑物面宽方向（长向）刻"瓜栱"口子，并向下延续剔出"垫栱板"口子。

坐斗斗底部分四面做出"八字倒棱"，并凿出"销子眼"。"销子眼"的外缘做出"压棱"，斗底十字线延伸到斗底外棱。

2）平身科十八斗

平身科十八斗宽 1.8 斗口，深 1.4 斗口，高 1 斗口。斗底、腰、耳高比为 2：1：2；平身科十八斗用材方向与平身科坐斗同。平身科十八斗斗耳部分单方向刻口，刻口方向与纵向构件垂直；平身科十八斗在斗底四面做出"八字倒棱"；在向"翘"或"昂"身方向自斗腰至斗底做"袖"；在斗底做出"销子眼"，并在"销子眼"外缘做出"压棱"。

3）平身科槽升子

平身科槽升子宽 1.4 斗口，深 1.65 斗口，高 1 斗口。斗底、腰、耳高比为 2：1：2；平身科槽升子用材方向与平身科坐斗相同；平身科槽升子斗耳部分单方向刻口，刻口方向与纵向构件相垂直；平身科槽升子外侧自斗耳刻口处居中随槽升子外形向斗底延续剔 0.25 斗口宽、0.2 斗口深垫栱板入槽刻口；平身科槽升子在向"栱"身方向（内侧）自斗腰至斗底做"袖"；在斗底做出"销子眼"，并在"销子眼"外缘做出"压棱"。注：

槽升子通常采用与正心栱连做，另贴斗耳的做法。

4）平身科三才升

平身科三才升宽 1.4 斗口，深 1.4 斗口，高 1 斗口。斗底、腰、耳高比为 2：1：2；平身科三才升用材方向与平身科坐斗相同；平身科三才升斗耳部分单方向刻口，刻口方向与纵向构件相垂直；平身科三才升斗底部分四面〝八字倒棱〞，做出〝销子眼〞，并在〝销子眼〞外缘做出〝压棱〞。

5）平身科翘头

平身科翘头宽 1 斗口，高 2 斗口，长自最外或最里拽架中（即升、斗台中）再外出 0.5 斗口，全长另加自正心中至最外或最里拽架中尺寸；升、斗台：翘头上部做出升、斗平台并居中凿十八斗销子眼；向栱眼一侧自斗腰至斗底做十八斗〝人袖榫〞。翘头下部做卷杀，分为四瓣；栱眼：双面做栱眼，栱眼呈凸起状，三面刻深 0.1 斗口，向栱眼中部起弧。

6）平身科昂嘴

平身科昂嘴宽 1 斗口，高 3 斗口。长自最外拽架中外返 3.3 斗口为昂嘴长，构件全长为各拽架尺寸总和另加头、尾长度；昂头上部做出落升、斗平台并居中凿十八斗销子眼。向里一侧自斗腰至斗底做十八斗〝入袖榫〞；昂嘴脑部做〝凤凰台〞。做曲线形昂身，昂身背部呈圆弧形，前端做斜状昂头，昂嘴整体形状按〝起二回三，垂（嘴）七昂（脑）八搭拉十〞做法。

7）平身科蚂蚱头（耍头）

平身科蚂蚱头宽 1 斗口，高 2 斗口，长自出踩最外侧拽架中外返 3 斗口为长（按一拽架 3 斗口计），构件全长为各拽架尺寸总和另加头、尾长度；蚂蚱头头部的外缘呈折线状，依此外形在相应的位置〝起峰〞。

8）平身科撑头木

平身科撑头木宽 1 斗口，高 2 斗口，长自正心中至最外侧拽架中（三踩 3 斗口，五踩 6 斗口，七踩 9 斗口，九踩 12 斗口）；撑头木端头做上大下小燕尾榫，与檐枋连接。

9）平身科菊花头

平身科菊花头宽 1 斗口，高 2 斗口，长自最内侧拽架中里返 3 斗口为菊花头长（按一拽架 3 斗口计），构件全长为各拽架尺寸总和另加头、尾长度，菊花头前、下端等分做出内凹外凸的圆弧造型。

10）平身科六分头

平身科六分头宽 1 斗口，高 2 斗口，长自最内侧拽架中里返 1.1 斗口为平身科六分头长，构件全长为各拽架尺寸总和另加头、尾长度；六分头上部做出升、斗平台并居中凿十八斗销子。向正心一侧自斗腰至斗底做十八斗〝入袖榫〞；平身科六分头头部做折线造型。

11）平身科麻叶头

平身科麻叶头宽 1 斗口，高 2 斗口，长自最内侧拽架中里返 3 斗口为平身科麻叶头长（一拽架按 3 斗口计），构件全长为各拽架尺寸总和另加头、尾长度；麻叶头呈云状，外缘"起峰"，底部"起渠"。在外缘内的两侧平面上雕刻云纹斜棱，组成完整图案（即"三弯九转"）。

12）平身科桁檩

（1）平身科桁檩宽、高、长见表 7-12。

（2）平身科桁檩前端随挑檐檩圆弧做出云状造型；中间依正心檩半径做出"檩桁"；后端做出上大下小"燕尾榫"。

平身科桁檩尺寸表　　　　　　　表 7-12

名称	宽	高	长	备注
三踩平身科斗栱桁檩	1 斗口	4.25 斗口	6 斗口	一拽架按 3 斗口计
五踩平身科斗栱桁檩	1 斗口	3.75 斗口	11.5 斗口	同上
七踩平身科斗栱桁檩	1 斗口	5.25 斗口	17.5 斗口	同上
九踩平身科斗栱桁檩	1 斗口	6.75 斗口	23.5 斗口	同上

13）平身科足材（正心）瓜栱

平身科足材（正心）瓜栱厚 1.25 斗口，高 2 斗口，长至两侧栱外棱 6.2 斗口（如与槽升子连做则长至两端升外棱 6.6 斗口）；与纵向构件相交部位刻口留"袖"；两端栱头上部做出升、斗平台并居中凿槽升子销子眼，向栱眼一侧自斗腰至斗底做槽升子"入袖榫"，如与槽升子连做则升、斗台不做，在此位置"贴斗耳"，两端栱头下部做卷杀，分为四瓣，栱眼做法同翘；栱板槽榫：在两端栱头迎面居中随栱瓣外形剔 0.25 斗口宽、0.2 斗口深垫栱板入槽刻口；栱身销子眼：在两端栱眼上方凿构件固定销子眼各一个。

14）平身科单材瓜栱

平身科单材瓜栱厚 1 斗口，高 1.4 斗口，长至两端栱外棱 6.2 斗口；与纵向构件相交部位刻口留"袖"；在栱身上部的双面做"栱眼"，"栱眼"呈斜状平面；两端栱头下部卷杀分为四瓣；两端栱头上部升、斗台位置居中凿三才升销子眼。

15）平身科足材（正心）万栱

平身科足材万栱厚 1.25 斗口，高 2 斗口，长至两端栱外棱 9.2 斗口（如与槽升子连做则长至两端升外棱 9.6 斗口）；与纵向构件相交部位刻口留"袖"；两端栱头下部卷杀分为三瓣；其他做法同正心瓜栱。

16）平身科单材万栱

平身科单材万栱厚 1 斗口，高 1.4 斗口，长至两端栱外棱 9.2 斗口；与纵向构件相交部位刻口留"袖"；在栱身上部的两侧做"栱眼"，"栱眼"呈斜状平面。两端栱头下部卷杀分为三瓣；两端栱头上部升、斗台位置居中凿三才升销子眼。

17）平身科厢栱

平身科厢栱厚 1 斗口，高 1.4 斗口，长自厢栱中外返 3.6 斗口至栱外棱；与纵向构件相交部位刻口留"袖"；在栱身上部的两侧做"栱眼"（同万栱）；两端栱头下部卷杀分为五瓣；两端栱头上部升、斗台位置居中凿三才升销子眼。

18）平身科垫栱板、盖斗板、斜斗板

平身科垫栱板厚 0.25 斗口，高 3.4 斗口（单栱）或 5.2 斗口（重栱），长为相邻两攒斗栱净空长度另加两份入槽尺寸（0.2×2）；平身科盖斗板、斜斗板厚同垫栱板，宽、长随所处位置实际尺寸。

19）平身科正心枋、挑檐枋、拽架枋、井口枋

（1）平身科正心枋厚 1.25 斗口，高 2 斗口，长随面宽。位处正心栱上方的正心枋在两槽升间居中剔 0.25 斗口宽、0.2 斗口深垫栱板八槽刻口；各层正心枋之间、与正心檩之间须栽销固定，间距不大于 1m。

（2）平身科挑檐枋、拽架枋厚 1 斗口，高 2 斗口，长随面宽。挑檐枋与挑檐檩之间须栽销固定，间距不大于 1m。

（3）平身科井口枋厚 1 斗口，高 3 斗口（无吊顶 2 斗口），长随面宽。

7.9.2 柱头科斗栱的制作

1. 昂翘斗栱柱头科做法的一般规定

柱头科斗栱中横向（面宽方向）构件与纵向（进深）构件相交，位置处于桃尖梁下皮本层及以下层的构件均须"刻口卡腰"扣搭。刻口部位的要求：横向构件为"等口"，刻口向上；纵向构件为"盖口"，刻口向下，各留 1/2；"刻口卡腰"必须两面"剔袖"，袖深 0.1 斗口；位置处于桃尖梁下皮，本层及以上层的枋子不做"刻口卡腰"，仅在桃尖梁相应部位按枋子尺寸剔"袖"（卯），枋子与其直交；与桃尖梁相交的"里拽厢栱头"与桃尖梁榫卯相交。

2. 昂翘斗栱柱头科分件尺寸及细部做法

斗类及横向栱类构件所标尺寸、做法均为构件的完整尺寸做法，其纵向构件因斗栱踩数不同而头、尾饰搭配各异，头、尾饰部分尺寸、做法，不同的工程应根据不同踩数的斗栱灵活搭配，其间各相同刻口部位的尺寸、各纵向构件的长度，根据构件的种类、所处位置、出踩多少加出相应的拽

架尺寸另加头、尾饰为全长。各横向栱的长度除"里拽厢栱头"外，其余均同平身科斗栱。不同之处栱榫卯刻口尺度大，纵向构件随桃尖梁加厚。

1）柱头科坐斗（桶子大斗）

柱头科坐斗宽 4 斗口，深 3.25 斗口，高 2 斗口。斗底、腰、耳高比为 2：1：2；柱头科坐斗用材的横切面与"翘、昂"口子相垂直；柱头科坐斗斗耳部分双方向刻口。垂直于建筑物面宽方向刻"翘、昂"等口子，并于口子内做"鼻子"；平行于建筑物面宽方向刻"瓜栱"口子，并向下延续剔出"垫栱板"口子；坐斗斗底部分四面做出"八字倒棱"，并凿出"销子眼"。"销子眼"的外缘做出"压棱"；斗底十字线延伸到斗底外棱。

2）柱头科十八斗（桶子大斗）

柱头科十八斗宽 3.4 斗口（以五踩斗栱为准，凡遇踩数变化者柱头科十八斗宽度比上层构件的厚度宽出 0.4 斗口），深 1.4 斗口，高 1 斗口。斗底、腰、耳高比为 2：1：2。柱头科十八斗用材方向与柱头科坐斗相同；柱头科十八斗斗耳部分单方向刻口，刻口方向与纵向构件垂直。柱头科十八斗在斗底四面做出"八字倒棱"；在向"翘"或"昂"身方向自斗腰至斗底做"袖"；在斗底做出"销子眼"，并在"销子眼"外缘做出"压棱"。

3）柱头科槽升子、三才升

柱头科槽升子宽 1.4 斗口，深 1.65 斗口，高 1 斗口。斗底、腰、耳高比为 2：1：2；柱头科槽升子用材方向与柱头科坐斗同；柱头科槽升子斗耳部分单方向刻口，刻口方向与纵向构件相垂直。柱头科槽升子外侧自斗耳刻口处居中随槽升子外形向斗底延续剔 0.25 斗口宽、0.2 斗口深垫栱板入槽刻口；平身科槽升子在向"栱"身方向（内侧）自斗腰至斗底做"袖"；在斗底做出"销子眼"，并在"销子眼"外缘做出"压棱"。注：槽升子通常采用与正心栱连做，另贴斗耳的做法。三才升尺寸同平身科。

4）柱头科翘头

柱头科各踩翘头宽 2 斗口，九踩重昂重翘斗栱二翘宽 2.5 斗口，高 2 斗口，构件全长是各拽架之和加头、尾尺寸，升台、斗台、翘头卷杀、栱眼制作同平身科。

5）柱头科昂嘴

昂嘴宽见表 7-13，高 3 斗口，昂嘴长由外拽架中外返 3.3 斗口，其他做法同平身科。

6）柱头科桃尖梁

桃尖梁头尺度见表 7-14，桃尖梁头前段底部为折线形、顶部为曲线形，顶部随外形"起峰"、前端"桃尖"，桃尖梁两侧分别按出踩数开出对应的插厢栱、插万栱、拽架枋的卯口。

柱头科昂翘斗栱昂嘴宽度表　　　　　　表7-13

名称	昂嘴宽度	名称	昂嘴宽度
三踩单昂斗栱	2斗口	七踩单翘重昂斗栱头昂	2.67斗口
五踩单翘单昂斗栱头昂	3斗口	七踩单翘重昂斗栱二昂	3.3斗口
五踩重昂斗栱头昂	2斗口	九踩重翘重昂斗栱头昂	3斗口
五踩重昂斗栱二昂	3斗口	九踩重翘重昂斗栱二昂	3.3斗口

柱头科昂翘斗栱桃尖梁头尺寸表　　　　　　表7-14

名称	宽	高	长	备注
三踩斗栱桃尖梁头	4斗口	5.5斗口	8.5斗口	
五踩斗栱桃尖梁头	4斗口	7.75斗口	11.5斗口	桃尖梁头是指正心中以外的统称，长度随出踩加长
七踩斗栱桃尖梁头	4斗口	9.25斗口	14.5斗口	
九踩斗栱桃尖梁头	4斗口	10.7斗口	17.5斗口	

7）柱头科栱类构件制作

柱头正心瓜栱、正心万栱构件外形尺度、制作方法同平身科，只是与纵向构件相交刻口加大；单才瓜栱、单才万栱、厢栱外形尺寸同平身科，遇到桃尖梁被截断，分成两段变为插栱，每段栱长减去1/2桃尖梁宽度，再加与梁连接的插榫长，即为实长。

8）雀替木构件

雀替长取净面阔的1/4，高同额枋，厚为檐柱径的1/3，雀替下部栱形部分长取瓜栱长的1/2，高取2斗口，厚同雀替，端头作60°斜角，下部做凹峰斜度曲线，表面镂雕花式。尾部做大进小出榫，柱两侧雀替可连做。

7.9.3 角科斗栱构件的制作

1. 角科昂翘斗栱做法的一般规定

角科斗栱中纵横两个方向的斗栱相交，刻口、卡腰同平身科，与斜向构件相交顺序是纵向构件压横向构件，斜向构件压纵向构件，即斜向构件刻口在下，构件上部卡腰榫口留1/3，形成盖口；纵向构件上下刻口、构件卡腰榫口中部留1/3；横向构件上部刻口，形成等口，构件卯口下部卡腰榫口留1/3。斜向构件长度各细部榫卯尺寸均乘以所在位置的斜度系数。

2. 角科斗栱构件长度

翘昂角科斗栱构件交接较复杂，制作前分析构件之间上下、前后、斜向关系；转角处纵横构件连做，构件长度为纵横两个构件组合长度。头尾形式按构件所在纵横位置确定,同平身科形式。斜向构件长度要乘以斜度系数。

3.角科斗栱构件做法

1）角科斗栱坐斗构件制作

四边形建筑角科坐斗宽 3.25 斗口，多边形建筑角科坐斗宽在夹角中线两侧各返 1.625 斗口；深 3.25 斗口，高 2 斗口。斗底、腰、耳高比为 2：1：2；坐斗用材的横切面与"翘、昂"口子相垂直；坐斗斗耳部分纵横双方向加斜向刻口；平行于建筑物山面、檐面方向"瓜栱"刻垫栱板单向口子；坐斗斗底部分四面做出"八字倒棱"，并凿出"销子眼"。"销子眼"的外缘做出"压棱"。

2）角科斗栱十八斗、槽升子、三才升构件制作

角科十八斗宽 1.8 斗口，深 1.4 斗口，高 1 斗口。斗底、腰、耳高比为 2：1：2。柱头科十八斗用材方向与坐斗相同；十八斗斗耳部分单方向刻口，刻口方向与纵向构件垂直。十八斗斗底做法同柱头科。槽升子、三才升做法同平身科。

3）角科平盘斗

平盘斗宽 2.3 斗口（以斜头翘上平盘斗计算），若位置不同在下方斜向构件厚度基础上加出 0.8 斗口定为斗宽；深同宽，高 0.6 斗口，无斗耳，斗底比腰高为 2：1；斗盘用材的横截面垂直于斜向构件；斗盘底部做法同平身科，斗盘可与下部斜向构件连做，另贴斗耳。

4）角科纵横构件制作

角科纵横构件外形尺寸相同，只在榫卯开口方向上不同，制作方法同平身科。

5）角科斜昂嘴

昂嘴宽见表 7-15，高 3 斗口，昂嘴长由外拽架中外返 3.3 斗口并乘以昂所在位置的斜率，其他做法同平身科。

角科昂翘斗栱昂嘴宽度表　　　　　　　　　　　　表 7-15

名称	昂嘴宽度	名称	昂嘴宽度
三踩单昂斗栱头昂	1.5 斗口	七踩单翘重昂斗栱斜头昂	1.88 斗口
三踩单昂斗栱由昂	2.25 斗口	七踩单翘重昂斗栱斜二昂	2.25 斗口
五踩单翘单昂斗栱斜头昂	2 斗口	七踩单翘重昂斗栱斜由昂	2.63 斗口
五踩单翘单昂斗栱由昂	2.5 斗口	九踩重翘重昂斗栱斜头昂	2.1 斗口
五踩重昂斗栱斜头昂	1.5 斗口	九踩重翘重昂斗栱斜二昂	2.4 斗口
五踩重昂斗栱斜二昂	2 斗口	九踩重翘重昂斗栱由昂	2.7 斗口
五踩重昂斗栱由昂	2.5 斗口		

6）角科斜撑头木

角科斜撑头木宽同由昂，高2斗口，长自正心中至最外侧拽架中（三踩3斗口，五踩6斗口，七踩9斗口，九踩12斗口），另减榫长再乘以加斜系数。

7.9.4 质量标准

1. 保证项目

（1）昂翘斗栱制作必须符合设计要求和现行标准规定。

（2）昂翘斗栱各构件的材质以及各构件刻口卡腰部分材质必须符合表7-11的规定。

（3）昂翘斗栱各构件的外形尺寸必须足尺放样，准确无误。各层构件相叠组合后的高度、头尾雕饰的形状尺度、操作工艺必须符合设计要求和现行标准规定。

（4）昂翘斗栱各构件刻口、卡腰、槽、榫、袖、卯及销子的留置必须符合现行标准规定。

（5）昂翘斗栱单件制作完成后，在正式安装之前必须以"攒"为单位进行试装摆验，并分组码放，不得混淆。

2. 基本项目

（1）用材尺寸准确、方正直顺、表面平整光洁无"戗槎"。

（2）平身科斗栱各构件的外形与样板相符。构件的外棱及平直折角部分要求方正直顺；异形曲线部分要求圆润和缓，不呆板生硬。

（3）下料准确，成品构件截头、卷杀、起峰、起渠及内凹外凸的断面及构件各面要求平直光洁、棱角分明，基本无锯毛、铇痕及锤印。

（4）构件刻口、卡腰、槽、榫、袖、卯及销子等部位要求各面方正平直、略虚不涨、肩膀严实、松紧适度。

3. 昂翘斗栱制作的允许偏差和检验方法

昂翘斗栱制作应符合表7-16规定的允许偏差和检验方法。

昂翘斗栱制作允许偏差与检验方法　　　　　　表7-16

序号	项目		允许偏差	检验方法
1	构件尺寸	长（宽）	1/30斗口，1~4mm	样板及尺量检查
		高	1/100斗口，≤1mm	
		厚（深）	1/200斗口，≤0.5mm	
2	成攒尺寸	高	1/30斗口，总高≤3mm	样板及尺量检查
3	构件方正平直		1/100斗口，≤1mm	尺量检查
4	各层构件叠压缝隙		1/100斗口，≤1mm	尺量检查
5	头饰、尾饰外形		1/60斗口，≤1.5mm	样板检查

续表

序号	项目	允许偏差	检验方法
6	刻口卡腰、槽、榫、袖、卯深浅（虚、涨）	虚 1/100 斗口，≤1mm，不允许涨	样板及尺量检查
7	肩膀严实	1/100 斗口，≤1mm	楔形塞尺检查
8	刻口位移	1/60 斗口，≤1.5mm	样板及尺量检查
9	截头、起峰面方正平直	1/100 斗口，≤1mm	尺量检查

注：斗栱放实样、套样板，依据设计尺寸，按1:1画出各构件足尺大样，然后逐个套出样板，作为加工斗栱构件的实样。

7.9.5 大木构件制作任务

各任务组选择前期完成的大木架、斗栱设计任务，依据大木架构件设计分件详图加工木构件，按工艺流程和要求，编制安全加工木构件措施计划。

(1) 合理分工人员工作；

(2) 计算各类木构件数量，编制木构件用料单；

(3) 选择木料；

(4) 木构件放样；

(5) 木构件放样尺寸校对；

(6) 安全使用木工机具；

(7) 按工艺流程加工木构件；

(8) 自检木构件质量；

(9) 安全防火、安全用电。

课后任务

1. 习题

(1) 大木制作验料、初步加工的方法。

(2) 丈杆的种类，在实际工程中的应用。

(3) 大木画线符号、工具及应用。

(4) 大木构件柱类的制作步骤及工程质量要求。

(5) 大木构件梁类的制作步骤及工程质量要求。

(6) 大木构件枋类的制作步骤及工程质量要求。

(7) 大木构件檩类的制作步骤及工程质量要求。

(8) 大木构件椽、板类的制作步骤及工程质量要求。

(9) 翼角构件的制作步骤及工程质量要求。

(10) 斗栱构件的制作步骤及工程质量要求。

2. 分组实训

扫描二维码 7-1，浏览并下载本单元工作页，请在教师指导下完成相关分组实训。

二维码 7-1 单元七工作页

单元八
木构架安装

学习目标：

使学生掌握大木安装检验的基本方法、注意事项以及相关要点。

学习重点：

大木安装检验。

学习难点：

对应榫卯在大木安装过程中的精准度及检验标准。

8.1 大木立架安装前准备

8.1.1 主要安装机具

（1）机具：手电锯、手电钻等；

（2）工具：面宽与进深等分丈杆、撬棍、水平仪、大锤、斧子、锯、扁铲、凿子、线坠、小线、线杆、钢卷尺、米尺等工具；

（3）仪器：测量仪器。

8.1.2 安装辅助材料要求

大木立架安装前准备好所需杉槁、扎绑绳、戗杆、拉杆、撞板、小连绳、镖棍、涨眼料、卡口料、钉子等材料。

8.1.3 作业条件

（1）大木立架安装前要检验木构件的尺寸准确度是否符合标准，项目技术责任人（工程师、技术员、工长、班组长）要用丈杆对制作好的各类大木构件尺寸进行全面、细致的检查，构件符合质量验收标准方可安装，根据需要组织施工人员把上架大木在地面小立架试装（摆放草验）。

（2）大木立架安装前工地技术负责人（工程师、技术员、工长、班组长）首先用水平仪对基础标高、台明、柱顶石抄平复检，查验柱顶石是否标高准确，用丈杆核对检查轴线尺寸与大木尺寸是否吻合，外檐柱础、角檐柱础有无掰升，经查验确认无误方可进行下架安装。

（3）根据施工组织设计与进度要求，合理安排木工、架子工、力工等工种的配合，分配好上下档人员。

（4）根据立架安装的顺序，按先下后上、先里后外的原则把构件对号运至安装的位置，运输人员在搬运过程中应注意安全，注意构件保护，轻搬轻放，不得磕碰损坏构件。

8.2 大木安装

8.2.1 下架安装

1. 一般工艺流程

按施工顺序对号入座：在基础上放中线定位构件位置，校对准确后，按构件所在下架位置摆放构件，检验准确无误方可安装。

1）上架安装口诀

先内后外、先下后上、下架装齐，验核丈量；吊直拨正，牢固支戗。

2）安装顺序

（1）先内后外：进深方向先安装由金柱间构件（如金柱、承椽枋、随梁枋、棋枋等下架构件），若遇十字、丁字、万字平面先从交点或中心处安装；然后安装檐柱间构件；面阔方向先由明间安装，然后依次是次间、梢间、尽间安装。

（2）先下后上：如檐柱间依次安装柱子、雀替或替木、穿插枋、檐枋；下架粗装完毕用丈杆、吊坠、钢尺、水平尺等检验工具逐一检验构件位置的精准度，用木楔子调整榫卯缝隙，调直拨正构件后支戗。

2. 有斗栱时工艺流程

柱子安装→穿插枋安装→由额枋安装→由额垫板安装→额枋安装→帘笼枋安装→跨空枋安装→承椽枋安装→围脊板安装→围脊枋安装→花台枋安装→花台梁安装→随梁枋安装→吊线、拨正、打戗、钉拉杆→斗栱安装（包括内外檐隔架科斗栱）→桃尖梁（单步桃尖梁，双步桃尖梁，七架、五架桃尖梁）安装。

（1）首先按大木编号的顺序安装内外檐中柱（山柱）、重檐金柱、攒金柱、金柱、檐柱等与柱顶相交的柱类，管脚榫入位，柱中线和升线对准基础轴线、中线，把柱摆正。

（2）按大木编号的顺序安装内外檐由额枋、额枋、穿插枋、帘笼枋、随梁枋、围脊枋、承椽枋、跨空枋、间枋、由额垫板、围脊板（博脊板）、承重梁枋、花台梁枋等下架构件，下架梁、枋、板类构件与柱相交的榫卯安装插接要松紧适度。

（3）下架柱、梁、枋类构件安装完成后，用线坠吊线拨正调整对中，水平拉线找平，用楔子塞实涨眼，用事先备好的戗杆、拉杆拉戗牢固。

（4）斗栱层安装：下架安装完成，先安装平板枋，然后分层安装内外檐、隔架科坐斗、垫栱板、瓜栱、万栱、槽升子、翘、昂、厢栱、三才升、十八斗、正心枋、拽枋、耍头、撑头、井口枋、挈斗板、桁椀等构件。

8.2.2　上架安装

上架安装口诀：上架构件、顺序安装、中线校对、勤校勤量、大木装齐、再装椽望、瓦作做完、方可撤戗。

1. 上架安装顺序

上架安装顺序也是先内后外、先下后上。进深方向先安装金柱间构件（如五架梁、金瓜柱、三架梁、脊瓜柱等构件），然后安装檐柱间抱头梁等构件。面阔方向先是明间安装；然后依次是次间、梢间、尽间安装（檐垫板、檐檩、金檩、脊檩等构件）；构件安装过程中随时校对每个构件中线的精准度，准确无误方可安装下个构件，要做到安装一个构件校对一个。

2. 上架安装工艺流程

六架梁、七架梁顺梁安装→瓜柱（梁垫）、交金瓜柱安装→垫板、随檩枋、燕尾枋、替木等构件安装→四架梁、五架梁、瓜柱、角背安装→垫板、随檩枋、燕尾枋、替木等构件安装→三架梁、月梁、瓜柱、角背安装→垫板、随檩枋、燕尾枋、替木等构件安装→拨正调整对中线→桁、檩对中线→踩步金安装→长趴梁、短趴梁、太平梁、瓜柱等构件安装→老角梁、仔角梁、由戗安装→扶脊木安装→拨正调整对中线→步架桁、檩之间钉拉杆。

（1）按大木编号的顺序安装梁架，先安七架梁、瓜柱、角背，五架梁、瓜柱、角背，三架梁、瓜柱、角背，花台梁等，或安六架梁、角背、瓜柱，四架梁、瓜柱、角背，月梁等，后安三步梁、瓜柱、双步梁、瓜柱、顺梁、瓜柱、单步梁（抱头梁）、递角梁、桃尖梁等。

（2）安装架梁的同时，按大木编号的顺序安装垫板、随檩枋、燕尾枋、替木等构件。

（3）梁、瓜柱、板、随檩枋、燕尾枋、替木等类构件安装完成后，拨对中线，要调整架梁与下架柱中轴线对中摆正。

（4）按大木编号的顺序安装檐檩、金檩、脊檩、挑檐檩、正心檩、搭角檩、踩步金、扶脊木。

（5）桁、檩类构件相交的榫卯安装插接要严紧，与梁相交檩椀要落实，檩中线对中摆正。

（6）按大木编号的顺序安装抹角趴梁、瓜柱、交金墩、踩步金、井字长趴梁、短趴梁、太平梁、瓜柱等构件，构件之间相交的榫卯安装插接要严紧。

（7）按大木编号的顺序安装老角梁、仔角梁、由戗，老由中、里由中、外由中要与搭角檩中、下架柱中轴线对中摆正，十字斜交扣檩椀、闸口梁尾画扣梁卡腰榫，压金檩椀与后尾榫与桁、檩扣压严紧，插金做法梁尾插金榫卯安装插接要严紧。

（8）上下架梁、枋、檩、柱、板等构件安装完成后，用线坠重新核对中线、调整打垫、拨正加固打戗，用事先备好的拉杆拉戗拉牢，钉上角梁钉，步架桁、檩之间钉拉杆。

8.2.3　木基层安装

（1）用分丈杆在檩上点画出椽花，钉上椽椀，钉好枕头木，钉上基枋条。

（2）在正身檐椽两端先各钉一根檐椽，椽头挂线，如正身通面宽过长，可在中间分别多钉几根挑线檐椽，按线钉好檐椽，随后钉上小连檐或里口木。

（3）按照檐椽椽位钉好花架椽、脑椽或罗锅椽。

（4）钉上翘飞小连檐，并在翘飞小连檐上点画出翼角椽花。

（5）屋面望板铺钉完成后，按设计尺寸在山面望板上弹出踏脚木位置线安装踏脚木，封堵象眼板，安装草架柱子、草架穿，铺钉山花板，剔安燕尾扣，盘齐桁檩头，安装博缝板，钉上帽钉（帽钉有两种做法，即文钉中间水平横3，武钉中间垂直立3，一般城门箭楼、武衙门按此做法）。

（6）最后根据瓦作要求用锛子砍调角梁背，钉上脊桩枋，钉上瓦口，至此大木立架安装完成。

8.2.4　翼角安装

（1）制作安装大连檐准备工作：

大连檐是固定翘飞椽的构件，大连檐的宽度取1.2椽径，高取1椽径，断面呈直角梯形，上面宽取1/3椽径，外侧是直角。翼角部分的大连檐也要随冲起翘，镖成曲线。由于大连檐断面比较大，在镖弯曲前，在翘曲部分的上部，水平锯三至四道锯口，这些锯口将连檐分成4~5份，锯口间距正身飞檐处最长，其他以20~40cm递减，在锯口处用绳子捆拢，放在水里浸泡待安装，见图8-1。

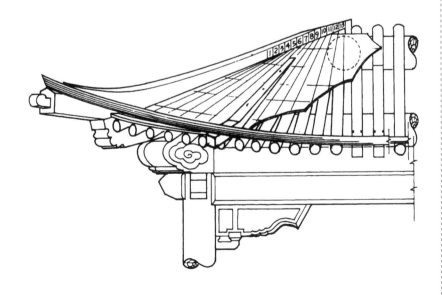

图8-1　安装翼角构件

195

（2）镖大连檐：

镖大连檐是安装翘飞椽构件的第一道工序，先将大连檐的一端固定在正身飞椽头部，将另一端塞进仔角梁事先制好的飞檐槽口内。将翘飞椽中间一根先钉在自身位置上，以此根飞椽的高低作为大连檐中部的弯曲依据。然后在大连檐中腰拴麻绳，将绳另一端绑在大木架上，在麻绳中插入镖棍加镖，加至弯曲弧度适宜时固定镖棍。

（3）点椽花：

在弯曲好的大连檐上，按飞椽的数量点椽花。分点椽花的方法同翼角檐椽。

（4）排钉翘飞椽、安装闸挡板、牢檐、铺顶望板：

排钉翘飞椽程序同翼角檐椽，先在仔角梁上排飞椽尾部椽花线，然后按线逐一安装翘飞椽，要注意翘飞母的下棱折线处与小连檐外皮对齐。翘飞钉完后，安装闸挡板，防鸟筑窝，然后固定大连檐，铺顶望板，见图8-2。

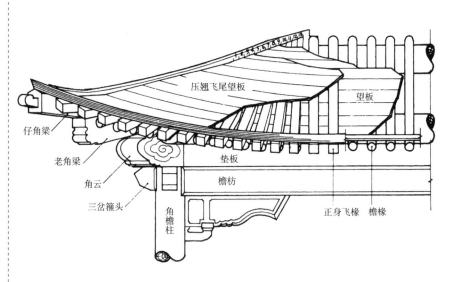

图8-2　翼角椽望构件关系

（5）钉翼角椽先从一翘钉起，如翼角椽铰尾子不合槽可砍枕头木，刮翼角椽铰尾子，使椽尾部合槽，钉完翼角椽用方尺画出椽头线，用锯把翼角椽头盘齐。

（6）钉完翼角椽后，铺钉屋面望板，钉横望板柳叶缝要压实，要隔几层一错缝。

（7）钉正身飞椽，在正身飞椽两端先各钉一根，椽头挂线，如正身通面宽过长，可在中间分别多钉几根挑线飞椽，按线钉好飞椽，安装闸挡板，钉上大连檐，钉上翘飞大连檐，并在翘飞大连檐上点画出翘飞椽花。

（8）钉翘飞椽先从一翘钉起，如翘飞椽尾子不合槽可砍刮翘飞椽尾子，使椽尾部合槽，钉完翘飞椽用方尺画出椽头线，用锯把翘飞椽头盘齐。

（9）钉完翘飞椽后，铺钉飞檐和压飞椽尾子望板，钉横望板柳叶缝要压实，要隔几层一错缝。

8.2.5 质量标准

1）下架大木安装主控项目：

（1）下架大木立架安装，在通常情况下，必须符合有关营造法则规定及设计规定的标准。

（2）外围柱子侧脚必须符合设计要求或法式要求，严禁倒升。

（3）下架大木构件安装后柱头间各轴线尺寸必须符合设计要求。

（4）下架大木构件吊直拨正、验核尺寸后，必须支戗牢固，保证施工过程中不歪闪走动。

2）下架大木安装一般项目：额枋与构件榫卯结合肩膀基本闭合，无明显弊病。

3）下架大木安装允许偏差项目见表8-1。

4）上架大木安装保证项目：

（1）上架大木立架安装，在通常情况下，必须符合有关营造法则规定及设计规定的标准。

（2）上架大木立架安装之前，梁、檩、枋、垫板等上架构件必须符合质量要求，运输、储存、搬动过程中无损坏变形，经检验后方可安装。

木构件安装质量标准 表 8-1

序号		考核项目		允许误差（mm）	评分范围	备注
1	下架安装	面宽方向柱中线偏移		面宽的1.5/1000	允许误差范围内	
		进深方向柱中线偏移		进深的1.5/1000	允许误差范围内	
		枋、柱结合的严密程度	柱径在300mm以内	4	允许误差范围内	
			柱径在300~500mm	6		
			柱径在500mm以上	8		
		枋子上皮平直度	柱径在300mm以内	4	允许误差范围内	
			柱径在300~500mm	7		
			柱径在500mm以上	10		

续表

序号	考核项目		允许误差（mm）	评分范围	备注
1	下架安装	各枋子侧面进出错位不大于 柱径在300mm以内	5	允许误差范围内	
		柱径在300~500mm	7	允许误差范围内	
		柱径在500mm以上	10		
2	上架安装	梁、柱中线对准程度	3	允许误差范围内	
		瓜柱中线与梁背中线对准程度	3	允许误差范围内	
		屋架侧面中线对准程度	4	允许误差范围内	
		梁架正面中线对准程度	4	允许误差范围内	
		面宽方向轴线尺寸	面宽的1.5‰	允许误差范围内	
		檩、垫板、枋相叠缝隙	5	允许误差范围内	
		檩（桁）平整度	8	允许误差范围内	
		檩（桁）与檩椀吻合缝隙	5	允许误差范围内	
		用梁中线与檩中线对准	4	允许误差范围内	
		角梁与檩椀扣搭缝隙	5	允许误差范围内	
		山花板、博缝板板缝拼接缝隙	2.5	允许误差范围内	
		山花板、博缝板拼接相邻高低差	2.5	允许误差范围内	
		山花板拼接雕刻花纹错位	2.5	允许误差范围内	
		圆形弧檩、垫板、枋侧面外倾	5	允许误差范围内	

8.3 斗栱安装

8.3.1 主要机具

（1）机具：手电锯、手电钻等。

（2）工具：面宽与进深等分丈杆、水平仪、撬棍、大锤、斧子、锯、扁铲、凿子、线坠、小线、线杆、钢卷尺、米尺等工具。

8.3.2 斗栱安装辅助材料要求

斗栱安装前所需准备的材料有杉槁、扎绑绳、戗杆、拉杆、撞板、小连绳、镖棍、涨眼料、卡口料、钉子等。

8.3.3 作业条件

（1）施工人员在安装斗栱前必须熟读图纸，制订安装方法，并有一定数量比例的高级技工掌线、领班。

（2）施工现场必须搭设有符合相关规定的斗栱安装架子。

（3）斗栱分种类、分攒、分层运至相应位置的安装架子上，按安装顺序摆放，不得混放。

（4）昂、翘、斗、栱的安装部位不得有脚手架横杆及其他影响安装作业的物件。

（5）昂、翘、斗、栱安装位置的水平标高、方正和顺直，必须符合相关规定要求。

（6）在昂、翘、斗、栱安装位置下必须设有密目式安全网。

8.3.4 斗栱安装

1．安装工艺

（1）草验试装：试装检验榫卯吻合质量，若榫卯不严，要进行修理，使榫卯结合符合质量检验标准。试装好的斗栱一攒一攒打上记号，用绳临时打捆。

（2）正式安装：首先安装第一层坐斗，及与坐斗有关的垫栱板。然后再按山面压檐面的构件组合规律逐层安装。安装斗栱时每层都要挂线，保证各攒、各层构件平齐。

（3）斗栱安装：斗栱安装时，按草验编码所在位置（各间平身、柱头、角科）摆放就位，构件必须按试装的先后顺序和方向安装，要保证翘、昂、耍头出入平齐，高低一致，各层构件结合严密。

2．斗栱试装顺序

（1）横向构件安装：坐斗→各层横向栱子试装→栽销→各层纵向构件试装→各层斜向构件试装→栽销→各层升、斗试装→净活待装。

（2）斗栱各层安装：坐斗→垫栱板→各层横、纵、斜向构件→各层升斗→桃尖梁→梁上横向构件→枋类安装→斜、盖斗板。

8.3.5 安装质量标准

1．保证项目

（1）斗栱安装前各分件必须符合设计要求、现行标准规定，并进行草验试装。确保运输、储藏、搬动过程中无损坏变形。

（2）斗栱安装前必须检查坐斗枋的水平方正及坐斗分位准确无误。

（3）斗栱安装前必须对运至现场的斗栱逐件检查，确认完好无缺后方可进行安装。

（4）斗栱安装必须按摆验时的编号顺序进行分攒安装，不得打乱顺序，必须按现行标准规定的安装顺序进行安装。

（5）昂、翘、斗、栱安装必须按间逐层拉通线找水平，按攒吊中线找垂直。

（6）检验方法：观察。

2. 基本项目

（1）合格：斗栱各构件相交松紧适度，无明显亏空，叠压严实，栽销齐全、牢固。斜斗板、盖斗板、垫栱板位置准确、遮盖严实、安装牢固，无明显缝隙和松动。

（2）优秀：斗栱各构件相交松紧适度、严实无缝隙，栽销齐全、牢固。斜斗板、盖斗板、垫栱板位置准确、遮盖严实、安装牢固，无疵病。

（3）要求：斗栱各构件表面无锤印、斧迹、刨痕、坏损。挑檐枋、拽架枋、井口枋、正心枋的接头处不得赶在卯口、卡腰及悬空部位。

（4）检验：抽查不少于10%，检验数量不少于5处；检验方法：观察、推动。

3. 斗栱安装技术要求

（1）斗栱纵横构件刻半相交，要求昂、翘、耍头等构件必须在腹面刻口，横栱在背面刻口，角科斗栱等三层构件相交时，斜出的构件必须在腹面刻口。

（2）斗栱纵横构件刻半相交，节点处必须做包掩，包掩深为0.1斗口。

（3）斗栱昂、翘、耍头等构件相叠，每层用于固定的暗销不少于2个，坐斗、三才升、十八斗等暗销每件1个。

（4）斗栱构件制作完成后，在正式安装之前必须以攒为单位进行草验、试装，并分组码放，不得混淆。检验方法：观察。

4. 斗栱安装的允许偏差和检验方法

斗栱安装的允许偏差和检验方法应符合表8-2的规定。

斗栱安装的允许偏差与检验方法　　　　　　　表8-2

序号	项目			允许偏差 (mm)	检验方法
1	斗栱攒中—中尺寸			2	以攒为单位，在斗栱中心拉线，尺量
2	昂、翘、耍头平直度	斗口	70mm 以下	4	以间为单位，在昂、翘、耍头构件上皮拉通线，尺量
			70mm 以上	7	

续表

序号	项目			允许偏差 (mm)	检验方法
3	昂、翘、耍头进出错位不大于	斗口	70mm 以下	5	以间为单位，在昂、翘、耍头构件端头拉通线，尺量
			70mm 以上	8	
4	横栱与枋子竖直对齐	斗口	70mm 以下	3	贴纵向构件，外皮用水平尺测量
			70mm 以上	5	
5	栱件竖直对齐	斗口	70mm 以下	3	在某攒斗栱中线处吊线或在昂、翘、耍头等伸出构件侧面贴尺测量
			70mm 以上	5	
6	升、斗与上下架构件叠合缝隙不大于	斗口	70mm 以下	1	楔形塞尺检查
			70mm 以上	2	

8.3.6 成品保护

（1）构件安装中需要用锤、斧等工具敲击构件表面时，应用木块垫在构件表面，避免构件受损，表面出现锤印、斧迹，影响成品质量。

（2）斗栱安装工序完工后，严加保护，对下一道工序施工人员在施工前应进行成品保护的教育，避免在施工中造成损坏，除采取适当的遮挡、铺垫措施外，还应随时巡回检查，严防在下一道工序施工中出现蹬踏斗栱构件及在斗栱构件上支撑、加固上层构件等现象。

8.3.7 应注意的问题

（1）昂翘斗栱安装不宜在潮湿多雨的季节施工；在夏季不宜受阳光直接暴晒。

（2）昂翘斗栱安装时，施工人员的手动工具应随时放入工具袋中，施工前在坐斗枋下皮搭建密目式安全网，避免构件及工具坠落砸伤其他施工人员。

（3）在昂翘斗栱制作安装过程中产生的木屑、刨花应每日及时清理，以免给施工现场造成环境污染和火灾隐患。

（4）昂翘斗栱制作安装的现场不得有明火，并备足灭火设备；同时，对机具设备应经常检查，杜绝火灾的发生。

（5）昂翘斗栱构件的存放必须采取防雨、防潮及通风措施，避免构件受潮变形。

（6）加工好的昂翘斗栱构件，存放期不宜过长，超过3个月时应先刷一遍桐油，防止构件变形。

8.3.8 木构架安装、检验任务

1. 大木安装任务

安装前一个任务制作的木构架，制订大木架安装、斗栱安装实施方案和计划。按安装质量标准，检验大木架、斗栱安装质量。

（1）人员工作分工；

（2）制订安装方案；

（3）试装一组大木架；

（4）草验试装木构架；

（5）校对木构件质量；

（6）大木架、斗栱安装；

（7）大木架、斗栱安装质量检验。

2. 编制安全安装施工措施

（1）安全使用木工安装工具；

（2）按安装工艺流程和要点安装大木架；

（3）木构件安装保护措施；

（4）安全防火；

（5）安全用电。

3. 大木架质量检验任务

（1）各组抽取检验任务；

（2）熟悉检验标准；

（3）检验大木架质量；

（4）填写检验评价单。

4. 检验工具的应用

（1）木构件检验方法；

（2）正确使用木工检验工具；

（3）大木架安装质量检验标准的应用。

课后任务

1. 习题

（1）大木安装前的准备工作。

（2）工作人员如何分工。

（3）大木安装工具的应用。

（4）大木安装一般程序。

（5）大木下架安装要点。

（6）大木上架安装要点。

（7）大木架安装质量检验标准要求。

（8）成品斗栱检测要点。

（9）损坏斗栱构件修缮要点。

（10）斗栱构件制作技术要点。

（11）斗栱构件安装工艺流程。

（12）斗栱修建质量检验标准。

2．分组实训

扫描二维码 8-1，浏览并下载本单元工作页，请在教师指导下完成相关分组实训。

二维码 8-1　单元八工作页

9

单元九
古建筑木装修

学习目标：

能够根据设计施工要求，绘制古建筑木装修施工图、制订合理的古建筑装修修缮方案，具备木装修施工管理能力。

学习重点：

能够绘制隔扇、窗、栏杆、楣子的施工图纸，能够制订隔扇、窗、栏杆、楣子的施工方案。

学习难点：

大门施工图纸的绘制，大门施工方案制订。

9.1 古建筑木装修的发展及分类

木装修即小木作，就是指除了大木作以外的非承重木构件，诸如门、窗、槛、框、隔扇、栏杆等木构件。

传统建筑的木装修在建筑中主要作用是分割建筑室内外空间，同时满足人们对建筑物在采光、通风、保温、安全防护以及不同生活环境等方面的需求；并且表达民族形式、建筑风格、地方特色以及整体建筑文化内涵和艺术效果的重要手段。

9.1.1 古建筑木装修的发展

装修的发展，经历了从单纯实用到实用与装饰相结合的发展过程。

唐以前采用帐幔装修，汉唐时期以织物分隔、限定和装饰室内空间。与其他的日常起居家具组合运用，或挂于墙壁上，或悬于屋顶上，或张于架子上，或包裹梁柱。一旦撤去帐幔装饰，则室内就只剩下四面空壁。

唐宋以后出现了小木装修。从留存下来的唐代古建筑可以看到，唐代使用的都是木板门，板门上排列整齐的门钉。窗都是直棂窗，即在窗框内用竖向的木条左右横向排列成行，以便在这些密集的木条上糊贴纸张。在宋代以前，建筑木装修大多比较简单，窗格所采用的图案基本上是以直线为主。

装修作的技术最早出现在《营造法式》中，关于装修作的记载占了 6 卷，42 种做法，并配有大量的图样。

到了明代，建筑装修有了较大发展，装修中窗格形式也越来越多，而且线条的运用自如得体，其风格古雅、质朴、明快，有着极好的艺术效果。明代晚期，也出现了记载小木装修和室内装饰的系统论述，如《园冶》《长物志》。

清代建筑装修有了进一步提高，形式更加繁多，地方特色亦愈加突出。特别是民间建筑装修不仅具有很高的技术水平和艺术水平，而且还具有浓厚的乡土和浓重的生活情趣。清工部《工程做法则例》中，则对装修的形式、装修的构造、装修中各个构件的比例权衡尺寸、详细做法及用工用料作了明确的规范，成为进行木装修设计的重要参考。

9.1.2 古建筑木装修特点

1. 木装修成套配置，随意增减

根据不同的建筑选择不同的搭配，比如隔扇配支摘窗，隔扇配槛窗等。也可根据宽度选择隔扇、槛窗的扇数。

2. 木装修形式多样，装设灵活

古建筑是木构架承重，因此给了木装修很大的发展空间，形式很丰富。居住建筑柱间可设置什锦窗、槛窗、支摘窗，也可以做满装修的隔扇。园林里的水榭、亭等可以再安装倒挂楣子、坐凳楣子、栏杆等。

古建筑木装修，无论是分隔室内外的还是分隔室内的装修，都可以随意拆卸安装。例如：前出廊的建筑，装修可以安装在金柱的位置，也就是"金里装修"；如果移动到檐柱位置，就变成了"檐里装修"。

皇家建筑的风门也是可以按季节的不同随意拆卸。例如，北海大慈真如宝殿明间隔扇与风门在清代可以在冬季安装起到保温的作用，在夏季可以拆卸下来达到良好的通风效果，见图9-1。

图9-1 北海大慈真如宝殿
明间隔扇与风门

3. 木装修规范严谨，等级分明

藻井作为等级的象征，主要可以用于皇家建筑或寺庙建筑。

大门上的门钉在古代也有严格的规定，一般宫殿建筑的大门的门钉可以设置"横纵各九"的金钉；亲王、郡王、公侯等府邸使用"纵九横七"；郡王、贝勒、贝子、镇国公、辅国公使用"横纵各七"；侯以下至男丁使用"横纵各五"；有严格的规定，不容紊乱。

大门的"门簪"也是主人的社会地位的象征，常用"四个"和"两个"，这也就是常说的"门当户对"的由来。

9.1.3 古建筑典型木装修内容

（1）板门类：包括实榻门、攒边门、撒带门、屏门等。故宫的大门多为实榻门，故宫熙和门见图9-2。

（2）隔扇类：包括隔扇、帘架、风门等。帘架和风门常出现在北方的官式建筑中，故宫建筑的隔扇和帘架见图9-3。

（3）窗类：槛窗、支摘窗、牖窗、什锦窗、横批、楣子窗等。官式建筑通常使用槛窗，常见的槛窗见图9-4；民居用支摘窗的比较多，常见的支摘窗见图9-5；什锦窗常用于园林建筑，常见的什锦窗见图9-6。

（4）栏杆、楣子类：包括坐凳楣子、倒挂楣子、寻杖栏杆、花栏杆、靠背栏杆等。倒挂楣子和坐凳楣子通常用于一层的外廊处，见图9-7。一般南方游廊常会在坐凳楣子上装靠背栏杆，见图9-8。

（5）花罩类：包括炕罩、花罩、几腿罩、栏杆罩、圆光罩、八角罩等。花罩的雕刻都很精美，通常搭配使用，故宫里落地花罩和栏杆罩见图9-9。

（6）天花、藻井：包括各种井口天花、海墁天花、木顶隔、藻井等。等级较高的建筑顶棚装修一般采用天花和藻井的形式，见图9-10、图9-11。

（7）其他：包括板壁、护墙板、碧纱橱、太师壁、博古架。南方的厅

图 9-2 故宫熙和门（上左）
图 9-3 常见的隔扇与帘架（上中）
图 9-4 常见的槛窗（上右）
图 9-5 常见的支摘窗（下左）
图 9-6 颐和园谐趣园什锦窗（下中）
图 9-7 倒挂楣子和坐凳楣子（下右）

堂一般习惯设置太师壁，常见的太师壁形式见图 9-12。博古架可以作为家具也可以作为分隔，比较灵活多变，见图 9-13。

9.1.4　古建筑木装修的分类

古建筑木装修按照构件位置可以分为外檐装修和内檐装修。

外檐装修主要指位于室外空间，分隔室内外空间的装修。例如：大门、隔扇、帘架、风门、槛窗、支摘窗、什锦窗、栏杆、楣子等。

内檐装修主要指位于室内的装修。例如：各种形式的罩、碧纱橱、太师壁、博古架、板壁以及天花、藻井等。

9.2　大门装修

大门通常指寺庙宫观、衙署府第、民居院落的主要出入口及出入口的装修设施。有的门仅有门洞，用于车马通行；有的则设置门扇，用于阻隔内外，起屏蔽的作用。

9.2.1　大门的形式

大门是通往庭院的主要门户。大门随主人身份的不同，其规格、等级亦不同，是住宅等级的一种象征。

清代的制度规定王府的大门设于中央，亲王府五间，郡王府三间，等级很高，其余的府宅（包括贝勒、贝子、公、侯、伯、子、男等爵位及大学士、

图 9-8　靠背栏杆（上左）
图 9-9　落地花罩和栏杆罩（上中）
图 9-10　官式天花（上右）
图 9-11　皇家藻井（下左）
图 9-12　太师壁（下中）
图 9-13　博古架（下右）

尚书等高官的住宅内）和普通四合院大门都只有一间。

大多数正常朝向的四合院的大门均设于东南角。单间的大门属于门屋的形式，其本质就是一间硬山房，台基、屋顶都比旁边的倒座房要高出一截。

1. 广亮门

门扇安装在两根中柱之间，也就是安装在门屋的脊檩之下，就叫广亮大门。等级最高。一般用于不同品级的官员住宅，见图9-14。

2. 金柱门

门扇设置在金柱位置的，就叫金柱大门。等级略低于广亮大门。常见的金柱门见图9-15。

3. 蛮子门

门扇设置在檐柱位置的，就叫蛮子门。等级低于金柱大门。这样的门基本上不留什么空间，显得局促一些。蛮子门则多为富商住宅使用，见图9-16。

4. 如意门

就是在前檐柱之间砌筑砖墙，中央留出一个门洞来安装门扇。常位于前檐檐柱位置的墙体间或山墙腿子间，上槛上方过梁外皮常镶有雕刻精细的砖挂落，挂落上方还往往安装有精细的镂空砖雕。上槛两侧在左右上角也做如意形砖雕角花。一般用于普通民居，常见的形式见图9-17。如意门的细节见图9-18。

5. 随墙门

在墙上直接用砖砌筑一个入口的门洞，其中安装门扇，与院墙浑然一体。常见的随墙门形式见图9-19。

6. 西洋门

清代乾隆以后，由于受到西方文化的影响，一些门楼混合了西洋建筑手法，表现出了西式缝合或者中西合璧的样式。恭王府的西洋门见图9-20。

9.2.2 大门的固定木构件及尺度

1. 大门的固定构件

大门主要是由横向的上槛、中槛、下槛、腰枋，纵向的抱框、门框、间柱，封挡的板类构件余塞板、绦环板、裙板、走马板，还有门栊、门簪、门枕等固定门轴的构件组成。

上槛：处于水平位置的构件称为槛。安装在檐枋或金枋下面的槛叫上槛，又称替桩。

中槛：安装在门口上方的槛叫中槛，又称挂空槛、跨空槛。中槛位于金柱位置时，其上平面要跟檐枋下皮平齐。

图 9-14 广亮大门

图 9-15 金柱大门

图 9-16 蛮子门

图 9-17 如意门

图 9-18 如意门的细节

图 9-19 随墙门

图 9-20 西洋门

下槛：位于槛框的下部，紧贴地面，又称门槛。

腰枋：位于中槛和下槛之间，连接抱框和门框之间的横向木构件。一般上腰枋上皮到中槛下皮的高度占下槛上皮到中槛下皮总高的 6/10 或 1/2。通常安装两根，之间的距离为一个腰枋的宽度。

抱框：处于竖直位置的构件称为框。分为长抱框和短抱框，位于中槛和下槛之间的称"长抱框"，位于中槛和上槛之间或位于中槛和檐枋之间的称"短抱框"。

门框：位于大门洞口两侧的框。

间柱：位于中槛和上槛之间的竖向木构件。

余塞板：位于中槛和上腰枋之间的木板。

绦环板：位于腰枋之间的木板。

裙板：位于下腰枋和下槛之间的木板。

走马板：又称迎风板，位于中槛上皮和上槛下皮的木板，用木条（梗条大小一般为 2cm×2cm 或 3cm×3cm）固定，四周装在槽口内。

门栊：安装在中槛内侧，固定门扇上门轴的构件。门栊通常平面做成曲线造型，也可称为连楹。

门簪：将门栊固定在中槛上的木构件，一般是四个或两个，断面呈六角形、八角形、圆形，位置、形状和功能都与古代妇女固定发髻的簪子很相似，因此叫作门簪。通常门簪的头长为 1/7 门口宽，出榫长通常同门栊宽相等。

门枕：门扇开启用门轴时，固定门轴下端的构件。可采用木材、石材等制作。

常见的宅院大门的构件组成见图 9-21。

常见的王府大门的构件组成见图 9-22。

2. 大门的构件权衡尺寸

大门的构件与面阔、进深、柱高、柱径等有一定的尺度关系，各个构件与建筑整体形成了统一协调、具有美感的比例关系，同时又可以保证装修部件的坚固，以更好地发挥其使用功能。常用的大门构件权衡尺寸见表 9-1。

常用的大门构件权衡尺寸表（柱径：D） 表 9-1

构件名称	长	看面（宽）	进深（厚）
上槛	面阔 $-D+$ 榫长	$0.8D$	$0.3D$
中槛	面阔 $-D+$ 榫长	$0.66D$	$0.3D$
下槛	面阔 $-D+$ 榫长	$0.5D$	$0.3D$
长抱框	中槛下皮到下槛上皮 + 上下榫长	$0.66D$	$0.3D$

续表

构件名称	长	看面（宽）	进深（厚）
短抱框	中槛上皮到上槛上皮＋上下榫长 或中槛上皮到枋子上皮＋上下榫长	0.66D	0.3D
门框	同长抱框	0.66D~0.8D	0.3D
腰枋	抱框和门框之间距离＋榫长	0.66D	0.3D
余塞板	中槛下皮到上腰枋上皮＋榫长	—	0.1D(不超过1/3门框厚)
绦环板	腰枋之间距离＋榫长	—	0.1D(不超过1/3门框厚)
裙板	下腰枋下皮到下槛上皮＋榫长	—	0.1D(不超过1/3门框厚)
走马板	两个短抱框之间	—	1.7cm
木门枕	2D	0.8D	0.4D（木门枕高）
门枕	面阔 −D 或同门扇宽度	0.2D	0.4D
门簪	1/7门口宽＋中槛厚＋2门枕宽	4/5中槛宽	头长为1/7门口宽

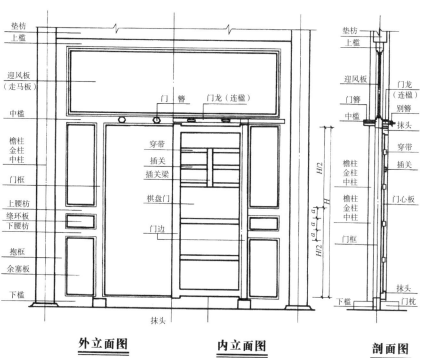

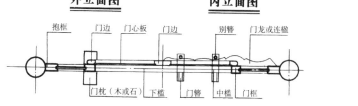

图 9-21　常见的宅院大门

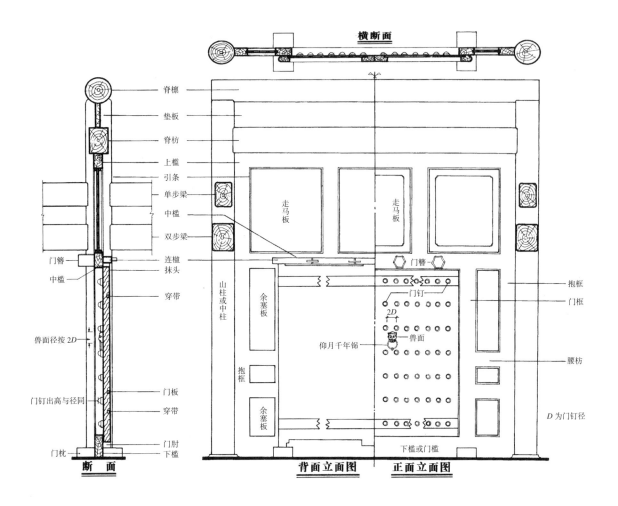

横断面

脊檩
垫板
脊枋
上槛
引条
单步梁
中槛
双步梁
门簪
中槛
连槛
抹头
穿带
兽面径按2D
门板
门钉出高与径同
穿带
门肘
门枕
下槛
断　面

山柱或中柱
抱框
余塞板
余塞板
走马板
走马板
门簪
门钉
2D
仰月千年锦
兽面
下槛或门槛
背面立面图　**正面立面图**
抱框
门框
腰枋
D为门钉径

图 9-22　常见的王府大门

9.2.3　板门的构造

板门就是以板为门扇，它是不通透的实门，一般为两扇对开。常见的有实榻门、攒边门、撒带门、屏门等多种形式。

1. 实榻门

传统建筑中等级最高的大门门扇。主要用于城门、宫殿大门、寺庙大门、王府大门及皇家园林建筑的大门。这种门的门扇由于全部用较厚的实心木板拼装构成，故称实榻门，有穿暗带和穿明带两种，见图 9-23、图 9-24。穿暗带时要考虑门钉的路数，穿带要躲开门钉，对穿抄手楔。

1）实榻门组成构件及金属饰件

门边：指门扇两侧的大边。

门轴：也称门肘，分为上门轴和下门轴。

抹头：门扇上下两端的木构件。

门板：门边、抹头之间的木板。

穿带：门板内侧，将门心板与门边连为一体。

门钉：可为铜制也可为木制，门钉的路数是由建筑等级决定的，常用5、7、9路。大门钉排列见图9-25。

铺首：每扇大门一副，直径随门边宽，兽面嘴里叼着门环。多为铜制。

大门包叶：为了防止大门变形，每扇门用4块包叶，用在大门门扇正面上下四角，一般正面雕刻龙，背面为流云。

寿山福海：安装实榻门上下门轴的铁（铜）件。如套筒、护口、踩钉、海窝等的统称。通常上部称寿山，下部称寿海。

常见的实榻门金属饰件见图9-26。

图9-23 实榻门穿明带做法（左）
图9-24 实榻门穿暗带做法（右）

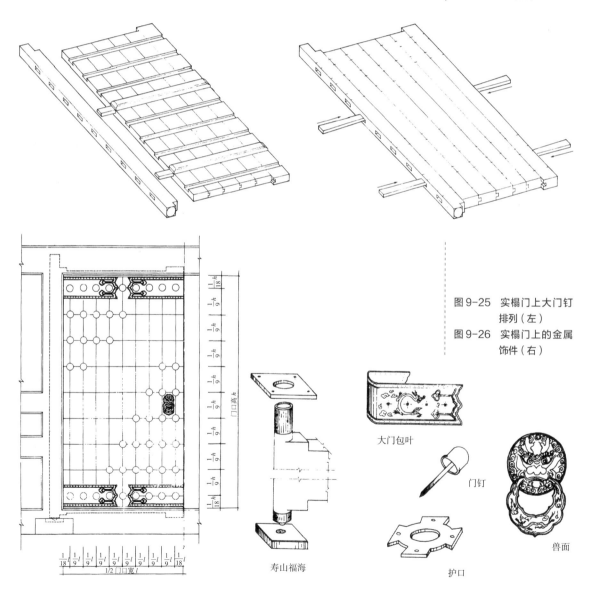

图9-25 实榻门上大门钉排列（左）
图9-26 实榻门上的金属饰件（右）

寿山福海

大门包叶

门钉

护口

兽面

2) 实榻门上各构件的具体尺寸（表 9-2）

实榻门各构件权衡尺寸表　　　　　　　　　　表 9-2

构件名称	长	看面（宽）	进深（厚）
门扇	门口净高 + 掩闪 + 上下碰头	1/2（门口宽 + 门轴 + 左右掩闪）	门边厚
门边	门口净高 + 掩闪 + 上下碰头	7/10 或 1/2 门框宽	7/10 门边宽
抹头	门扇宽	同门边宽	同门边厚
门板	门扇高	门扇宽	同门边厚
穿带	门扇宽	7/10 门边宽	1/3 门板厚
上下碰头	一般上碰七分 2.3cm，下碰八分 2.7cm，也可以上下碰头各为 2cm 或 2.5cm		
上下掩闪	七分 2.3cm 或 2cm		
左右掩闪	七分 2.3cm 或 2cm		
门钉	门钉的间距：五路门钉，其间距是 3 个门钉直径 七路门钉，其间距是 1.5 个门钉直径 九路门钉，其间距是 1 个门钉直径 门钉的尺寸：门钉的高度同门钉的直径相等		
铺首	直径为门钉直径的 2 倍		
包叶	长度为门扇门边宽的 4 倍，宽度为 0.8 门边宽，厚 0.3cm		

2. 攒边门

也称棋盘门，即门的四周边框采取攒边，当中门心装板，板后穿带的做法。穿带将门芯板横向贯穿起来，门芯板背面剔榫槽。居中位置安装门闩梁，宽同穿带，厚同大边厚。安装前在梁中紧贴门芯板位留出插关眼，见图 9-27。

1) 攒边门组成构件及金属饰件

门边：指门扇两侧的大边。

图 9-27　攒边门的做法

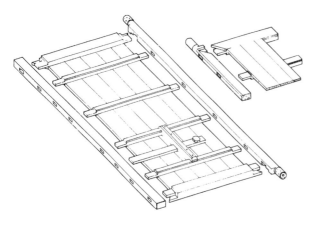

门轴：也称门肘，分为上门轴和下门轴。

抹头：门扇上下两端的木构件。

门板：门边、抹头之间的木板。

穿带：门板内侧，将门心板横向贯穿起来，并与门边连为一体。

插关梁：用来封闭门窗的安全装置，竖向安装在两个穿带之间，用于锁定插关。

插关：也称门闩，位于大门内侧，是封闭门窗的安全装置，插入插关梁的插关眼内。

门钹：安装在攒边门正门，为叩门和开

启门的拉手，一般为铜制，通常为六角形。

2）攒边门上各构件的具体尺寸（表9-3）

攒边门各构件权衡尺寸表　　　　表9-3

构件名称	长	看面（宽）	进深（厚）
门扇	门口净高＋掩闪＋上下碰头	1/2(门口宽＋门轴＋左右掩闪)	门边厚
门边	门口净高＋掩闪＋上下碰头	7/10或1/2门框宽	7/10门边宽
抹头	门扇宽	同门边宽	同门边厚
门板	门扇高	门扇宽	1/3边厚
穿带	门扇宽	7/10门边宽	7/10本身宽
插关梁	两根穿带加间距	同穿带宽	厚同门边厚
插关	门扇宽减一个大边宽	同穿带宽	1/3门边厚
上下碰头	一般上下碰头各为2cm或2.5cm		
上下掩闪	七分2.3cm或2cm		
左右掩闪	七分2.3cm或2cm		
门钹	同门边宽		

攒边门通常用四条穿带，四条穿带的分布方法为：将门心板的高度分为八等份，上下两条穿带的中线与上下抹头里皮各占一份，四条穿带各带之间的中距各占两份。上面两个穿带之间居中位置安装插关梁，另一扇门安装插关，所以插关梁上要紧贴门心板的位置留出插关眼。常见的攒边门的平、立、剖面见图9-28。

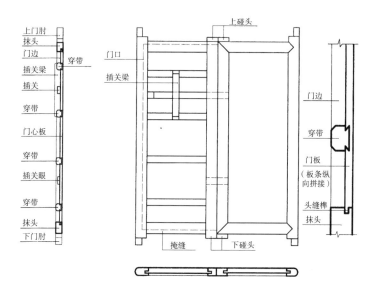

图9-28 攒边门的平、立、剖面图

217

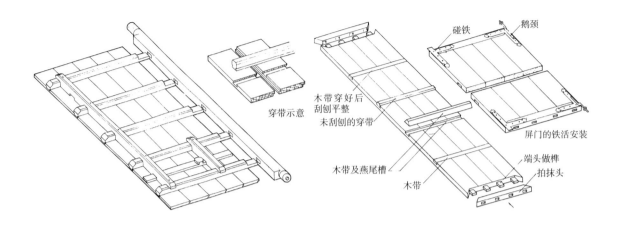

图9-29 撒带门的做法
（左）

图9-30 屏门的做法（右）

3. 撒带门

门扇的一侧有门边，而另一侧没有门边，这种门所穿的带均撒着头，故称撒带门。门边设置在门肘一侧，用穿带将门板及一侧的门边贯穿起来，上下不使用抹头。穿带使用明带的做法，一端做榫头（连接门边），一端做成撒头，可用一根纵向压带连接。尺寸规格同攒边门，见图9-29。

4. 屏门

屏门厚5~6cm。上下均装抹头，抹头的内外同门板平（抹头的厚度等于门板的厚度）。抹头两端作45°角，与门板合成直角。木板由板条拼接而成，接口使用企口的做法。安装抹头前先在每块板条上、下两端做成透榫，在抹头对应位置凿出榫眼，然后拼装。还要在门板的背面穿平带，一般为4根带的位置同撒带门位置分布相同。要用较为坚硬、干燥的木料。四扇一般两侧为固定，中间两扇向内对开。

传统的屏门不使用铰链，用金属饰件鹅颈、碰铁、屈戌、仓眼等安装屏门。关闭时使用栓杆，位于屏门内侧腰间，横向，紧贴屏门门板。栓杆两端落入栓斗内，栓斗木制，断面为"L"形，上开口，钉在门框内侧，见图9-30。

9.3 隔扇装修

隔扇，宋代称格子门，明清称格扇或隔扇，一般用于外檐装修。安装在檐柱间的称为檐里隔扇，安装在金柱间的称为金里隔扇。一般作为明间的装修，但也有同时用在次间、梢间、尽间上的。根据开间面阔大小，每间可做4、6扇，但外檐以4扇居多。隔扇在北方地区大多数向内部开启，南方的隔扇很多向外开启。

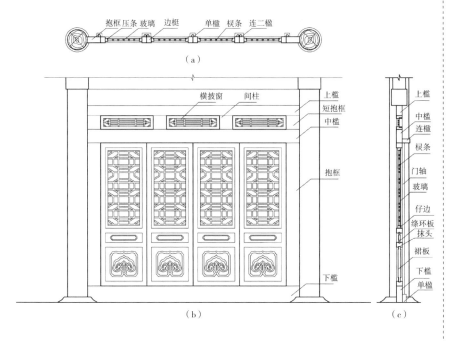

图9-31 隔扇的平、立、
剖面图
(a) 隔扇平面图；
(b) 隔扇立面图；
(c) 隔扇剖面图

9.3.1 隔扇的固定构件

隔扇固定部分构件位置，名称详见图9-31。一般在金柱安装的需在上槛、中槛间增加横披窗。

下槛：安装在两柱之间，紧贴地面。

中槛：安装在两柱之间，是隔扇门上面横向悬空的木枋，因此又称跨空槛、挂空槛。

上槛：安装在檐枋、金枋下口。

抱框：抱在柱子侧面，下面的称为长抱框，作隔扇的门框用；上面的叫短抱框。

间柱：上槛与中槛之间，两根短抱框之内的木构件。一般每间安装2根或4根。

横披窗：中槛与上槛之间安装的窗称横披窗。明清时期的横披窗通常为固定扇。横披窗扇数一般比隔扇、槛窗的扇数少一扇，即隔扇四扇，横披窗三扇；隔扇六扇，横披窗五扇。横披窗分档，中间由横披门框分开。

9.3.2 隔扇的组成

隔扇是由横向的抹头、纵向的边梃、格心、绦环板、裙板等组成。故宫乾清宫的隔扇见图9-32。

抹头：水平方向的木枋称为抹头。根据隔扇的高度不同可以确定抹头的数量。落地明造用 2 根抹头，大多数抹头都大于 3 根。隔扇是按抹头数量命名的，有三抹隔扇、四抹隔扇、五抹隔扇、六抹隔扇，见图 9-33。明代建筑用五抹隔扇的比较多，清代建筑多用六抹隔扇。六抹隔扇有上抹头 2 根，腰抹头 2 根，下抹头 2 根。

边梃：竖直方向的木枋称为边梃，隔扇一般有两个侧立边。

格心：又称隔心、花心，位于上腰抹头和上抹头之间，由仔边、棂条、玻璃（纱、纸）等组成。

仔边：位于边梃、抹头内侧，用于固定棂条，就是隔心的边框。

棂条：棂条是隔扇门窗的格心内组成各种图案的木条。棂条是裱糊和安装玻璃的骨架，有单面和双面之分。单面在里面糊纸或安玻璃，双面是中间夹玻璃或夹纱。常见形式见 9.7 装修纹样。

菱花：格心采用菱花图案。常见形式见 9.7 装修纹样。

绦环板：四抹隔扇，位于两根腰抹头之间。五抹隔扇，位于两根腰抹头之间和两个下抹头之间。如果一扇隔扇有两块或三块绦环板，做法、图案要求一致。有光面不起凸、光面单面起凸、双面起凸和起凸雕花四种形式。光面不起凸不宜小于 1cm，光面单面起凸不小于 1.5cm，双面起凸和起凸雕花不小于 2cm。

裙板：又称群板，宋代称障水板。位于腰抹头与下抹头之间。做法、厚度和图案要同绦环板保持一致。

转轴：是开启门扇用的转动枢纽，一根钉附在隔扇边梃内侧的木轴。

连楹：位于中槛内侧，用于安装隔扇转轴的构件。

图 9-32 故宫典型的隔扇（左）

图 9-33 隔扇的组成（右）

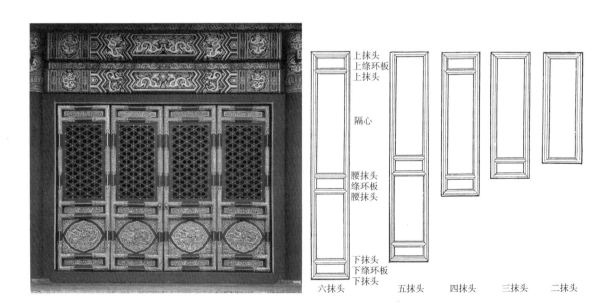

单楹：开启门扇转轴下方，下槛内侧紧贴地面，上面有一个海窝。

连二楹：开启门扇转轴下方，下槛内侧紧贴地面，上面有两个海窝，因此称连二楹。

栓杆：隔扇关闭后，用于在两扇门口缝之间立一木杆，上下插入楹斗中。

9.3.3　隔扇的构件权衡尺寸

隔扇的构件与面阔、柱高、柱径等有一定的尺度关系，常用的隔扇构件权衡尺寸见表9-4。

隔扇本身也有严格的比例关系，隔扇本身的高宽比在1/4~1/3之间。隔扇门的上腰抹头到上抹上皮，一般占隔扇总高的6/10，其余占4/10。抹头和边梃的宽度占隔扇总宽度的1/11~1/10。绦环板中间起凸，竖向凹地的宽度为一个抹头宽度，横向凹地是抹头宽度的1/2。裙板竖向凹地和横向凹地的宽度为一个抹头宽度。以五抹隔扇为例，具体尺寸比例见图9-34。

常用的隔扇构件权衡尺寸表（柱径：D）　　表9-4

构件名称	长	看面（宽）	进深（厚）
上槛	面阔 $-D+$ 榫长	0.8D	0.3D
中槛	面阔 $-D+$ 榫长	0.66D	0.3D
下槛	面阔 $-D+$ 榫长	0.5D	0.3D
长抱框	中槛下皮到下槛上皮 + 上下榫长	0.66D	0.3D
短抱框	中槛上皮到上槛上皮 + 上下榫长 或中槛上皮到枋子上皮 + 上下榫长	0.66D	0.3D
间柱	中槛上皮到上槛上皮 + 上下榫长 或中槛上皮到枋子上皮 + 上下榫长	0.66D	0.3D
隔扇抹头	—	隔扇宽的1/10或 1/5D	1.5倍看面或3/10D
隔扇边梃	—	隔扇宽的1/10或 1/5D	1.5倍看面或3/10D
仔边	—	2/3边梃看面	2/3边梃进深
菱花棂条	—	4/5边梃、抹头看面	9/10仔边进深
普通棂条	棂条档之间的距离不小于三个棂条， 不大于五个棂条	1.8cm	2.4cm
绦环板	—	2倍边抹宽	1/3边梃宽
裙板	—	4/5扇宽或按实际	1/3边梃宽
转轴	—	1/2边梃宽	1/2边梃进深
连楹	—	0.4D	0.2D
单楹	2.5倍转轴直径	7/10下槛高	2倍转轴直径
连二楹	4倍转轴直径	7/10下槛高	2倍转轴直径

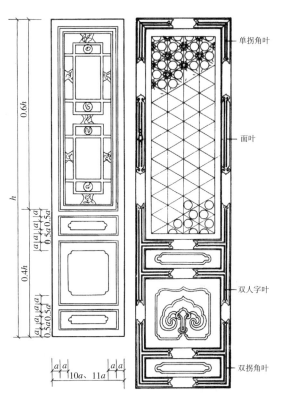

图9-34 五抹隔扇尺寸比
例（左）

图9-35 隔扇上的饰件
（右）

9.3.4 隔扇上的饰件

大型隔扇上一般会在四角安装铜制饰件，这种饰件叫作面叶，上面有云龙花纹。面叶既有加固隔扇边框的作用，又具装饰效果。根据面叶所在的位置，有双拐角叶、单拐角叶、双人字叶、面叶。面叶上用小泡头钉钉在隔扇边抹的节点上，见图9-35。

隔扇转轴上下两端，同样使用套筒、护口、踩钉、海窝等铁件。

9.3.5 隔扇制作和安装

隔扇的边梃和抹头都是凭榫卯结合的，通常在抹头两端做榫，边梃上做卯眼，为使边梃和抹头的线条交圈，榫卯相交的部分需做大割角、合角肩。隔扇的边抹宽厚，自重大，榫卯需做双榫双眼。

裙板和绦环板的安装方法，是在边梃及抹头内面打槽，将板子做头缝榫装在槽内，制作边框时连同裙板和绦环板一并进行安制。

隔扇边框内的隔心，可以做成仔屉。棂条仔屉，凭头榫或销子榫安装在边梃内。菱花仔屉，采用在仔屉上下边留头缝榫，在抹头对应位置打槽，用上起下落的方法安装。

传统建筑隔扇是凭借转轴来开启的，为了使隔扇开启灵活，隔扇之间要留有缝隙，一般以边梃厚的1/10为宜。上门轴固定在中槛内侧的连楹的仓眼内，门轴用金属套筒箍牢，连楹的仓眼下皮安装金属护口。下门轴固定在下槛里侧的单楹或连二楹的海窝里。下门轴宜用金属套筒箍牢，下装踩钉，踩钉落在金属的海窝里。

现代仿古建筑有不用门轴，使用铰链安装的。

隔扇的边梃较厚，开启关闭时同样会有门边碰撞的情况发生。因此，在制作的时候要考虑分缝的大小，并留出油漆地仗所占厚度。关闭是在槛框的内侧，上下都无需留掩缝，隔扇同槛框之间要适当留出缝路，以便开启方便。

9.4 帘架、风门

古代一般在开启的门外安装风门或悬挂门帘，以达到保温的目的。因此，要专门制作帘架和风门。

9.4.1　帘架

1. 帘架的组成

安装有帘架的隔扇称帘架门。帘架由边梃、抹头、横披等组成，见图9-36。

帘架边框：即大边，包括位于帘架两侧的帘架边梃及横向的帘架抹头的总称。帘架边梃的高度为隔扇门高加下槛及中槛的高度，帘架边梃尺寸与隔扇边梃尺寸相同。帘架抹头与帘架边梃尺寸相同，宽度为两扇隔扇门的宽度。

帘架横披：帘架的两根横向木枋之间装横披窗。横披高度为隔扇门高的1/10。

帘架楣子：如果帘架较高可以在横披下装帘架楣子。

2. 帘架的安装

边梃用莲花栓斗或帘架楣子固定在下槛及中槛上。不安装风门的，通常用帘架楣子安装。

9.4.2　风门

1. 风门的组成

位于帘架横披或楣子抹头以下至风门门槛以上，风门居中，两侧安装余塞。风门夏季可以摘下，在帘架外挂竹帘，冬季在风门里面挂棉门帘用以保温。见图9-37。

风门：一般为四抹隔扇，风门的边梃、抹头、仔边的断面尺寸同隔扇门尺寸一致。风门的棂条纹样与隔扇相同。

余塞：也称腿子，一般安装在风门两侧，固定在帘架的边梃、横披或楣子下和下槛上。

风门门槛：也叫哑巴槛，位于风门以下。

荷叶墩：安装风门的帘架，通常用荷叶墩和栓斗固定。荷叶墩紧贴地

图9-36　帘架示意图（左）
图9-37　风门示意图（右）

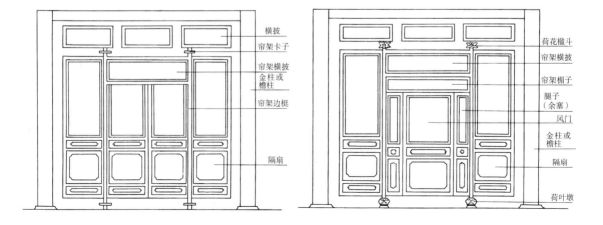

223

图9-38 荷花栓斗和荷叶墩
(a) 帘架荷花栓斗；
(b) 帘架荷叶墩

面安装，荷叶墩具体形式见图9-38。

　　莲花栓斗：位于帘架中槛外皮，尺寸同荷叶墩，莲花栓斗的形式见图9-38。

　　2. 风门的安装

　　传统的风门开启边用金属饰件鹅颈、碰铁、屈戌、仓眼等安装。另一侧边梃上装碰铁。

9.4.3 帘架、风门权衡尺寸

　　帘架和风门的各构件同隔扇的尺寸有密切的关系。常见的帘架、风门构件权衡尺寸见表9-5。

常用的帘架、风门构件权衡尺寸表　　　　　　　　　　　　　　　　表9-5

构件名称	长	看面（宽）	进深（厚）
帘架边梃	隔扇高加上、下槛的高	同隔扇边梃	同隔扇边梃
帘架抹头	帘架宽（两扇隔扇宽）	同隔扇抹头	同隔扇抹头
帘架横披	两根边梃里皮之间的距离	高为隔扇门总高的1/10	同中槛与上槛之间横披
帘架楣子	同帘架横披	—	—
风门	帘架横披抹头下皮到风门门槛上皮	宽为风门高的4/10	厚同隔扇一致
余塞	高同风门	宽为风门外皮到帘架边梃里皮	—
风门门槛	风门加两侧余塞宽及榫长	高同下槛高	厚同帘架边梃厚
荷叶墩	宽度为边梃的2~3倍	高度为下槛高度的1/2	厚为边梃进深的1.5倍或2倍
莲花栓斗	同荷叶墩	同荷叶墩	同荷叶墩

9.5 窗装修

　　在宋代及宋代以前大量使用直棂窗，属于固定窗，其闭合方式一般是在窗的后部装推拉窗。无法开启，采光量少。常用于库房、厨房、庙宇中的山门等。后来出现了各种形式的窗，有槛窗、支摘窗、支窗、夹门窗、什锦窗等许多类型的窗。

9.5.1 槛窗

　　常用于宫殿、坛庙建筑的次间及梢间上，也可用于园林建筑或民间建筑的厅堂上。槛窗通常与隔扇一起使用，因此构造与隔扇一致，就是把隔扇的裙板去掉，放在了槛墙的风槛上。按开间的大小一般安装2~6扇槛窗。

　　槛窗也是按抹命名的，有两抹槛窗、三抹槛窗、四抹槛窗等形式。一般六抹隔扇搭配四抹槛窗，五抹隔扇搭配三抹槛窗，四抹隔扇搭配两抹槛窗，也可以根据实际情况进行调整。

　　1.槛窗的组成

　　槛窗是由上槛、中槛、风槛、抱框（长抱框、短抱框）、间柱、榻板、横披和槛窗窗扇组成。上槛、中槛、抱框、间柱的尺寸和做法同隔扇中的构件尺寸一致。檐里装修，没有中槛，槛窗装在上槛下面和风槛之间，见图9-39。

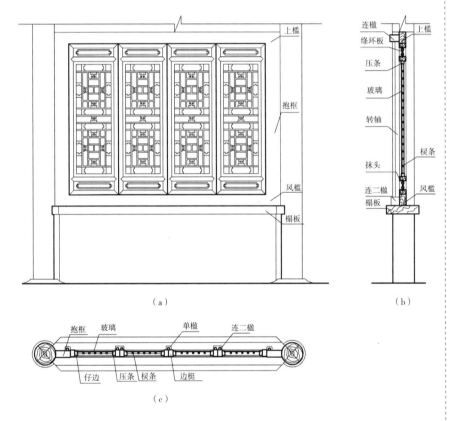

（a）

（b）

（c）

图9-39　槛窗示意图
（a）槛窗立面图；
（b）槛窗剖面图；
（c）槛窗平面图

　　风槛：位于榻板之上的横槛，长和厚及做法同下槛，高是下槛的7/10或0.5D。

　　榻板：俗称窗台板，位于槛墙之上，风槛之下。宽是槛墙宽的1.5倍，厚是3/8D。

　　槛窗窗扇各部件尺寸及做法可以参照同一建筑明间隔扇的尺寸和做法。槛窗的棂条、绦环板的样式和高度均与明间隔扇保持一致。

2. 槛窗的安装及饰件

槛窗窗扇通常为四扇，两边一般做固定扇，中间两扇为开启扇，向内开启，也可以四扇都开启。同隔扇一样，槛窗也用转轴开启，连楹、单楹、连二楹的尺寸同隔扇一致。

大型的菱花槛窗上一样可以安装有双拐角叶、单拐角叶、双人字叶、面叶等铜制饰件。

3. 槛窗的构件权衡尺寸

常用的槛窗构件权衡尺寸见表 9-6。

常用的槛窗构件权衡尺寸表（柱径：D）　　　　　　　　　　表 9-6

构件名称	长	看面（宽）	进深（厚）
上槛	面阔 $-D+$ 榫长	0.8D	0.3D
中槛	面阔 $-D+$ 榫长	0.66D	0.3D
风槛	面阔 $-D+$ 榫长	0.5D	0.3D
榻板	面阔	1.5D	3/8D
长抱框	中槛下皮到风槛上皮＋上下榫长	0.66D	0.3D
短抱框	中槛上皮到上槛上皮＋上下榫长 或中槛上皮到枋子上皮＋上下榫长	0.66D	0.3D
间柱	中槛上皮到上槛上皮＋上下榫长 或中槛上皮到枋子上皮＋上下榫长	0.66D	0.3D
槛窗抹头	—	槛窗宽的 1/10 或 1/5D	1.5 倍看面或 3/10D
槛窗边框	—	槛窗宽的 1/10 或 1/5D	1.5 倍看面或 3/10D
仔边	—	2/3 边框、抹头看面	2/3 边框、抹头进深
菱花棂条	—	4/5 仔边看面	9/10 仔边进深
普通棂条	棂条档之间的距离不小于 3 个棂条，不大于 5 个棂条	1.8cm	2.4cm
绦环板	—	2 倍边抹宽	1/3 边框宽
转轴	—	1/2 边框宽	1/2 边框进深
连楹	—	0.4D	0.2D
单楹	2.5 倍转轴直径	7/10 下槛高	2 倍转轴直径
连二楹	4 倍转轴直径	7/10 下槛高	2 倍转轴直径

9.5.2　支摘窗

支摘窗是常用于民居建筑的次间、梢间的一种窗。支摘窗一般由中槛、上槛、抱框、间框、榻板和窗扇组成，见图 9-40。

支摘窗的中槛、上槛、抱框的尺寸同隔扇，榻板的尺寸做法同槛窗，间框的尺寸同抱框。

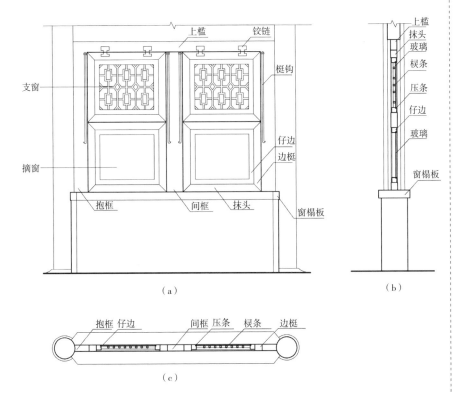

（a）

（b）

（c）

图 9-40　支摘窗示意图
（a）支摘窗立面图；
（b）支摘窗剖面图；
（c）支摘窗平面图

　　支摘窗安装在榻板之上，垂直方向间框居中分隔成两半。间框和抱框之间安装支窗和摘窗，上扇为支窗，下扇为摘窗。窗扇做成内外双层，上支窗一般做成棂条窗，内扇糊冷布或钉纱；下摘扇有糊纸的也有做成薄板的，里扇为玻璃屉子，以保证室内的采光。支摘窗一般体量小，由边框和花心组成，也有的可以加仔边。具体的尺寸见表 9-7。

常用的支摘窗构件权衡尺寸表（柱径：D）　　　　　　表 9-7

构件名称	长	看面（宽）	进深（厚）
上槛	面阔 −D+ 榫长	0.8D	0.3D
中槛	面阔 −D+ 榫长	0.66D	0.3D
榻板	面阔	1.5D	3/8D
抱框	上槛下皮到榻板上皮 + 上下榫长	0.66D	0.3D
间框	同抱框	0.66D	0.3D
支摘窗抹头	—	参见明间的抹头尺寸	参见明间的抹头尺寸
支摘窗边梃	—	参见明间的边梃尺寸	参见明间的边梃尺寸
仔边	—	2/3 边梃、抹头看面	2/3 边梃、抹头进深

9.5.3 支窗

支窗，又称推窗，多用于库房、作坊、值房、殿堂、宫室建筑。与支摘窗的区别是，下面不设摘窗，上下为一整扇支窗。常见的支窗见图 9-41。

图 9-41　故宫建筑的支窗

支窗一般由中槛、抱框、间框、榻板和窗扇组成，其中，中槛、抱框、间框、榻板的尺寸做法与支摘窗相同。同支摘窗的区别就是间框两侧各安一扇整扇或上下两扇都是支窗。

支窗由边梃、抹头组成，没有仔边。

支窗的安装一般有两种：一种是支窗窗扇安装在抱框与间框、中槛与榻板之间，需要在抹头外附加转轴；另一种是支窗窗扇安装在槛框、间框外面，以长出的部分作为转轴，下抹头两头也要出头。

9.5.4 夹门窗

也可称为双耳窗门，多用于民间房屋建筑。门口居中，窗、门均安装在开间之内。门两侧砌槛墙，槛墙上安装榻板、窗扇。夹门窗的平、立、剖面图见图 9-42。

夹门窗的门框做成通天框，下槛使用短下槛，两端压在槛墙内。金里装修，框之间横向有上槛、中槛、下槛，上槛与中槛之间安横披窗，框分成两端门框和短抱框（上下槛之间）；檐里装修，可以不安横披窗，门框之间只安上槛、下槛。有的建筑也有不设上槛的，楣子直接安装在檐枋下。

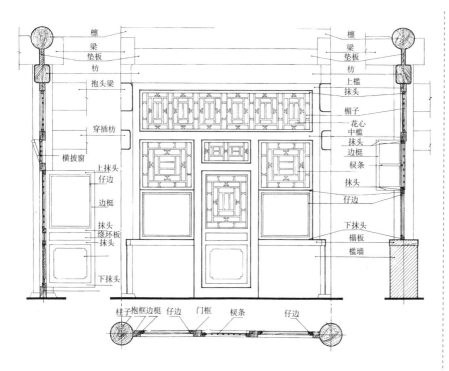

图9-42 夹门窗示意图

夹门窗常见的构件权衡尺寸见表9-8。

常用的夹门窗构件权衡尺寸表（柱径：D） 表9-8

构件名称	长	看面（宽）	进深（厚）
上槛	面阔 $-D+$ 榫长	0.8D	0.3D
中槛	面阔 $-D+$ 榫长	0.66D	0.3D
下槛	面阔 $-D+$ 榫长	0.5D	0.3D
榻板	面阔	1.5D	3/8D
支摘窗抱框	上槛下皮到榻板上皮 + 上下榫长	0.66D	0.3D
门框	上槛下皮到下槛上皮 + 上下榫长	0.66D	0.3D
隔扇抹头	—	隔扇宽的 1/10 或 1/5D	1.5 倍看面或 3/10D
隔扇边梃	—	隔扇宽的 1/10 或 1/5D	1.5 倍看面或 3/10D
仔边	—	2/3 边梃看面	2/3 边梃进深
普通棂条	棂条档之间的距离不小于 3 个棂条，不大于 5 个棂条	1.8cm	2.4cm
绦环板	—	2 倍边抹宽	1/3 边梃宽
裙板	—	0.8 倍扇宽或按实际	1/3 边梃宽

续表

构件名称	长	看面（宽）	进深（厚）
转轴	—	1/2 边框宽	1/2 边框进深
连楹	—	0.4D	0.2D
单楹	2.5 倍转轴直径	7/10 下槛高	2 倍转轴直径
支摘窗抹头	—	参见明间的抹头尺寸	参见明间的抹头尺寸
支摘窗边框	—	参见明间的边框尺寸	参见明间的边框尺寸

9.5.5　什锦窗

开在墙上的窗称为牖窗，什锦窗是装饰性、园林气氛很强的牖窗。一般用于北方四合院及园林建筑的游廊的一侧墙壁上，即可得到极好的装饰效果。

1. 什锦窗的形式

什锦窗的样式很多，有正方形、五边形、六边形、八边形、"十"字形、套方形、圆形、海棠花形、梅花形、双环形、扇形、石榴形、桃形等很多形式。大体可以分为直折线边框的什锦窗和曲线形的什锦窗。常见的什锦窗形式见图 9-43。

图9-43　常见的什锦窗形式

2. 什锦窗的做法

镶嵌什锦窗：是镶嵌在墙上不通透的〝假窗〞，只起装饰墙面作用，不具有通风、透光的效果。天津杨柳青石家大院戏园墙上的假窗见图9-44。

单层什锦窗：在窗框中间安装一樘仔屉，是庭院和园林隔墙上的装饰花窗，又能起到框景的作用，使内外景观既分隔又有联系。单层的砖雕贴脸什锦窗见图9-45。

夹樘什锦窗：在窗框内安装两层仔屉，仔屉内镶玻璃或护纱，其上题诗作画。中间可以装灯，故又称〝灯窗〞。夹樘什锦窗见图9-46。

3. 什锦窗的构造

什锦窗由边框、仔屉、窗筒子口、贴脸等构件组成，见图9-47。筒子口是木质的什锦窗套，一般同墙厚一致。边框装在筒子口内，仔屉用销子安装在边框上，在仔屉里有装玻璃的，有装棂条的。两侧安装贴脸，贴脸有木贴脸或砖贴脸两种。

4. 什锦窗安装

什锦窗一般安装在半壁游廊上，每开间一扇，在开间的居中位置上。什锦窗的中心线一般位于 1.5~1.7m 的位置，是以什锦窗的中心点为准进行安装，见图9-48。

图9-44 镶嵌什锦窗（左）
图9-45 单层什锦窗（中）
图9-46 夹樘什锦窗（右）

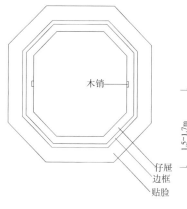
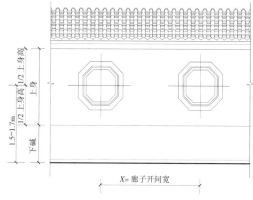

图9-47 什锦窗的构造（左）

图9-48 什锦窗的安装位置（右）

9.6 栏杆、楣子

9.6.1 栏杆

栏杆主要起到围护和装饰作用。一般用于建筑的檐柱之间，也可用于平屋顶上，还可以用于木桥、木楼梯两侧。

1. 栏杆的种类

栏杆的常见形式主要有寻杖栏杆、花栏杆、朝天栏杆和靠背栏杆。

（1）寻杖栏杆：寻杖栏杆都用于楼阁、塔的 2 层以上檐柱间。由望柱、寻杖扶手、腰枋、下枋、地栿、绦环板、牙子、荷叶净瓶组成。寻杖栏杆的具体组成见图 9-49。

（2）花栏杆：主要用于木楼梯两侧或木桥。花栏杆由望柱、横枋和花格棂条组成。花格棂条有直档栏杆、盘长、井口字、亚字、龟背锦、万字不到头等。花栏杆的具体组成见图 9-50。

（3）朝天栏杆：商店平屋顶上邻街一面安装的栏杆，一般用花栏杆。

（4）靠背栏杆：用于游廊、亭、榭的坐凳上面外侧，又称"美人靠""鹅颈椅"。靠背栏杆的具体组成见图 9-51。

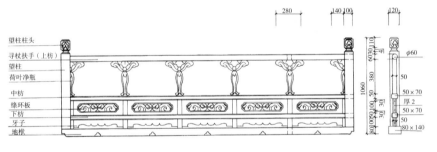

图 9-49　寻杖栏杆示意图

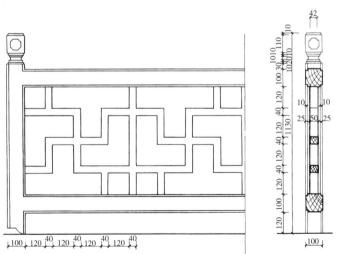

图 9-50　花栏杆示意图

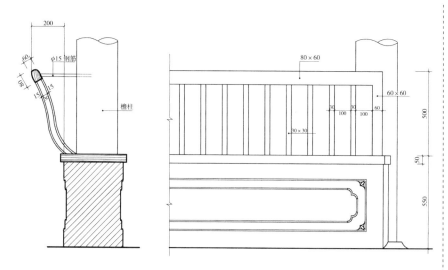

图 9-51　靠背栏杆示意图

2. 栏杆的尺度要求

栏杆的基本组成构件、所在位置及权衡尺寸见表 9-9。

朝天栏杆、花栏杆的构件权衡尺寸表（柱径：D）　　　　表 9-9

构件名称	所在位置	长	看面（宽）	进深（厚）	备注
下枋（地栿）	望柱下面	栏杆总长	望柱看面的 4/5 或与看面相同	大于望柱进深尺寸	可不设
望柱（含柱头）	—	一般高 4 尺（1.3m）左右	4~5 寸或 10~17cm	同看面	—
横枋	望柱之间横向	望柱净空加榫长	7~10cm	7~10cm	2~3 根
立枋	横枋之间	—	7~10cm	7~10cm	可不设
棂条	横枋与立枋之间	—	3~5cm	4~7cm	之间距离不超过 25cm
下枋（地栿）	望柱下面	栏杆总长	望柱看面的 4/5 或与看面相同	大于望柱进深尺寸	可不设

9.6.2　楣子

倒挂楣子一般安装在檐柱间、檐枋下，主要是与下面的坐凳楣子上下呼应，同时起装饰美化作用。

1. 倒挂楣子

倒挂楣子由边梃、抹头、仔边、棂条、花牙子等组成，见图 9-52。一般棂条纹样可用 3 组。

花牙子：位于垂柱与下抹头相交角的下方，垂头的上方，起装饰和美化作用，一般常用薄木板雕刻而成，图案有夔龙、草龙、松竹梅等。

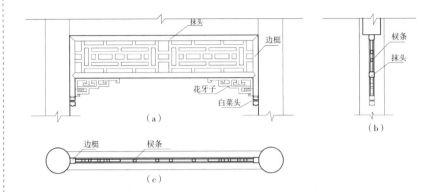

图 9-52 倒挂楣子示意图
（a）立面图；
（b）剖面图；
（c）仰视图

垂头：也称白菜头，高度一般为边梃本身看面宽的 2.5 倍。由上覆莲、下覆莲和束腰三部分组成。上覆莲略短，下覆莲稍长，束腰占 1~3cm 左右。

2. 坐凳楣子

坐凳楣子的做法、样式、布局都同倒挂楣子要保持一致，也是由边梃（腿子）、抹头、仔边、棂条组成。坐凳楣子安装在檐柱之间，地面之上，上面安装坐凳面。坐凳一般控制在高 50cm 左右，否则不适合人坐。坐凳面宽度略大于柱径，板面做成 120° 抹角。见图 9-53。

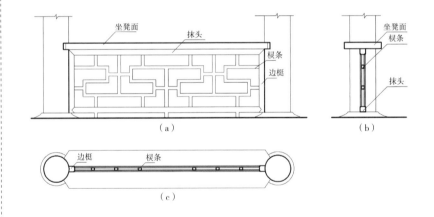

图 9-53 坐凳楣子示意图
（a）立面图；
（b）剖面图；
（c）仰视图

3. 倒挂楣子和坐凳楣子的构件权衡尺寸（表 9-10）

倒挂楣子和坐凳楣子的构件权衡尺寸表 　　　　表 9-10

构件名称	长	看面（宽）	进深（厚）
边梃	—	5cm	5cm
抹头	—	5cm	5cm
仔边	—	2.5~3cm	3~4cm
棂条	—	1.8~2.5cm	2~2.5cm
花牙子	3~4 倍本身宽	花牙子高为 4/10 倒挂楣子宽	2.5cm

续表

构件名称	长	看面（宽）	进深（厚）
白菜头	2.5 倍看面宽	5cm	5cm
坐凳面	—	等于或大于柱径	5cm

9.7　装修纹样

9.7.1　常见的菱花窗心

常见的菱花窗心有白毡纹菱花、三交六椀带毡纹菱花、三交六椀菱花、正交四椀菱花等形式，见图 9-54。

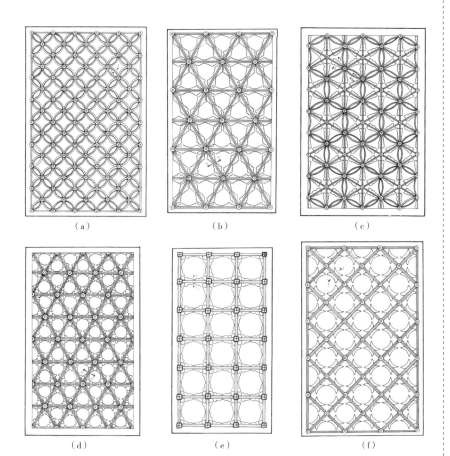

（a）　　　　　　　（b）　　　　　　　（c）

（d）　　　　　　　（e）　　　　　　　（f）

图 9-54　常见的菱花心
（a）白毡纹菱花；
（b）三交六椀菱花（一）；
（c）三交六椀带毡纹菱花；
（d）三交六椀菱花（二）；
（e）双交四椀菱花（一）；
（f）双交四椀菱花（二）

9.7.2　常见的棂格

常见的棂格心的形式有步步锦、冰裂纹、套方、盘长、万字、龟背锦、码三箭夹杆条、拐子锦等多种，见图 9-55、图 9-56。

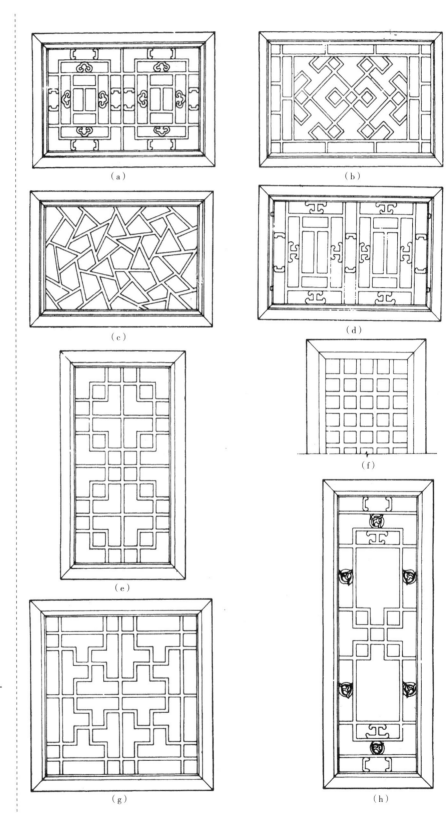

图 9-55　棂条隔心样式一
（a）套方灯笼锦；
（b）盘长类；
（c）冰裂纹；
（d）工字卧蚕步步锦；
（e）套方；
（f）正搭正交方眼隔扇；
（g）正搭正交万字窗；
（h）套方灯笼锦

图 9-56 棂条隔心样式二
（a）灯笼框；
（b）码三箭；
（c）盘长；
（d）夹杆条玻璃屉；
（e）正搭斜交万字窗格；
（f）拐子锦窗格；
（g）龟背锦

9.7.3 裙板上常用的图案

隔扇上裙板也雕刻不同的图案，皇家宫殿、园林等雕刻龙、凤纹饰，故宫隔扇裙板上的龙凤纹饰见图9-57；民居有的雕刻图案比较自由，以人物故事、风景、花卉、博古等图案为主，见图9-58；用得最多的图案就是各种样式的如意纹，见图9-59。

图9-57 故宫裙板上的龙凤图案（左）

图9-58 民居裙板上的风景图案（右）

图9-59 裙板上的如意图案

9.8 内檐装修隔断

内檐装修相比较外檐装修，更为精美，用料、制作和油饰等方面更为考究。内檐装修大多可以灵活装卸，有机地组织室内空间。

9.8.1 碧纱橱

碧纱橱是安装于室内的隔扇，用于进深方向的柱间。一般由 6~12 扇组成，宽度在 40~55cm 为宜。碧纱橱裙板、绦环上作精细雕刻，仔屉为夹樘做法。并绘制花鸟草虫、人物故事，或题写诗词，见图 9-60。

9.8.2 罩

罩是古建室内装修的重要组成部分，用于分隔室内空间，并有很强的装饰作用，通常用于居室进深方向。常见的有几腿罩、栏杆罩、落地罩、落地花罩、炕罩等形式，见图 9-61。

（1）几腿罩：通常用于进深不大的房间，由槛框、小花罩、横披等部分组成。

（2）栏杆罩：栏杆罩由槛框、大小花罩、横披、栏杆组成，共有四根落地边框。两根立框将整组分三樘，两根抱框，两侧的抱框和立框之间上安花罩，下安栏杆。这种形式的罩一般用于进深较大的房间。

（3）落地罩：由槛框、横披、隔扇、花牙子等部分组成。落地罩常见的形式还有圆光罩、八角罩两种形式。

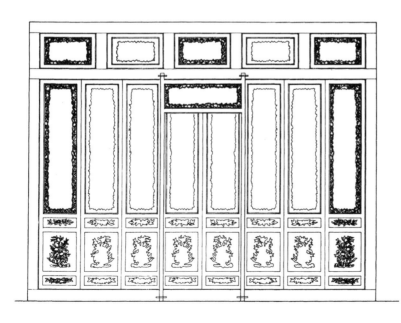

图9-60 碧纱橱

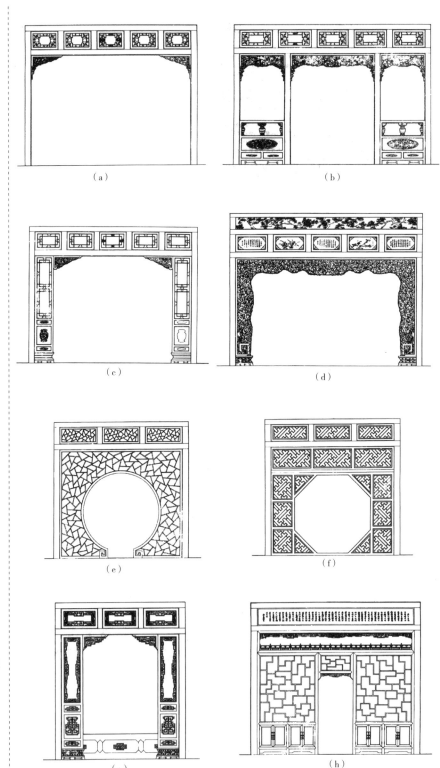

图9-61 各种形式的罩及
博古架
（a）几腿罩；
（b）栏杆罩；
（c）落地罩；
（d）落地花罩；
（e）圆光罩；
（f）八角罩；
（g）炕罩；
（h）博古架

（4）落地花罩：是花罩中最华丽的一种，花罩安装在挂空槛上，并沿抱框延伸，落在下面的须弥墩上，花罩横披上常雕刻或书写诗词歌赋。

（5）炕罩：又称床罩，是安装在床榻前面的花罩。室内顶棚高的须加顶盖。

9.8.3 博古架

又称多宝格，兼有家具和室内装修功能。一般分上下两段，上为博古架，下为板柜。顶部可做朝天栏杆，空间大时加横披板壁，雕文字、花卉图案。

9.8.4 木板壁

用于室内分隔空间的木板墙，多用于进深方向的柱间，由大框和木板组成。

9.8.5 太师壁

多用于南方民居的厅堂等公共建筑中，位于堂屋后檐金柱间的板面装修，板面也可做成隔扇或板壁，上雕文字、纹饰，太师壁前常放条案或架几案，上置陶瓷及文玩陈设。两旁有小门进出。

9.9 天花、藻井

9.9.1 天花

天花可以降低过高的顶棚，起到保温隔热、防尘的作用，并且起到良好的艺术效果。

1. 天花的种类

（1）井口天花：用"支条"以榫卯结合做成方格，支条上放木板，木板上雕刻或绘制各类图案。分软做和硬做。图案有团龙、团凤、团鹤、牡丹等，井口天花多用于宫殿、庙宇。

（2）海墁天花：软海墁天花是在"白樘箅子"上糊纸。硬海墁天花是板条抹灰。海墁天花用于府邸、民居。

2. 海墁天花

1）海墁天花的构造

海墁天花的构造比较简单，主要由贴梁、木顶格扇、吊杆组成。木顶格扇是由边梃和抹头及楞条组成。楞条组合成方格状，钉在边梃、抹头上。每扇木顶格宽度为 60~100cm，长为 200~1300cm。各扇木顶格底皮持平，下面糊纸。海墁天花的构造见图 9-62。

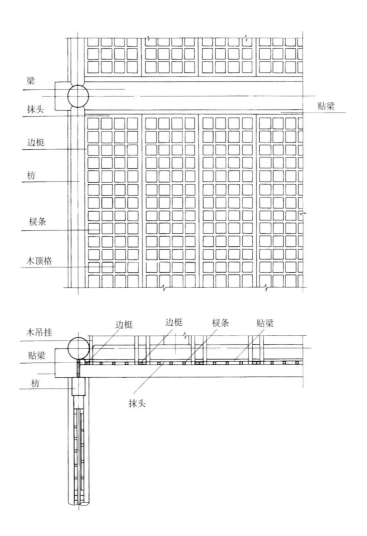

图9-62　木顶格

2）海墁天花的组成构件

贴梁：钉在梁及枋子的侧面。

木顶格边梃：木顶格的两长边。

木顶格抹头：木顶格的两短边。

榥条：木顶格内横纵的小木枋。榥条空当为6倍榥条的宽。

吊挂：木顶格以上竖向的木构件。

3）海墁天花构件的尺寸权衡

海墁天花构件的权衡尺寸见表9-11。

3．井口天花

1）井口天花的构造

井口天花不用吊挂，全靠天花梁、天花枋、帽儿梁、支条、天花板等木构件组成。井口天花的构造见图9-63。

构件名称	长	看面（宽）	高（厚）
贴梁	随面阔、进深减去枋、梁厚的1/2	檐枋高的1/4	檐枋高的1/4
木顶格边梃	1.3~2m	贴梁的8/10	本身宽的8/10
木顶格抹头	0.6~1m	同边梃	同边梃
棂条	—	边梃、抹头看面的5/10	同边梃
吊挂	举架不同长度不同	同边梃	同边梃

井口天花的构件权衡尺寸表　　　　表 9—11

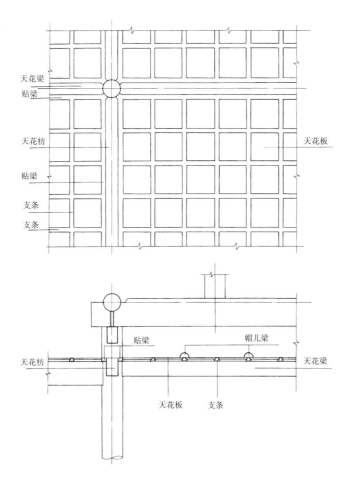

图9-63　井口天花

2）井口天花的组成构件

天花枋：安装在金枋和檐枋下，面阔方向的木构件。

天花梁：与天花枋同一标高，位于进深方向的木构件。

帽儿梁：天花梁上皮，面阔方向的木构件，两端搭在天花梁上，起到井字天花的龙骨的作用，常同支条连做。

贴梁：贴在天花枋、天花梁两个侧面的木构件。

支条：与贴梁同标高，组成天花井口的纵横木条，分为通支条、连二支条、单支条。

通支条：附在帽儿梁下面的通长木条，有时与帽儿梁为一木组成。

连二支条：长度为 2 倍的井口，用于通支条之间。

单支条：长度为一井天花的支条，用于连二支条之间。

天花板：放置在支条的上方。

3）井口天花构件的尺寸权衡

传统井口天花构件的权衡尺寸见表 9-12。

仿古建筑的井口天花，支条的看面可掌握在 10cm 左右，井口 50cm×50cm~70cm×70cm。

井口天花的构件权衡尺寸表 表 9-12

构件名称	长	看面（宽）	高（厚）
天花枋	随面阔	1/2 柱径	高为本身宽的 1.3 倍
天花梁	随进深	宽本身高的 8/10	高为 8/10 的金柱径
帽儿梁	长同面阔	宽 4 倍斗口	厚 4~4.5 倍斗口
贴梁	随面阔、进深尺寸	宽 1.5 倍斗口	厚 1.2 倍斗口
支条	随面阔、进深尺寸	宽 1.5 倍斗口	厚 1.2 倍斗口
天花板	随井口长	随井口宽	厚 1 寸或支条宽的 1/3

9.9.2　藻井

藻井又名天井、龙井、方井、圆井，用于明间正中，是一种等级最高的室内顶棚装饰手法。多用于宫殿、寺庙、坛庙，藻井的下方安置皇帝的宝座、佛像或祭台等。主要作用为装饰；此外，藻乃水中之物，加之井，皆有水能避火之意。

藻井的构造做法一般分三层，下方上圆以象征天圆地方，藻井当中八方形，见图 9-64。

（1）下层为方井，在面宽方向用两根长趴梁架在天花梁上，长趴梁之间加短趴梁，形成井口，方井里口的斗栱仅做半面，是用银锭榫挂贴在枋木上。

（2）中层用趴梁和抹角梁构成八角骨架构架。

（3）上层圆井：用层层木板挖、拼叠落形成圆穹。斗栱也是用榫卯挂在圆穹内壁上。圆井顶盖称"明镜"，板下雕造蟠龙。

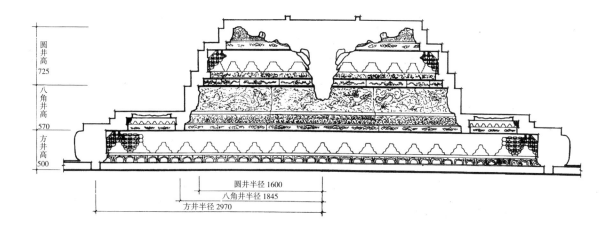

图9-64　清式藻井（北京故宫太和殿藻井）的剖面图

课后任务

1. 习题

（1）外檐装修与内檐装修都包括哪些内容？

（2）大门的几种基本形式。

（3）大门的设计方法。

（4）隔扇的设计方法。

（5）槛窗的设计方法。

（6）支摘窗的设计方法。

（7）夹门窗的设计方法。

（8）倒挂楣子和坐凳楣子的设计方法。

（9）栏杆的设计方法。

（10）天花的形式有哪些？

2. 分组实训

扫描二维码9-1，浏览并下载本单元工作页，请在教师指导下完成相关分组实训。

二维码9-1　单元九工作页

10

单元十
古建筑木作修缮

学习目标：

掌握木作修缮的原则和规定，能够制订古建
筑大木构件的修缮方案，能够制订古建筑木
装修的修缮方案。

学习重点：

古建筑大木构架的修缮方案。

学习难点：

古建筑木装修的修缮方案。

10.1 古建筑修缮原则及修缮方案的制订

10.1.1 古建筑修缮原则

古建筑修缮，必须遵守不改变文物原状的原则。原状系指古建筑个体和群体中一切有历史意义的遗存现状。若确需恢复到创建时的原状或恢复到一定历史时期特点的原状，必须基于现实需要及可行性，并具备可靠的历史考证和充分的技术论证。

1. 在维修古建筑时，应确保遵循的"四有"原则

（1）原来的建筑形制，包括原来建筑的平面布局、造型、法式特征和艺术风格等；

（2）原来的建筑结构；

（3）原来的建筑材料；

（4）原来的工艺技术。

2. 采用现代材料和现代技术的注意事项

如果采用现代材料和现代技术能更好地保存古建筑时，应用时要注意以下两条：

（1）仅用于原结构或原材料的修补、加固，不得用现代材料去替换原用材料。

（2）先在小范围内试用，再逐步扩大其应用范围。应用时，除应有可靠的科学依据和完整的技术资料外，尚应有必要的操作规程及质量检查标准。

10.1.2 修缮方案的制订

1. 现状的勘察

古建筑的勘察，可以分法式勘察和残损情况勘察两类。法式勘察，应对建筑物的年代特征、结构特征和构造特征进行勘察；残损情况勘察是对建筑的承重结构及其相关工程损坏、残缺程度与原因进行勘察。

1）建筑总体的勘察

建筑的木结构、构件及其连接尺寸；木结构的整体变位和支撑情况；木材材质情况，包括腐朽、虫蛀、变质部位的范围和程度及规格、品种等；承重构件的受力和变形状态；历代维修加固措施的资料。

2）构件的勘察

梁、枋、柱等主要承重构件有无歪闪、糟朽、下垂、劈裂、折断、拔榫等情况；斗栱有无严重下沉、缺失；角梁有无拔榫糟朽；椽望构件有无糟朽、劈裂、弯垂等情况。

2．设计工作

1）确定工程方案

确定一座残毁建筑如何修缮，最基础的条件是残毁程度如何，该小修的不要大修，应该修补的构件不能随意更换新料。急需的先修，不急需的缓修或临时采取加固措施。

2）编制各种设计、施工文件

主要包括设计图纸、做法说明书和工程预算书。

设计图纸有两种：一种是修缮前的现状图，即实测图；另一种是修缮后的效果图，即设计图。做法说明书包括编写做法说明书的目的、修理意图、方法，是施工中技术措施的重要依据之一。主要内容有：修缮的目的，建筑物法式特征及其他特征；残毁的基本情况、修理范围及主要构件的数量，例如梁、枋、柱等应注明修缮根数；修缮技术措施的实施方法、操作程序、技术要求和所用材料规格、加工程序等。

3）编制造价

修缮方案和设计工作完成后，要根据设计图纸和做法说明书，计算工程量，完成工程造价。主要是编制工程概算和工程预算，概算较为粗犷，预算则需要编制详尽，并作为施工的控制指标。预算需报主管部门审批。

3．审批

各种工程的设计工作完成后，需按《中华人民共和国文物保护法实施条例》的规定送有关主管部门审查批准，然后才能进行施工。

（1）保养工程：包括工程做法说明书、施工预算，尽可能地附有图纸。

（2）抢救工程：至少应包括加固做法说明书及设计图纸、施工预算，并需附送残毁情况的清晰照片。重大工程需附送结构计算书。

（3）修理工程：包括现状实测图、设计图、做法说明书、设计预算。

（4）复原工程：一般分为两次呈报，第一次为方案图，也就是初步设计，应包括现状实测图、复原方案设计图、方案说明书、概算；第二次呈报技术设计，除实测图、设计图外，应包括各种结构大样图、做法说明书、设计预算等。

（5）迁建工程：呈报文件与修理工程基本一致，此外应附加迁建理由的说明、新地址环境的图纸。

10.2 大木构架的修缮

10.2.1 临时抢救措施

临时抢救措施，是在不具备彻底修缮的情况下执行的必要的措施。不能从根本上修缮构件，等将来彻底修理时拆除。因此，要遵循不要过多地干预原构件的原则。

1. 整体或局部梁架歪闪

处理的方法最简单有效的就是面对歪闪方向进行支撑。撑杆用圆木或方木的杉木，直径同长度的比不超过 1/20。撑杆与地面的夹角为 30° 左右，撑杆与构件之间要安装拉杆，形成三角形支架，较大的构件可用两根拉杆。

2. 大梁折断弯垂

在大梁折断处或最大弯垂处用木柱支顶，柱头垫 5~10cm 的厚木板，木板宽同梁底皮。如果位于室内，也要在柱根垫木板，减少对地面的压强，保护地面下沉。支撑木柱的直径同长度的比不超过 1/20。跨度大于 6m，可在中间加一根木柱支撑。

3. 梁枋拔榫

轻微拔榫 1~3cm 时，用铁扒锔子（直径 6~8mm 钢筋）钉牢即可。拔榫严重，超过榫长的 1/2 的，则需在梁、枋底皮加柱子支顶。

4. 柱根糟朽下沉

一般在大梁头里侧的底皮和斗栱正面各加两根柱子支撑，或柱子两侧各加一根柱子支撑。

5. 翼角下沉

在角梁端部的底皮支撑木柱子一根。

6. 檐头下沉、斗栱外闪

用撑杆顶在外出第一翘头的底皮。如果歪闪严重，必须在斗栱的正面撑杆，不能在背面支顶。也可在斗栱后部或檐檩后部加铁条拉接在梁上，二层建筑更适合应用此方法。

7. 檩折断或拔榫

拔榫处加铁锔子加固，折断时应附加小檩子，紧靠折断的檩上下附加圆木以承托上下的椽子。

8. 椽子腐朽折断

椽子两侧附加 1~2 根椽子；或在折断处横托木板，两端钉牢在完好的椽子上；檐头椽子折断时，可在托板两侧加柱子支撑，柱子宜放在椽子下面，不宜放在空椽挡内。

10.2.2 柱子的修缮

1. 包镶柱根

柱子的根部糟朽不是很严重的时候，仅剔除表面的糟朽部分，用木材包镶贴补。

适用情况：此种方法适用于糟朽部分不影响受力的情况。大多数檐柱置于墙内，最易发生柱根糟朽，仅表皮糟朽柱心完整不超过柱根直径的 1/2 时，采取剔补加固的方法，将糟朽部分剔除干净，用干燥旧木料依原样式、尺寸补配整齐。周围剔补需加铁箍 1~2 道。

2. 拼攒柱拆换拼包木植

使用几根截面积较小的木料，拼合成较大截面的柱子称拼攒柱，通常选取木植外层的木料，是古建筑工程中用于节省木料的一种方法。

3. 墩接柱子

锯掉糟朽柱根，重新制作一段柱子，采用榫接的方式在柱根部连接。

（1）采用"巴掌榫"墩接：墩接柱与旧柱搭交长度最少应为 40cm，用直径 1.2~2.5cm 的螺栓连接，或外用铁箍 2 道加固。

（2）采用"抄手榫"墩接：在柱根断面上画十字线，分为四瓣，相交处都剔去十字瓣的两瓣，上下交叉，长度为 40~50cm，外用铁箍 2 道加固。

（3）采用"螳螂头榫"墩接：墩接柱上做螳螂头式榫，插入原柱内。长度 40~50cm，榫宽 7~10cm，深同柱径。

（4）适用情况：此种方法适用于柱根糟朽严重，已经影响受力的情况。自柱根部向上高度不超过柱高的 1/4 时，通常可以采用墩接的方法，更适宜用于露明的柱子。

暗柱柱子墩接还可以用混凝土墩接和砖石墩接等的方法。

4. 抽换柱子

超过墩接规定或柱子的形制与原来不符的，采用更换柱子的方法。

（1）更换要注意的问题：更换的构件是原建的旧物，则按原件严格复制；后来经过修缮与原规制不一致的，要按原有规格进行复制；拼合柱要按原来的榫卯进行复制。

（2）材料的选择：原则上选择与原构件相同的干燥木材，应把含水率控制在 15% 以下。如果原有木材质地太差，可用质地较好的材料代替，木纹应顺直，最好不用扭纹的木材，因为扭纹的木材最容易劈裂。

10.2.3 梁、枋的修缮

1. 大梁的修缮

（1）弯垂：弯垂在梁长的 1/400~1/100 之间的，是安全可靠的。大于 1/100 则容易出现折断，如果无糟朽，则可翻转使用重物加压，也可在主要受力点加钢柱支撑。

（2）裂纹：裂纹长不超过梁长的 1/2，深度不超过梁宽的 1/4，只需要加 2~3 道铁箍。

裂缝大于 5cm 时，在加铁箍前应用木条嵌缝；裂缝的深度、长度超过上述范围，但未糟朽、无垂直裂纹时，用环氧树脂加石英粉灌浆即可。

（3）底部断裂：底部出现断裂已经减少了受力截面积，应对剩余截面积进行力学核算，不超过范围的，可采用两侧加钢板或槽钢加固梁底。

（4）糟朽与更换：砍去糟朽部分后，对旧梁枋用旧料钉补完整，胶接牢固，钉补面积过大的外加 1~2 道铁箍。

2. 角梁的修缮

（1）梁头糟朽：老角梁的梁头糟朽不超过出挑长的 1/5 时，可锯掉糟朽部分，用新的木件按原有式样更换，与原有构件刻榫连接。超过该范围的，用榫插入梁粘牢后用螺栓和铁箍 2~3 道加固。

（2）梁尾劈裂：劈裂部分可以灌浆粘牢，在安装时在檩的外皮加铁箍一道，以加强老角梁和仔角梁的连接；也可在梁尾用钢板包住梁尾。

3. 额枋的修缮

糟朽、弯垂、劈裂的处理与大梁相同。额枋常会因为梁架的歪闪发生拔榫或折断。拔榫可以直接拆安归位。折断时，将糟朽的榫头去除，在额枋上开卯口，超过榫头的 4~5 倍时，用干燥的硬木心做成新的榫头嵌入，用环氧树脂粘牢并用螺栓紧固。

10.2.4 檩的修缮

常见的有拔榫、折断、劈裂、弯垂及向外滚动、虫蛀等情况。

1. 拔榫的修缮

由于梁架歪闪或剧烈震动引起。榫头完整的，可在归安时用铁锔子加固，铁锔子一般用直径 1.2~1.9cm 的钢筋，长 30cm 左右；也可以用扁铁代替铁锔子，断面一般为 0.6cm×5cm，加铁钉加固。转角处用"十"字形扁铁加固。

若榫头糟朽，正身完好，用硬杂木做假榫头。

2. 糟朽的修缮

糟朽程度小于檩径的 1/5 时，可以继续利用，将糟朽处砍除，用同种木材修补；糟朽深度在 1~2cm 时只需砍除，不用处理。

3. 折断的修缮

折断裂痕上下贯通时，檩子要进行更换；仅底部有裂痕，高度小于檩径的 1/4 时，可以加 2 道铁箍加固。

4. 弯垂的修缮

弯垂不超过檩长的 1% 时，可在弯垂处衬木衬平，也可以拆除后翻转归安。弯垂超过檩长的 1% 时，则需更换新檩子。

5．劈裂的修缮

裂口长度超过檩长的 2/3，深度超过檩径的 1/3 时，应更换。不超过上述范围的可以加铁箍 1~2 道。小于 3mm 的裂缝，可在做地仗时再处理。

6．更换檩子

尽可能使用旧料，或经干燥处理的新料，含水率要控制在 15% 以下，样式和规格及榫卯结构需同原件保持一致，应与旧榫卯搭接严实。

7．檩子外滚的修缮

檩子接头处，把原来的钉椽子改为螺栓穿透檩子，增加节点的稳定性，螺栓的直径一般为 1.2~1.9cm，一般做两道螺栓紧固，开间较大的可再加一道螺栓紧固；也可以用扁铁在脊檩处拉接前后坡的脑椽，扁铁断面 5cm×0.5cm。加铁板是因为旧椽的钉孔不利于螺栓的紧固，更换过多的新椽，增加工程量，因此要两种方法共同使用。

10.2.5　斗栱的修缮

斗栱易出现的损坏有扭曲变形，榫头折断、劈裂、糟朽，斗耳脱落、小斗滑落等。

1．单体构件的修补

斗：劈裂为两半，断纹能对齐的粘结后继续使用。断纹不能对齐或严重糟朽的应更换。斗耳断落的应按原样式尺寸补配，粘牢钉固。

昂、栱：劈裂未断的可灌缝粘牢，左右扭曲不超过 0.3cm 的应继续使用，超过的可更换。榫头断裂无糟朽的灌浆粘牢，糟朽严重的可锯掉重新接榫。

正心枋、外拽枋、挑檐枋：此类构件长度与面阔或进深相同。斜劈裂纹的可在枋内用螺栓加固或灌缝粘牢。糟朽不超过断面 2/5 的可用木料钉补齐整，超过此范围应更换。

2．整体修配

残损比较严重的可以采取整体修配的方法：一种是拆卸下来在地上修配，一种是在架子上修配。

地上安装要在地上画出柱头斗栱安装的中心线，用砖块模拟柱高，各攒斗栱在抄平的砖石垫块上安装，边安装边修整。此种方法相当于在正式安装之前进行一次预安装。

架子上修配，需要在柱子安装完毕以后，在施工架子上按各攒斗栱的原来位置逐层安装，逐层检查修配。此种方法免去了在现场预先安装后二次拆卸的手续，但延长了整体梁架安装的工期。

10.2.6　椽望的修缮

1. 椽子的修缮

（1）损坏情况：椽子的损坏主要有糟朽、劈裂、弯垂等情况。糟朽大多数是由于长时间房屋严重漏雨，劈裂多数情况是由于木材在干燥过程中内外收缩不一致引起的，或施工过程中用的木材含水率超过标准，也可能是施工过程中操作不当、用力过猛造成椽头的劈裂。

（2）修缮鉴定：局部糟朽不超过原有直径的 2/5 的尚可使用。椽子背部腐烂深度不大于椽径的 1/4 的可以继续使用。椽头糟朽时尽量更换构件。劈裂不超过椽径的 1/2 的可以利用。弯垂不超过长度的 2% 的可以使用。

（3）修缮方法：小裂缝可在施工时嵌补灰；大裂缝则需要嵌补木条，粘牢后用铁箍包钉加固；必须更换椽子的，则应长椽改短椽，例如将不合格的檐椽改为花架椽或脑椽。必须使用新木料时，则尽量用杉木和落叶松，不宜用枋子改制。

2. 飞椽的修缮

（1）损坏情况：飞椽头部受雨淋易糟朽，尾部易发生劈裂、折断。

（2）修缮方法：不影响钉大连檐的应继续使用；残留头尾比在 1∶2 的仍然可以利用；裂缝长不超过椽径的 1/2 的，可用铁箍加固；超过以上范围需更换新的飞椽。

3. 翼角椽、翘飞椽的修缮

（1）损坏情况：翼角部分最易弯垂、漏雨，翘飞椽尾部易发生劈裂、折断。

（2）修缮方法：翼角椽、翘飞椽在拆除更换时，应逐一编号，绘制原状图，凡用新构件的按照旧制进行恢复。

4. 望板的修缮

（1）损坏情况：横铺的做法板薄，易受潮腐朽，通常望板的修缮工作量都在 50% 以上。

（2）修缮方法：望板只要不是糟朽都可以继续使用，顺铺的不能随意改为横铺，应按原规制。横望板更换一般用厚 2~2.5cm 的松木板或杉木板，宽 15~30cm，长度不低于 1m。

5. 连檐、瓦口的修缮

（1）损坏情况：连檐、瓦口等构件断面小、长度大，拆卸过程中极易折断。

（2）修缮方法：连檐、瓦口更换一般用红松木条，木条长度不低于 2m，样式及尺寸应按原规制。

10.3　木装修的修缮

10.3.1　板门修缮

1. 板门裂缝的修缮

（1）损坏原因：裂缝原因可能由于所用木料没有干透，也有可能是年久木材收缩。

（2）修缮方法：板门上一般微细的裂缝可在做地仗时用腻子抿平；裂缝大于 10mm 时，可以用通长的木条嵌补粘结严实；裂缝较大时，就需要把板门的门扇拆卸，修复后重新安装。

2. 板门下垂的修缮

（1）损坏原因：门轴受压，端头劈裂或长久磨损使门扇下垂。

（2）修缮方法：可采用加铸铁套筒，恢复其原来的高度；还可以在门枕处加一个"海窝"支撑门轴重量；也可以在门槛里加铁圈，防止偏斜。

3. 板门上零件修缮

如果出现板门上门钉、门钹等缺失，可以按原样、原材料进行填配。

10.3.2　隔扇、窗修缮

1. 门扇歪闪变形的修缮

（1）损坏原因：由于开启频繁，门窗扇四框的边梃、抹头出现榫卯脱落造成整体变形。

（2）修缮方法：将门扇拆卸下来，重新用胶加楔子组装，还可以在转角处用"T""L"形的薄铁加固。

2. 边抹劈裂的修缮

局部小面积劈裂、糟朽时，可以用钉和胶剔补整齐；糟朽、劈裂面积较大的，应该更换边抹。

3. 隔扇隔心残缺的修缮

（1）损坏原因：从简单的隔心到菱花心，都有棂条细、交接点多、整体连接的强度弱、因为年久或地震等影响而残缺不全等原因。

（2）修缮方法：为了便于修缮，通常把旧隔扇心整体拆卸下来，取下四周的仔边，隔心拼合后再重新安装。粘牢新旧棂条，接口应抹斜，背面用镀锌薄钢板拉接加固。

（3）注意的问题：尽量使用与原隔心心屉同种类的木料；干燥的木料含水率控制在 8% 以下；新增加棂条、菱花要按原有旧棂条、菱花的断面做法。

10.3.3 天花、藻井修缮

1. 天花的修缮

（1）损坏原因：常出现支条下垂，主要是帽儿梁的长度不够，两端本应搭接在梁上，反而压在支条上，当铁吊挂年久折断，帽儿梁成为支条不应有的负担，这就是支条损坏的原因。

（2）修缮方法：在支条搭接处加拉接铁板，有"十"字形、"T"形和"L"形铁板，板宽5~7cm，厚0.3cm，用螺钉钉牢，或者增加帽儿梁的铁拉杆。

天花整体弯垂时，可以在支条底皮用镀锌薄钢皮加固钉牢。支条槽朳或榫头劈裂的可按原尺寸、原材料更换。

天花板缺失、损坏的，用干燥的木板补配。

2. 藻井的修缮

1）整体下沉

损坏原因：藻井上面构件小，榫卯简单，年久后会出现整体下沉、松散，构件脱落。

修缮方法：应搭脚手架，仔细检查，松散轻微的在藻井背面拉扯铁板、铁钩等与周围梁枋连接牢固。严重的则应拆卸下来重新归安，在底部垫木板，用捯链吊平，用铁钩固定在周围梁枋上。

2）单体构件补配

藻井内斗栱的小斗、栱容易坠落，年久不易寻找，补配用干燥木料做好外轮廓，安装时开卯粘牢。残缺的雕龙等，无原状可寻的一般不再修配，仅用胶把现存的部分粘牢。

附　录

清式建筑木构件权衡表

清式带斗栱大式建筑木构件权衡表（单位：斗口）

类别	构件名称	长	宽	高	厚	径	备注
柱类	檐柱		70 至挑檐桁下皮			6	包含斗栱高在内
	金柱		檐柱加廊步五举			6.6	
	重檐金柱		按实际			7.2	
	中柱		按实际			7	
	山柱		按实际			7	
	童柱		按实际			5.2 或 6	
梁类	桃尖梁	廊步架加斗栱出踩，加 6 斗口		正心桁中至耍头下皮	6		
	桃尖假梁头	平身科斗栱全长，加 3 斗栱		正心桁中至耍头下皮	6		
	桃尖顺梁	梢尖面宽加斗栱出踩，加 6 斗口		正心桁中至耍头下皮	6		
	随梁			4 斗口 +1/100 长	3.5 斗口 +1/100 长		
	趴梁			6.5	5.2		
	踩步金			7 斗口 +1/100 长或同五、七架梁高	6		断面与对应正身梁相等
	踩步金（踩步随梁枋）			4	3.5		
	递角梁	对应正身梁加斜		同对应正身梁高	同对应正身梁厚		建筑转折处之斜梁
	递角随梁			4 斗口 +1/100 长	3.5 斗口 +1/100 长		递角梁下之辅助梁
	抹角梁			6.5 斗口 +1/100 长	5.2 斗口 +1/100 长		
	七架梁	六步架加 2 檩径		8.4 或 1.25 倍厚	7 斗口		六架梁同此宽厚
	五架梁	四步架加 2 檩径		7 斗口或七架梁高的 5/6	5.6 斗口或 4/5 七架梁厚		四架梁同此宽厚
	三架梁	二步架加 2 檩径		5/6 五架梁高	4/5 五架梁高		月梁同此宽厚
	三步梁	三步架加 1 檩径		同七架梁	同七架梁		

类别	构件名称	长	宽	高	厚	径	备注
梁类	双步梁	二步架加1檩径		同五架梁	同五架梁		
	单步梁	一步架加1檩径		同三架梁	同三架梁		
	顶梁（月梁）	顶步架加2檩径		同三架梁	同三架梁		
	太平梁	二步架加檩金盘一份		同三架梁	同三架梁		
	踏脚木			4.5	3.6		用于歇山
	穿			2.3	1.8		用于歇山
	天花梁			6斗口+2/100长	4/5高		
	承重梁			6斗口+2寸	4.8斗口+2寸		用于楼房
	帽儿梁					4+2/100长	天花骨干构件
	贴梁		2		1.5		天花边框
枋类	大额枋	按面宽		6	4.8		
	小额枋	按面宽		4	3.2		
	重檐上大额枋	按面宽		6.6	5.4		
	单额枋	按面宽		6	4.8		
	平板枋	按面宽	3.5	2			
	金、脊枋	按面宽		3.6	3		
	燕尾枋	按面宽		同垫板	1		
	承椽枋	按面宽		5~6	4~4.8		
	天花枋	按面宽		6	4.8		
	穿插枋			4	3.2		《清式营造则例》称随梁
	跨空枋			4	3.2		
	棋枋			4.8	4		
	间枋	同面宽		5.2	4.2		用于楼房
桁檩类	挑檐桁					3	
	正心桁	按面宽				4~4.5	
	金桁	按面宽				4~4.5	
	脊桁	按面宽				4~4.5	
	扶脊木	按面宽				4	
瓜柱	柁墩	2檩径	按上层梁厚收2寸		按实际		
	金瓜柱		厚加1寸	按实际	按上一层梁收2寸		

类别	构件名称	长	宽	高	厚	径	备注
瓜柱	脊瓜柱		同三架梁	按举架	三架梁厚收2寸		
	交金墩		4.5斗口		按上层柁厚收2寸		
	雷公柱		同三梁架厚		三架梁厚收2寸		庑殿用
	角背	一步架		1/3~1/2脊瓜柱高	1/3高		
垫板、角梁	由额垫板	按面宽		2	1		
	金、脊垫板	按面宽	4		1		金脊垫板也可随梁高酌减
	燕尾枋		4				
	老角梁			4.5	1		
	仔角梁			4.5	3		
	由戗			4~4.5	3		
	凹角老角梁			3	3		
	凹角梁盖			3	3		
瓦口、衬头木	方椽、飞椽		1.5		1.5		
	圆椽					1.5	
	大连橡		1.8	1.5			里口木同此
	小连橡		1		1.5望板厚		
	顺望板				0.5		
	横望板				0.3		
	瓦口				同望板		
	衬头木			3	1.5		
歇山、悬山、楼房各部	踏脚木			4.5	3.6		
	穿				1.8		
	草架柱				1.8		
	燕尾枋				1		
	山花板				1		
	博缝板				1.2		
	挂落板				1		
	滴珠板				1		
	沿边木		同楞木或加1寸		同楞木		
	楼板				2寸		
	楞木	按面宽		1/2承重高	2/3自身高		

小式（或无斗栱大式）建筑木构件权衡表（单位：柱径 *D*）　　　　附表 2

类别	构件名称	长	宽	高	厚（或进深）	径	备注
柱类	檐柱（小檐柱）			11*D* 或 8/10 明间面宽		*D*	
	金柱（老檐柱）			檐柱高加廊步五举		*D*+1 寸	
	中柱		按实际			*D*+2 寸	
	山柱		按实际			*D*+2 寸	
	重檐金柱		按实际			*D*+2 寸	
梁类	抱头梁	廊步架加柱径一份		1.4*D*	1.1*D* 或 *D*+1 寸		
	五架梁	四步架加 2*D*		1.5*D*	1.2*D* 或金柱径 +1 寸		
	三架梁	二步架加 2*D*		1.25*D*	0.95*D* 或 4/5 五架梁厚		
	递角梁	正身梁加斜		1.5*D*	1.2*D*		
	随梁			*D*	0.8*D*		
	双步梁	二步架加 *D*		1.5*D*	1.2*D*		
	单步梁	一步架加 *D*		1.25*D*	4/5 双步梁厚		
	六架梁			1.5*D*	1.2*D*		
	四架梁			5/6 六架梁高或 1.4*D*	4/5 六架梁高或 1.1*D*		
	月梁（顶梁）	顶步架加 2*D*		5/6 四架梁高	4/6 四架梁高		
	长趴梁			1.5*D*	1.2*D*		
	短趴梁			1.2*D*	*D*		
	抹角梁			1.2*D*~1.4*D*	*D*~1.2*D*		
	承重梁			*D*+2 寸	*D*		
	踏步梁			1.5*D*	1.2*D*		
	踏步金			1.5*D*	1.2*D*		
	太平梁			1.2*D*	*D*		
枋类	穿插枋	廊步架 +2*D*		*D*	0.8*D*		
	檐枋	随面宽		*D*	0.8*D*		
	金枋	随面宽		*D* 或 0.8*D*	0.8*D* 或 0.65*D*		
	上金、脊枋	随面宽		0.8*D*	0.65*D*		
	燕尾枋	随檩出梢		同垫板	0.25*D*		
檩木类	檐、金、脊檩					*D* 或 0.9*D*	
	扶脊木					0.8*D*	
垫板类	檐垫板 老檐垫板			0.8*D*	0.25*D*		
	金、脊垫板			0.65*D*	0.25*D*		
瓜柱类	柁墩	2*D*	0.8 上架梁厚	按实际			
	金瓜柱		*D*	按实际	0.8 上架梁厚		
	脊瓜柱		0.8*D*~*D*	按举架	0.8 三架梁厚		
	角背	一步架		1/3~1/2 脊瓜柱高	1/3 自身高		

续表

类别	构件名称	长	宽	高	厚（或进深）	径	备注
角梁类	老角梁			D	2/3D		
	仔角梁			D	2/3D		
	由戗			D	2/3D		
	凹角老角梁			2/3D	2/3D		
	凹角梁盖			2/3D	2/3D		
椽望、连檐、瓦口、衬头木	圆椽					1/3D	
	方、飞椽		1/3D		1/3D		
	花架椽		1/3D		1/3D		
	罗锅椽		1/3D		1/3D		
	大连椽		0.4D 或 1.2 椽径		1/3D		
	小连椽		1/3D		1.5 望板厚		
	横望板				1/15D 或 1/5 椽径		
	顺望板				1/9D 或 1/3 椽径		
	瓦口				同望板		
	衬头木				1/3D		
歇山、悬山、楼房各部	踏脚木			D	0.8D		
	草架柱		0.5D		0.5D		
	穿		0.5D		0.5D		
	山花板				1/4D~1/3D		
	博缝板		2D~2.3D 或 6~7 椽径		1/4D~1/3D 或 0.8~1 椽径		
	挂落板				0.8 椽径		
	沿边木				0.5D+1 寸		
	楼板				1.5~2 寸		
	楞木				0.5D+1 寸		

亭子构件权衡尺寸表（单位：大式：斗口，小式：檐柱径 D）　　　　附表3

类别	构件名称	长	宽	高	厚	径	备注
柱类	檐柱			70		5~6	大式柱高指由台明上皮至挑檐桁下皮尺寸
				1/13~1/10 柱高			
	重檐金柱			按实际		6.2~7.2	
						1.2D	
	垂柱			按实际		4~5	
						0.8D~D	
	童柱			按实际		4~5	
						0.8D~D	

续表

类别	构件名称	长	宽	高	厚	径	备注
柱类	雷公柱	按实际				5~7	
						D~1.5D	
梁类	五架梁	四步架加梁头 2 份		6~7	4.8~5.6		多见于歇山式凉亭
				1.5D	1.1D		
	三架梁	二步架加梁头 2 份		5~6	4~4.5		多见于歇山式凉亭
				1.2D~1.3D	0.9D		
	随梁	按进深		3.6~4	3~3.2		多见于歇山式凉亭
				D	0.6D~0.8D		
	桃尖梁	廊步加斜加斗栱出踩加 6 斗口		正心桁中至耍头下皮	5~6		多见于大式重檐方亭
	斜桃尖梁	正桃尖梁加斜		正心桁中至耍头下皮	5~6		多见于大式重檐六方、八方亭
	抱头梁	廊步架加檩径 1 份		1.4D	1.1D		
	斜抱头梁	正抱头梁加斜		1.4D	1.1D		
	长趴梁	按实际		6~6.5	4.8~5.2		
				1.3D~1.5D	1.05D~1.2D		
	短趴梁	按实际		4.8~5.2	3.8~4.2		
				1.05D~1.2D	0.9D~D		
	抹角梁	按实际		6~6.5	4.8~5.2		
				1.3D~1.5D	1.05D~1.2D		
	抹角随梁	按实际		4.8~5.2	3.8~4.2		
	多角形趴梁	按实际		6	5		
				1.4D	D		
	井字梁	按进深加梁头		6~7	4.8~5.6		
				1.5D	1.1D		
	井字随梁	按进深		4~5	3~4.2		
				D~1.2D	0.8D~D		
	太平梁			4.8~5.2	3.8~4.2		
				1.05D~1.2D	0.9D~D		
枋类	额枋			5~6	4~4.8		
	小额枋			3.5~4	3~3.2		
	檐枋			D	0.8D		
	金、脊枋			2~4	1.25~3		
				0.4D~D	0.3D~0.8D		
	穿插枋	廊步架加 2 柱径		3.5~4	3~3.2		
				0.8D~D	0.65D~0.8D		

类别	构件名称	长	宽	高	厚	径	备注
桁、檩类	挑檐桁					3	
	正心桁					4~4.5	
	檐、金桁（檩）					3.5~4.5	
						0.9D~D	
垫板、角梁	檐、金垫板		4		1		
			0.8D		0.25D		
	由额垫板		2		1		
	老、仔角梁			4~4.5	3		
				D	2/3D		
	凹角梁			3	3		
				2/3D	2/3D		
椽望	檐椽、花架椽					1.5	
						1/3D	
	飞椽			1.5	1.5		
				1/3D	1/3D		
	大连檐		1.8		0.5		
			2/5D		1/3D		
	小连檐		1.5		0.5		
			1/3D		1/10D		
	横望板				0.3		
					1/15D		
	顺望板				0.5		
					1/9D		
其他	墩斗	2倍童柱径	2倍童柱径	同童柱径			

垂花门部位、木构件权衡表（无斗栱做法，垂花门柱径为 D） 附表4

面宽	14D~15D					一般面宽为 3~3.3m	
柱高	13D~14D					柱高指由台明上皮至麻叶抱头梁底皮高度	
进深	16D~17D					一殿一卷垂花门中，指垂柱中至后檐柱中尺寸	
	7D~8D					在独立柱垂花门中指前后垂柱中至中尺寸	

构件名称	长	宽	高	厚	径	备注
独立柱（中柱）					D~1.3D（见方）	用于独立柱垂花门
前檐柱			按后檐柱高加举		D（见方）	用于一殿一卷或单卷棚垂花门

续表

构件名称	长		宽	高	厚	径	备注
后檐柱						D（见方）	用于一殿一卷或单卷棚垂花门
钻金柱				按后檐柱高加举		D（见方）	用于单卷棚垂花门
担梁（麻叶抱头梁）	通进深加梁自身高2份			1.4D	1.1D		用于独立柱垂花门
麻叶抱头梁	通进深加前后出头			1.4D	1.1D		用于麻叶抱头梁之下
随梁	随进深			0.75D	0.5D		
麻叶穿插枋	进深加两端出头			0.8D	0.5D		
连笼枋（檐枋）				0.75D	0.4D		
罩面枋				0.75D	0.4D		用于绦环板下，梁思成《营造算例》称帘笼枋
折柱			0.3D	0.75D或酌定	0.3D		
绦环板（花板）				0.75D或酌定	0.1D		
雀替	1/4净面宽			0.75D或酌定	0.3D		
骑马雀替	净垂步长外加榫				0.3D		
垂莲柱	总长4.5D~5D或1/3柱高	3D~3.25D（柱上身长）				柱上身0.7D	
		1.5D~1.75D（柱头长）				柱头1.1D	
檐、脊檩、天沟檩	面宽加出梢					0.9D	
脊枋、天沟枋	按面宽			0.4D	0.3D		
燕尾枋	按出梢			按平水	0.25D		
垫板	按面阔			0.8D或0.64D	0.25D		
前檐随檩枋	按面阔			0.3檩径	0.25檩径		
随檩枋下荷叶墩			0.8檩径	0.7檩径	0.3檩径		
月梁	顶部架加出头（2檩径）			0.8麻叶抱头梁高	0.8麻叶抱头梁厚		
角背	檐步架			梁背上皮至脊檩底平	0.4D		用于一殿一卷或独立式垂花门
椽、飞椽				0.35D	0.3D		
博缝板				6~7椽径	0.8~1椽径		

构件名称	长	宽	高	厚	径	备注
滚墩石（抱鼓石）	5/6 进深	1.6D~1.8D	1/3 门口净高			用于独立式垂花门
门枕石	2 倍宽加下槛厚	自身高加 2 寸	0.7 下槛高			
下槛	按面宽		0.8D~D	0.3D		
中槛	按面宽		0.7D	0.3D		
上槛	按面宽		0.5D	0.3D		
抱框			0.7D	0.3D		
门簪	1/7 门口宽				0.56D	门簪长指簪头长，不含榫长
壶瓶牙子		1/3 自身高	4D~5D	0.25D		

牌楼木构件权衡表（单位：斗口） 附表 5

构件名称	长	宽	高	厚	径	备注
柱					10	适用于各种牌楼
跨楼垂柱					7	
小额枋			9	7		
大额枋			11	9		
龙门枋			12	9.5		
折柱		2.5	同大（或小）额枋	0.6 小额枋厚		
小花板			同折柱高	1/3 折柱高		
明楼（正楼）		1/2 明间面阔，若为小数加若干，凑整尺寸（以营造尺为单位）				《牌楼算例》定四柱七楼牌楼明间面阔为 17 尺
次楼		1/2 次间面宽，若为小数减若干，凑整尺寸（以营造尺为单位）				《牌楼算例》定四柱七楼牌楼次间面阔为 15 尺
边楼		次间面宽减次楼一份，高拱柱见方一份，所余折半即是				
夹楼		明间面阔减明楼面阔一份，高拱柱一份，所余折半，加边楼一份即是				夹楼中应与明柱中线相对

续表

构件名称	长	宽	高	厚	径	备注
高拱柱			次楼面阔八扣、加单额枋高一份、平板枋高一份、灯笼高一份，再加大额枋高一份、花板高一份、小额枋高0.5份，即是	6斗口（见方）		
单额枋			8	6		
挑檐桁					3	
正心桁（脊桁）					4.5	
角梁			4.5	3		
椽子、飞椽					1.5	
坠山花板	斗栱拽架加俩		自平板枋上皮至扶脊木上皮	1.5椽径		
飞头出檐	明楼6寸边夹楼5寸、次楼或随明楼或随边夹楼					斗栱斗口为1.6寸时按此出檐，飞檐加老檐平出之和不得超过斗栱出踩
雀替	净面阔的1/4	同小额枋		3/10柱径	雀替	
戗木					2/3柱径或酌减	
梃钩					按长度的3/100	径一般不超过1.5寸
平板枋		3	2			
灯笼					3斗口见方或酌增	

注：清式木牌楼斗栱斗口，通常为1.5~1.6寸。

清式瓦、石构件权衡尺寸表（单位：檐柱径 D） **附表6**

构件名称	长	宽	厚	备注
台基明高（台明）	1/5柱高或2D	2.4D		
挑山山出		2.4D或4/5上出		指台明山出尺寸
硬山山出		1.8倍山柱径		指台明山出尺寸
山墙			2.2D~2.4D	指墙身部分
裙肩	2/3D		上身加花碱尺寸	又名下碱
墀头		1.8D或减金边宽加咬中尺寸		

续表

构件名称	长	宽	厚	备注
槛墙			1.5D	
陡板	1.5D			指台明陡板
阶条		1.2D~1.6D	0.5D	
角柱	裙肩高减押砖板厚	同墀头下碱宽	0.5D	
押砖板		同墀头下碱宽	0.5D	
挑檐石	0.75D	同墀头上身宽	长＝廊深＋2.4D	
腰线石	0.5D	0.75D		
垂带		1.4D 或同阶条	0.5D	厚指斜厚尺寸
陡板土衬		0.2D		
砚窝石		10 寸左右	4~5 寸	
踏踩		10 寸左右	4~5 寸	
柱顶石		2D 见方	D	鼓镜1/5D

以上诸表主要参照梁思成、赵正之所拟权衡尺寸表开列。此次拟表，对其中较明显的错处作了校订，不全的地方作了补充。

清式建筑木作工程名词汇释

说明

本汇释所收集的词汇，主要来自清工部《工程做法则例》卷一至四十一（共计四十一卷）中有关大木、斗栱、装修工程所涉及的专业技术名词，同时还选取了《中国古建筑木作营造技术》一书中的有关名词及术语共计 286 条。本名词汇释对初学者了解古建筑木作构件名称、功用、在建筑中的部位以及构造做法等将有辅助作用。

通则权衡部分

明间	建筑物居中的开间。
梢间（尽间）	建筑物两端头的开间。
次间	建筑物明间和梢间之间的开间。如有多次间可分为一次间、二次间、三次间等。
山面	平面呈矩形的建筑物，短边方向称山面。
面阔	又称面宽，建筑物面宽方向相邻两柱间的轴线距离。
通面阔	建筑物两尽端柱间轴线距离。
进深	垂直于建筑物面宽方向的平面尺寸。
通进深	建筑物侧面（进深方向）两尽端柱间的轴线尺寸。
柱高	木柱从台明上皮至柱头的高度。明清建筑中所指柱高通常指檐柱高。在带斗栱的清式建筑中，柱高包含斗栱及平板枋之高。
柱径	柱子根部的直径（若为方柱则指柱根部的看面尺寸）。
步架	相邻两檩间轴线的水平距离。
举高	相邻两檩轴心的垂直距离。
举架	坡屋顶屋面的相邻两檩，上面一檩比下面一檩抬起的高度。
上出	建筑物檐口自檐柱轴线向外挑出的水平长度。带斗栱的建筑，上出是由斗栱出踩和檐椽飞椽挑出两部分组成。
下出	台明（台基露出的地面部分）由檐柱中线向外延展出的部分称台明出沿，又称下出。
出水	建筑物的上檐出。
回水	建筑物的上出大于下出，上出与下出之差。
收分	中国清代建筑柱子直径下大上小，以柱根部分直径为基数，按柱高的 1/100 或一定比例减小柱径，称为收分。

侧脚	柱头位置不动，柱脚按一定尺度向外侧移出，造成柱头略向内侧斜，称为侧脚。清代建筑仅檐柱有侧脚，明代以前建筑里圈柱也有侧脚。柱侧脚有利于建筑物稳定。
斗口	斗栱最下层的坐斗（大斗）面宽方向的刻口。在清式建筑体系中，斗口是最基本的建筑模数之一，凡带斗栱的建筑，所有的构件、部位均与斗口有倍分关系。
硬山建筑	屋面有前后两坡，两侧山墙与屋面相交，并与檩木梁架全部封砌在山墙内的建筑。
悬山建筑	屋面有前后两坡，屋面两端悬挑于山墙或山面梁架之间的建筑，称为悬山建筑。悬山又称挑山。
庑殿建筑	屋面有四坡并有正脊的建筑，庑殿又称四阿殿、五脊殿，是古建筑屋顶的最高形制。
歇山建筑	由悬山屋顶和庑殿屋顶组合形成的一种屋顶形式。歇山建筑又称九脊殿，形制等级仅次于庑殿建筑。
攒尖建筑	建筑物的若干坡屋面在顶部交汇成一点形成尖顶，称为攒尖建筑。攒尖建筑平面为正多边形，如正三边形、正四边形、正五边形、正六边形、正八边形、圆形等。
复合建筑	由两种或两种以上的建筑形式，或由一种建筑形式的不同形态组合而成的建筑。复合建筑形式优美，历史上很多著名楼阁如黄鹤楼、滕王阁、故宫角楼等都是复合建筑。
三滴水	古代称屋檐为滴水，三滴水即三重屋檐。

柱类构件

檐柱	位于建筑物外围的柱子。
金柱	位于檐柱内侧的柱子，多用于带外廊的建筑。金柱又是除檐柱、中柱和山柱以外的柱子的通称，依位置不同可分为外金柱和内金柱。
下檐柱	在二层或多层楼房中，最下面的一层的檐柱。
通柱	位于二层楼房中贯通上下层的柱子，用一木做成。
假檐柱	假檐柱是专用于转角房的外转角两侧，转角房的外转角两侧开间（即转角进深）大于其余两间，为解决开间过大而附加的檐柱。假檐柱的高度比一般檐柱要高垫板一份、檩椀一份外施假梁头。如用代梁头，则其高度与其他各檐柱同。

里金柱	即围金柱，参见"金柱条"。
山柱	位于建筑物两端山墙部位的中柱。
桐柱	柱脚落于梁背上，用于支顶上层檐或平座支柱，又称童柱。
平台海墁下桐柱	用于三滴水楼房，支承平台（平座）部分的桐柱。
擎檐柱	立于建筑物台明（或平座）四角，用于支顶四隅角梁的方柱。
垂莲柱	用于垂花门的垂柱，倒悬于垂花门麻叶抱头梁下，端头有莲花等雕饰，故得名。
雷公柱	用于庑殿建筑屋脊两端太平梁之上，用于支顶脊桁挑出部分的柱子；用于攒尖建筑斗尖部位的悬空柱。
重檐金柱	用于重檐建筑的金柱，采用一木做成，其下半段为金柱，上半段支承上层檐，故称重檐金柱。
重檐角金柱	用于转角部位的角金柱。
封廊柱	位于楼阁建筑平座之上，用于支承挑出深远的檐椽端头的方形木柱，与擎檐柱作用相似，柱头间通常有横枋及折柱、花板、雀替等构件相连，柱间有栏杆，栏杆内为走廊。
馒头榫	柱子上端与梁结合之榫，位于柱头中线位置，榫呈方形，宽高均为柱直径的 $1/4 \sim 3/10$，其榫根部略大，头部略小，呈方形馒头状，多见于小式做法。
管脚榫	柱根与柱顶石相结合之榫，有方形和圆形两种，其径寸略同于馒头榫，多见于小式做法。
升线	有侧角的柱子侧面特有的墨线，该线位于柱子侧面中线的内侧，与中线之距离等于侧角尺寸，升线垂直于地面（水平面），柱整体向内侧倾斜。
方子口	柱子端头的刻口，呈上大下小的形状，是安装枋子用的卯口。

梁类构件

桃尖梁	用于柱头科斗栱之上，承接檐头桁檩之梁，其梁头侧面成桃形，故名。
顺桃尖梁	用于建筑物山面的桃尖梁，因其放置方向与建筑物面宽一致，故名。

桃尖随梁枋	桃尖梁下面，用以拉接檐柱与金柱的构件。其作用略同于小式建筑的穿插枋。
顺随梁枋	用于顺梁下面的随梁枋。
七架梁	其上承七根檩，长度为六步架之梁。
五架梁	其上承五根檩，长度为四步架之梁。
三架梁	其上承三根檩，长度为二步架之梁。
六架梁	其上承六根檩，长度为四步架加一顶步之梁。
四架梁	其上承四根檩，长度为二步架加一顶步之梁。
顶梁	其上承二根檩，长度为一顶步架之梁。
双步梁	长度为二步架，后尾交于中柱或山柱之梁。多用于门庑建筑或一般建筑的两山。
单步梁	长度为一步架，后尾交于中柱或山柱之梁。多用于门庑建筑或一般建筑的两山。
三步梁	长度为三步架，后尾交于中柱或山柱之梁。多用于门庑建筑。
七架随梁枋	贴附于七架梁之下，拉接前后金柱之构件。
五架随梁枋	贴附于五架梁之下，拉接前后金柱之构件。
天花梁	用于建筑物进深方向，承接天花之梁。
踩步金	歇山建筑山面的特有构件。其正身似梁，两端似檩，位于距山面正心桁（或檐檩）一步架之处，具有梁、檩等多种功能。
承重	用于楼房进深方向，承接楼板楞木之梁。
斜双步梁	用于建筑物转角位置，与山面、檐面各呈45°的双步架。
斜三步梁	用于建筑物转角位置，与山面、檐面各呈45°的三步架。
斜五步梁	用于建筑物转角位置，与山面、檐面各呈45°的五步架。斜五步梁又称递角梁。
递角随梁枋	贴附于递角梁之下，用于拉接内外角柱之构件。
抱头梁	用于无斗栱建筑廊间，承接檐檩之梁。
斜抱头梁	用于无斗栱建筑廊子转角，与山面、檐面各呈45°角的抱头梁。
顺梁	用于建筑物山面，平行于建筑物面宽方向之梁。多用于无斗栱建筑，相当于无斗栱建筑的顺桃尖梁。
趴梁	梁头外端扣搭在檩之上的梁，多用于庑殿建筑的山面，故又称顺趴梁。

下金顺趴梁	承接下金檩的顺趴梁。
上金顺趴梁	承接上金檩的顺趴梁。
斜承重梁	用于楼房转角处，与山面、檐面呈45°角的承重梁。
麻叶抱头梁	梁头做成麻叶头形状的抱头梁。垂花门的主梁亦称麻叶抱头梁。
抹角梁	用于矩形或方形建筑转角部位，垂直于角梁方向放置的趴梁。
井口趴梁	平面呈井字形的组合梁架，是趴梁的一种形式，多用于多角亭或藻井等部位。
假梁头	外端做成梁头状，置于假檐柱柱头之外。
四角花梁头	置于角柱柱头，沿角平分线放置的梁头，用于承接搭接檩，两端常做成麻叶头状，花梁头又称角云。多用于四角亭、六角亭、八角亭等建筑。圆亭柱头上也常放置花梁头。
角梁	用于建筑物转角部位，沿角平分线方向向斜下方挑出的用以承接翼角部分荷载之梁，角梁一般有上下两根重叠使用，下面一根是老角梁，上面一根是仔角梁。
老角梁	角梁组成中位于下面的一根称老角梁，主要用于承接翼角椽。
仔角梁	角梁组成中位于上面的一根称仔角梁，主要用于承接翘飞椽。
由戗	角梁的后续构件，依位置不同又分下花架由戗、上花架由戗、脊由戗等。
下花架由戗	用于下步金的由戗。
上花架由戗	用于上步金的由戗。
脊由戗	用于脊部的由戗。
里掖角角梁	用于建筑物里转角部位的角梁，其断面的高度小于外转角角梁，没有冲出和翘起，主要用于两翼檐椽。
里掖角老角梁	里掖角角梁两根中的下面一根，主要用于承接里角与之相交的檐椽。
里掖角仔角梁	里掖角角梁两根中的上面一根，主要用于承接里角与之相交的飞椽。
帽儿梁	承接天花支条与天花板的构件，其两端搭置于天花梁之上,相当于顶棚中的大龙骨。帽儿梁通常用圆木制作，梁断面呈半圆形。

272

桁檩类构件

挑檐桁	出踩斗栱挑出部分承托的桁檩。
正心桁	带斗栱建筑中位于檐柱轴线位置的桁檩。
下金桁	与正心桁相邻的桁檩。
上金檩	与脊桁相邻的桁檩。
中金檩	位于上金桁和下金桁之间的桁檩。
脊桁	位于建筑物正脊位置的桁檩。
扶脊木	位于脊檩之上，辅助脊檩承接正脊的构件。
檐檩	位于檐柱轴线位置的檩木，见于无斗栱建筑。
脊檩	位于建筑物正脊位置的檩木。
金檩	位于檐檩和脊檩之间的檩木均称金檩，金檩又因位置不同分为下金檩、中金檩、上金檩。
金盘	截面成圆形的构件，与其他构件水平相叠时，为求稳定，在圆构件的上下面做出的平面称金盘。清式建筑规定金盘宽度为构件直径的 3/10。
平水	清式木构建筑中，将桁檩底面的水平位置称为平水，它是计算各檩高差，确定各步举高的基准点。
搭交檩	以 90°、120°、135°或其他角度扣搭相交的檩，称为搭交檩，又称交角檩，见于多角亭或转角建筑中。

枋类构件

额枋	用于大式带斗栱建筑檐柱柱头间的横向拉接构件。
大额枋	大式带斗栱建筑檐柱间用重额枋时，上面一根（与柱头平齐）称大额枋。
小额枋	大式带斗栱建筑檐柱间用重额枋时，位于大额枋和由额垫板下面，断面较小的横枋。
平板枋	大式带斗栱建筑，叠置于檐柱头和额枋之上的扁平木枋。因其上安置斗栱，又称坐斗枋。
檐枋	无斗栱小式建筑檐柱柱头间起拉接作用的横枋。
老檐枋	金柱柱头间起拉接作用的横枋。
下金枋	位于下金位置，用于拉接柱头的横枋。
上金枋	位于上金位置，用于拉接柱头（或瓜柱头）的横枋。
脊枋	位于脊部，用于拉接脊瓜柱头的横枋。
两山下金枋	位于建筑物山面下金部位，用于拉接柱头的横枋，见于四坡顶建筑。

两山上金枋	位于建筑物山面上金部位，用于拉接柱头的横枋，见于四坡顶建筑。
七架随梁枋	附在七架梁之下，用于拉接前后金柱之枋。
顺随梁枋	用于顺桃尖梁下面，用来拉接山面檐柱与金柱的枋子，用于歇山、庑殿等建筑。
穿插枋	位于廊内抱头梁之下，用来拉接金柱和檐柱的枋子，用于有廊建筑。
斜穿插枋	位于廊子转角部位，用来拉接角檐柱和角金柱的枋子，见于周围廊转角建筑。
递角随梁枋	用于递角梁下，用于拉接内角梁柱的枋子，见于转角建筑。
间枋	用于楼房面宽方向柱间，承接建筑物下层檐椽后尾的枋子。
承椽枋	用于重檐金柱或通柱间，承接木楼板的枋子。
踩步金枋	附于踩步金下面，拉接山面金柱柱头之枋，见于歇山式建筑。
天花枋	用于面宽方向柱间，承接天花的枋子。
合头枋	用于两步梁（或三步梁）下之枋，起拉接中柱与檐柱的作用。
斜合头枋	用于斜两步梁（或斜三步梁）下之枋，起拉接中柱与内外角柱的作用。
合头穿插枋	两端均不出透榫的穿插枋。
麻叶穿插枋	出榫部分做成麻叶头饰的穿插枋，多用于垂花门等装饰性强的建筑。
箍头檐枋	端头做成箍头榫的檐枋，见于多角亭或转角建筑。
燕尾枋	附着于悬山建筑两山挑出的桁条下皮，形状似燕尾的构件，可看做是垫板向外端的延伸，属装饰部件。
挑檐枋	用于挑檐桁下面，其高2斗口，厚1斗口，是斗栱附属构件。
井口枋	斗栱附属构件，用于斗栱最里侧，与井口天花相接的枋子，高3斗口，厚1斗口。
正心枋	斗栱附属构件，用于正心桁下面，高2斗口，厚1.25斗口，有连接开间内各攒斗栱和传导屋面荷载的作用。
里外拽枋	附属于斗栱的木枋中除井口枋、挑檐枋和正心枋之外的其他枋子，有连接开间内各攒斗栱的作用。

机枋　　　　　连接斗栱的内外拽枋又称机枋。

后尾压斗枋　　衬压斗栱后尾以防外倾的木枋，多见于城垣类建筑。

围脊枋　　　　用于重檐建筑物下层屋面围脊内侧的木枋，常与围脊板等构件共用，有附着、固定、遮挡围脊的作用。

其他附属构件

替木　　　　　起拉接作用的辅助构件，常用于对接的檩子、枋子之下，有防止檩、枋拔榫的作用。

沿边木　　　　沿楼房平座（平台）边缘安装，用来固定滴珠板或挂落板的木枋，见于楼阁建筑。

楞木　　　　　承接楼板的木枋，见于楼房。

枕头木　　　　转角建筑中，衬垫翼角椽的三角形垫木。

踏脚木　　　　歇山建筑山面，用以承接草架柱及山花板的木构件。

草架柱子　　　立于踏脚木之上，用以支顶梢檩的木柱，见于歇山建筑山面。

穿　　　　　　联系草架柱的水平构件。草架柱与穿构件的纵横木架有辅助固定山花板的作用。

脊桩　　　　　安装在扶脊木上，用以固定正脊的木桩。

雀替　　　　　用于额枋（檐枋）与檐柱相交处，近似于三角形，表面有雕刻装饰的构件。雀替是替木的一种，具有辅助拉接和装饰双重功能。

机枋条子　　　衬垫罗锅椽下脚的木条，用于双脊檩建筑，其宽按椽径（或按檩金盘尺寸），厚按 1/3 椽径，长按面宽。

抱鼓石上壶瓶牙子　安装于抱鼓石与独立柱之间，外形似壶瓶形状，用以辅助稳固独立柱的构件。见于独立柱垂花门或木质影壁等建筑物或构筑物。

板类构件

檐垫板　　　　用于檐檩和檐枋之间的木板。见于清式无斗栱建筑。

脊垫板　　　　用于脊檩和脊枋之间的木板。见于清式无斗栱建筑。

金垫板　　　　檐垫板和脊垫板之外的其他垫板均称金垫板。金垫板依位置不同又分为下金垫板、中金垫板、上金垫板等。

老檐垫板　　　即下金垫板。

棋枋板　　　　用于间枋与椽枋之间的木板，见于清式楼房建筑。清式三檩垂花门中柱间门上方之走马板也称棋枋板。

楼板	楼房中的楼面板，沿进深方向铺于楞木之上。厚2~3寸。
博缝板	用于挑山建筑山面或歇山建筑的挑山部分，用以遮梢檩、燕尾枋端头以及边椽、望板等部位的木板。
象眼板	用于封堵挑山建筑山面梁架间空隙的木板，具有分割室内外空间、防寒保温等作用。
滴珠板	用于平座边沿四周，遮挡斗栱、沿边木等部位的木板，具有遮风挡雨、保护斗栱大木等建筑的作用。
走马板	古建筑中，将大面积的隔板，统称走马板。走马板常用于庑殿建筑大门的上方、重檐建筑棋枋与承椽枋之间的大面积空间。
圆垫板	平面呈弧形的垫板，专用于圆亭或其他圆形建筑。
山花板	用于歇山建筑山面，封堵山花部分的木板，由若干块厚木板立闸拼对使用，故又称立闸山花板。
由额垫板	大式带斗栱建筑檐柱间用重额枋时，位于大小额枋之间的构件。

椽、望板、连檐、瓦口、里口诸件

椽檐	位于建筑廊或檐部屋面，向外挑出之椽。是构件出檐的主要构件。
飞椽	叠附于檐椽端头，并向外挑出之椽，又称飞子、飞头，是构成出檐的辅助构件，并有使檐头反宇向阳的作用。
脑椽	建筑物脊檩两侧之椽。
花架椽	位于檐椽和脑椽之间的其他椽子统称花架椽。花架椽依其位置不同又分为上花架椽、下花架椽、中花架椽。
顶椽	建筑物屋脊正中的椽子，见于双脊檩建筑（如四檩、六檩、八檩等），其长按顶步架，椽为弧形。顶椽又称罗锅椽。
后檐封护檐椽	用于后檐为封护檐的建筑，椽头不向外挑出。
里掖角檐椽	用于里掖角部位的檐椽，其上端搭置于下金檩，下端搭置于檐檩，椽头挑出部分交于里掖角角梁。因此处的角梁与两侧椽子排列呈蜈蚣脚状，又称蜈蚣椽。
里掖角花架椽	用于里掖角部位的花架椽。
里掖角脑椽	用于里掖角部位的脑椽。
两山出梢哑巴花架椽、脑椽	用于歇山建筑两山出梢部分的花架椽和脑椽。这部分椽子在室内室外都看不到，

故称其为哑巴椽。

顺望板　　顺椽子长身方向使用的望板。多见于明代及清早期建筑。该望板按每椽当一块，搭置于相邻两椽之上，厚约为椽径的 1/3。

横望板　　与椽子成直角方向使用的望板，板较薄，约为椽径的 1/5。多见于清晚期的建筑。横顺望板的使用代表着古建筑不同时代的特征。

大连檐　　连接飞檐椽头的横木，断面成直角梯形。宋式建筑称为小连檐。

小连檐　　连接檐椽椽头的横木，断面呈直角梯形，厚约为 1.5 倍横望板之厚，宽约椽径的一份。与之配套使用的为闸挡板和横望板，见于清晚期建筑。

闸挡板　　封堵飞椽之间空当的闸板，厚同望板，高同飞椽，宽按飞椽净当加入槽。闸挡板与小连檐配套使用为清晚期的做法。

里口　　　里口木，是连接檐椽椽头的横木，其断面呈直角梯形，高按顺望板厚一份，加飞椽高一份。与飞椽头相交部分刻口，令飞椽头伸出。里口木多用于清早期及明代建筑，清晚期为小连檐闸挡板。

瓦口　　　钉附于大连檐之上，承托檐头瓦件的木构件。

椽椀　　　堵挡圆椽之间空当的木板。有分隔室内外的作用，用于檐柱部位安装的建筑。

椽中板　　用于檐椽后尾与花架檐之间的隔板。有封堵椽当、分隔室内外的作用，见于有外廊的建筑。

翼角椽　　建筑檐口转角部位呈散射状排列的椽子，是檐椽在转角部分的特殊形态，有向外冲出和向上翘起，如鸟翼展开的形状，翼角是中国古建筑独有特征之一。

翘飞椽　　飞椽在檐口转角部分的特殊形态，其排列形式随翼角椽且一一对应，有冲出和翘起，是翼角的重要组成部分。

雀台　　　檐椽头或飞椽头上皮伸出连檐以外的部分，其长度一般为椽径的 1/5~1/4。

板椽　　　又称连瓣椽，是将若干根椽子合并在一起的做法，用于圆形攒尖建筑，是花架椽、脑椽在圆形攒尖建筑上的特殊形态。

斗栱部分

斗栱总述

斗栱	由斗形、栱形、悬挑承重构件组成的特殊构造部分。是中国传统建筑特有的形制。它位于木结构梁栿和柱子之间，具有传导屋面荷载、加大屋檐挑出长度、缩短梁枋跨度、吸收地震能量等结构作用和装饰作用，是中国古代建筑最具特色的部分之一。
斗口	斗栱最下层构件坐斗面宽方向的刻口称为斗口。在已经模数化的中国古建筑中，斗口是带斗栱建筑各部位构件的基本模数，依据这个模数，可以确定出各部位构件的尺寸、比例。清代建筑斗口分为十一个等级。从 1 寸至 6 寸（1 营造寸 =3.2cm）以半寸为级数增减，如一等材，斗栱斗口为 6 寸（合 19.2cm）；二等材，斗栱斗口为 5.5 寸（合 17.6cm）；三等材，斗栱斗口为 5 寸（合 16cm）……八等材，斗栱斗口为 2.5 寸（合 8cm）……十一等材，斗栱斗口为 1 寸（合 3.2cm）。
斗栱出踩	斗栱从檐柱中心开始，向内外两侧挑出，每挑出一步，称为一踩。每出一踩，即有一列栱枋相承。因此，清式斗栱出踩数，可直接从斗栱侧面有几列栱枋（含正心部分）得知。
计心造	斗栱构造形式之一。按斗栱出踩数量设置横栱，几踩斗栱即有几列横栱的做法，称为计心造。
偷心造	斗栱构造形式之一，横栱的设置少于斗栱出踩，如斗栱各向内外两侧挑出三拽架称为七踩，应列有七列横栱，但在制作时却省去一列或数列横栱，这种做法称为偷心造。
柱头科斗栱	位于柱头部位的斗栱称为柱头科斗栱。明清时期的柱头科斗栱是主要承重斗栱，其受力构件的截面尺寸比其他斗栱同类构件截面尺寸大。
平身科斗栱	置于两柱之间，均匀放置在额枋、平板枋上面的斗栱。
角科斗栱	置于建筑物转角部分的斗栱。由于转角处的方向性，斗栱构件一端为面宽方向的构件，另一端为进深方向的构件，两个方向的构件还要与对角线方向的斜构件相交，构造比较复杂。
单昂三踩斗栱	明清出踩斗栱中挑出最小的斗栱。其进深方向构件，

在坐斗之上为昂（昂上为要头），从正心向内外各出

一踩，共三踩，故称单昂三踩。

重昂五踩斗栱　明清斗栱种类之一，坐斗之上进深方向构件为头昂、

二昂，从正心向内外各出二踩，共出五踩。

单翘单昂五踩斗栱　明清斗栱种类之一，坐斗之上进深方向构件分别

为翘、昂，从正心向内外各出二踩，共出五踩。

单翘重昂七踩斗栱　明清斗栱种类之一，坐斗之上进深方向构件依次

为头翘、头昂、二昂，从正心向内外各出三踩，

共七踩。

重翘重昂里挑金斗栱　明清斗栱种类之一，以正心为界，从外侧看似

重翘重昂九踩斗栱，内侧要头以上挑杆通达金

步，属溜金斗栱的一种。

三滴水品字科斗栱　用于三滴水（即三重檐）楼房平座下面的斗栱。

进深方向构件不做昂，只做翘，其形状如倒置的

品字形。

内里品字科斗栱　用于室内的品字科斗栱，常与平身科斗栱的内侧

交圈使用，其头饰与平身科斗栱内侧相同，端头

不做昂嘴，形状如倒置的品字形。

隔架科斗栱　置于梁与随梁之间，起承接上下梁架作用的斗栱。主

要由荷叶墩、坐斗、栱子和雀替等部分构成，具有承

接梁架、传导荷载的作用和装饰作用。

一斗三升斗栱　由一只坐斗、一个横栱和三个三才升构成的斗栱。属

不出踩斗栱，只起传导荷载作用。是斗栱中最简单、

最原始的一种。

一斗二升交麻叶斗栱　由一只坐斗、一个横栱、两只三才升和一个麻

叶云构成的斗栱。与一斗三升斗栱作用相同，

但有更强的装饰性。

斗栱分件

坐斗　位于斗栱最下层的斗形构件，是斗栱的主要承重构件。

翘　垂直于面宽方向置于坐斗刻口内，两端均向上卷杀的

弓形构件。明清斗栱中的翘有单翘与重翘之分。宋代

称为华栱。

正心瓜栱　位于檐柱轴线位置，与头翘十字相交的构件。正心瓜

栱为足材栱，有传导荷载的作用。宋称泥道栱。

昂	垂直于面宽方向放置于坐斗口内或翘之上,外端向斜下方伸出的构件。
二昂	两层昂相叠时,上面一层为二昂。
正心万栱	平等叠置于正心瓜栱之上,作用与正心瓜栱相同的构件。
蚂蚱头	垂直于面宽方向叠置于昂之上,外端似蚂蚱头形状的构件,宋代称之为耍头。
撑头木	垂直于面宽方向,叠置于蚂蚱头之上的构件,其外端头不露明作,榫交于挑檐枋。
桁椀	承接桁檩之带椀口的构件,垂直于面宽方向,叠置于撑头木之上,中部承正心桁,前端承挑檐桁。
单才瓜栱	位于斗栱出踩部位的横栱之一,其长同正心瓜栱,高1.4斗口,非承重构件。
单才万栱	位于斗栱出踩部位的横栱之一,位于单才瓜栱之上,为非承重构件。
厢栱	位于出踩斗栱内外端的横栱,其长度介于瓜栱与万栱之间,其上分别承托挑檐枋和井口枋。
十八斗	置于翘、昂或耍头等构件之上,与单才瓜栱、厢栱十字相交的斗形构件,因其宽为1.8斗口(即18分)而得名。
三才升	置于单才栱端头,承托上一层栱或枋的斗形构件。
槽升	置于正心瓜栱、万栱端头,与垫栱板相交的斗形构件,其外侧刻有栱板槽,故名槽升。
柱头科坐斗	柱头科斗栱最下层的坐斗,是头栱的主要承重构件之一。
桶子十八斗	用于柱头科斗栱的十八斗,其宽度比上层构件宽0.8斗口,外形似筒状。
桃尖梁头	叠置于柱头科斗栱之上,端头似桃形之梁。
角科坐斗	角科斗栱最下层的坐斗。
斜头翘	用于角科斗栱的翘,其安置方向与山面、檐面各成45°角。
搭交正头翘后带正心瓜栱	位于角科斗栱正心位置的构件,其一端为翘,另一端为正心瓜栱。
搭交正二翘后带正心万栱	位于角科斗栱正心位置的构件,其一端为二翘,另一端为正心万栱。
搭交正昂后带正心枋	位于角科斗栱正心位置的构件,其一端为昂,另一端为正心枋。

搭交正蚂蚱头后带正心枋	位于角科斗栱正心位置的构件，其一端为蚂蚱头，另一端为正心枋。
搭交正撑头木后带正心枋	位于角科斗栱正心位置的构件，其一端为撑头木，另一端为正心枋。
搭交闹头翘后带单才瓜栱	位于角科斗栱外拽部位的构件，其一端为翘，另一端为单才瓜栱。
搭交闹二翘后带单才万栱	位于角科斗栱外拽部位的构件，其一端为翘，另一端为单才万栱。
搭交闹昂后带拽枋	位于角科斗栱外拽部位的构件，其一端为昂，另一端为拽枋（角科斗栱中凡在外拽部位的构件都称为"闹"，除了以上数种外，还有搭交闹蚂蚱头后带拽枋等）。
里连头合角单才瓜栱	用于角科斗栱里拽部位的构件，因其与相邻平身科斗栱对应构件连做在一起故称"里连头"。除此之外，还有"里连头合角单才万栱""里连头合角厢栱"等。
斜昂	用于角科斗栱的昂，位于与山檐两面各成45°角的位置，故称斜昂，斜昂有斜头昂、斜二昂等。
由昂	用于角科斗栱的构件，位于斜昂之上，与相邻蚂蚱头处在同等标高位置，是角科斗栱45°方向最上层的昂。
宝瓶	置于由昂外端斗盘之上，承托角梁的瓶形构件。

木装修部分

槛框	古建筑门窗外圈大框的总称，其中水平构件为槛，垂直构件为框。
下槛	贴地面安装之槛。
上槛	贴枋下皮安装之槛。
中槛	位于上、下槛之间的槛。
抱框	紧贴柱子安装之框。
门框	位于两抱框之间，用于安装门扇之框。
腰框	用于街门一类防卫性大门门框与抱框之间的短框。
余塞板	用于堵塞门框与抱框之间空隙的木板。
连楹	附着于中槛内侧，用以安装门扇的构件，其长按面宽，两端交于两侧的柱子。
门枕	附着于下槛，用于承接大门门轴的石构件或木构件。

门簪	安装在大门中槛或上槛正面，用于锁合中槛和连楹的构件，因其功能类似簪子，故名。
大门上走马板	安装在大门中槛与上槛之间的大面积隔板。
横栓	用以拴固大门的水平构件。
立栓	用以拴固隔扇门的垂直构件。
实榻门	用厚木板制作的大门，多用于皇家建筑。
攒边大门	以门边、抹头为边框，木板为门心组成的大门。
隔扇门	下半部为木板，上半部为棂条，用以分隔室内外空间的门。宋代称格子门。
隔扇边抹	隔扇门外框的总称，其立框为边梃，横框为抹头。
转轴	附着在隔扇边梃里侧，专门用以开启隔扇门的木轴。
榻板	用于槛墙上面的窗台板。
风槛	位于榻板上面的窗下槛，多用于槛窗。
槛窗	古建筑外窗的一种，形状与隔扇门的上半段相同，其下有风槛承接，水平开启。
支摘窗	古建筑外窗的一种，窗为矩形，每间四扇，上可支起，下可摘下。
直棂窗	古建筑外窗的一种，窗格以竖向直棂为主，是一种比较古老的窗式。
替桩	即上槛。
裙板	隔窗下部大面积的隔板。
绦环板	隔扇中部（或下部、上部）相邻两中抹头（或相邻两下抹头，或两上抹头）之间的小面积隔板。
边梃	隔扇两侧的大边。
抹头	与隔扇边梃构成外框的水平构件。
隔扇心	隔扇上部漏空的部分，由仔边和棂条花格组成。
横披	位于中槛和上槛之间的横窗，通常不开启。
帘架	贴附于隔扇之外用以挂帘子的框架，常见的有用于民居的和用于宫殿坛庙建筑的两种。
帘架招子	固定帘架的铁件，常用于宫殿坛庙建筑的帘架上。
荷叶墩	用以固定帘架边框下端的木构件，常雕成荷叶形状，多用于民居建筑。
荷叶栓子	用于固定帘架边框上端的木构件，常雕成荷叶花形，多用于民居建筑。

单槛	附着于隔扇或槛窗下槛或风槛里侧，用于安插立柱的构件。
连二槛	附着于隔扇或槛窗下槛或风槛里侧，用于安插隔扇轴的构件。
天花	古代室内的顶棚，有井口天花、海墁天花和木顶隔等多种。
井口天花	由井字形方格和木板组成的天花，是天花的最高形制，多用于宫殿建筑。
海墁天花	在平顶上画出井口和天花板图案的天花，多见于宫殿建筑。
木顶隔	骨架做成豆腐块窗格形式，固定于天花位置，表层糊纸的天花。是一种讲究的天花做法，常用于寝宫类居住建筑。
帽儿梁	井口天花骨干构件，沿面宽方向搭置于两侧的天花梁上，相当于现代建筑顶棚内的大龙骨。因其不露明，外形多不加修饰，断面呈半圆形，故名。
支条	组成天花井口的木条，分为通支条、连二支条和单支条。
通支条	附着于帽儿梁下面的通长支条，有时与帽儿梁由一木做成。
连二支条	长度为两倍井口的支条，用于通支条之间。
单支条	长度为一井天花的支条，用于连二支条之间。
贴梁	贴附在天花梁或天花枋侧面的支条。

古建筑名词中英文对照表

中文名称	英文名称	中文名称	英文名称
宫	palace，temple	小式	wooden frame without dougong
殿	hall	大式	wooden frame with dougong
厅	hall 又称"堂"，室：room	抬梁式构架	post and lintel construction
房	house	穿斗式构架	column and tie construction
亭	pavilion	井干式构架	log cabin construction
台	platform	檐柱	eave column
坛	altar	金柱	hypostyle column
楼	storied building	山柱	center column
阁	pavilion	角柱	corner column（唐、宋术语）
廊	colonnade	瓜柱	short column
榭	pavilion on terrace	脊瓜柱	king post
水榭	waterside pavilion	雷公柱	suspended column
轩	windowed veranda	帐杆	suspended column（宋代术语）
民居	folk house	侧脚	cejiao（宋代术语）
四合院	courtyard house	卷杀	entasis
寨	stockaded village	角背	bracket
舫	boat house	由戗	inverted V-shaped brace
阙	que，watchtower	柁墩	wooden pier
牌楼	pailou，decorated gateway	月梁	crescent beam
华表	huabiao，ornamental pillar	三架梁	3-purlin beam
塔	pagoda	四架梁	4-purlin beam
硬山	flush gable roof	五架梁	5-purlin beam
悬山	overhanging gable roof	六架梁	6-purlin beam
歇山	gable and hip roof	七架梁	7-purlin beam
庑殿	hip roof	九架梁	9-purlin beam
四阿	hip roof	单步梁	one-step cross beam
卷棚	round ridge roof	双步梁	two-step cross beam
重檐	double eave roof	桃尖梁	main aisle exposed tiebeam
攒尖	pyramidal roof	抱头梁	baotou beam
圆攒尖	round pavilion roof	穿插枋	penetrating tie
大木	wooden structure	角梁	hip rafer
大木作	carpentry work	桁	purlin (used with dougong)（大式）
小木作	joinery work	檩	purlin (used without dougong)（小式）
脊桁	ridged purlin（大式）	脊檩	ridged purlin（小式）
金桁	intermediate purlin（大式）	举架	raising the purlin

中文名称	英文名称	中文名称	英文名称
金檩	intermediate purlin（小式）	举折	raising the purlin（宋代术语）
老檐桁	purlin on hypostyle（大、小式，宋代术语）	步架	horizontal spacing between purlins
正心桁	eave purlin 大式	材	cai
阑额	architrave（宋代术语）	栔	qi
檐檩	eave purlin（小式）	分	fen
檐枋	architrave（used with dougong）（小式）	斗口	doukou, mortise of cap block
由额垫板	cushion board（大式）	斗栱	dougong, bracket set
檐垫板	cushion board（小式）	斗	dou, bracket set
枋	tiebeam	坐斗	cap block
脊枋	ridge tiebeam	升	block with cross mortise
上金枋	upper purlin tiebeam	栱	gong, bracketarm
下金枋	lower purlin tiebeam	翘	flower arm, petal
老檐枋	eave tiebeam（大式，指檐口构造）	昂	ang, lever
檐枋	eave tiebeam（小式，指檐口构造）	槽升子	center block
顶椽	top rafter	三才升	small block
脑椽	upper rafter	十八斗	connection block
花架椽	intermediate rafter	正心栱	axial bracket arm
檐椽	eave rafter	瓜栱	oval arm
飞檐椽	flying rafter	瓜子栱	oval arm 宋代术语
连檐	eave edging	万栱	long arm
瓦口	tile edging	厢栱	regular arm
雀替	sparrow brace	单材栱	outer—side bracket arm
博缝板	gable eave board	撑头木	small tie—beam
木装修	joiner's work	枋	small tie—beam（宋代术语）
外檐装修	exterior finish work	昂	nose（宋代术语耍头）
内檐装修	interior finish work	攒	set of bracket
天花	ceiling	柱头科	bracket set on columns
帽儿梁	lattice framing	平身科	bracket sets between columns
支条	lattice framing	角科	bracket set on corner
藻井	caisson ceiling	抱鼓石	drum—shaped bearing stone

参考文献

[1] 马炳坚．中国古建筑木作营造技术 [M]．北京：科学出版社，2003．

[2] 白丽娟，王景福．古建清代木构造 [M]．北京：中国建材工业出版社，2007．

[3] 梁思成．梁思成全集 [M]．北京：中国建筑工业出版社，2001．

[4] 北京市建设委员会．中国古建筑修建施工工艺 [M]．北京：中国建筑工业出版社，2007．

[5] 祝纪楠．《营造法原》诠释 [M]．北京：中国建筑工业出版社，2012．

[6] 李诫．营造法式 [M]．北京：中国建筑工业出版社，2006．

[7] 刘敦桢．刘敦桢全集 [M]．北京：中国建筑工业出版社，2007．

[8] 李百进．唐风建筑营造 [M]．北京：中国建筑工业出版社，2007．

[9] 李先逵．干栏式苗居建筑 [M]．北京：中国建筑工业出版社，2005．

图书在版编目（CIP）数据

中国古建筑木作技术 / 马龙主编；王楠副主编 . —
北京：中国建筑工业出版社，2022.9
住房和城乡建设部"十四五"规划教材 全国住房和
城乡建设职业教育教学指导委员会建筑与规划类专业指导
委员会规划推荐教材 高等职业教育建筑与规划类"十四
五"数字化新形态教材
ISBN 978-7-112-27526-7

Ⅰ. ①中… Ⅱ. ①马… ②王… Ⅲ. ①古建筑—木结
构—建筑施工—高等职业教育—教材 Ⅳ. ① TU759.1

中国版本图书馆 CIP 数据核字（2022）第 102780 号

《中国古建筑木作技术》一书为住房和城乡建设部"十四五"规划教材。主要内容包括中国古建筑木构件
发展简介，硬山、悬山、庑殿、歇山建筑木构架，攒尖建筑木构架，杂式建筑木构架，斗栱木构件，木构架设计，
木构架制作技术，木构架安装，古建筑木装修和古建筑木作修缮。本书结构清晰，内容针对性强，可作为高
等职业教育古建筑工程技术、风景园林、园林工程技术等专业教材，也可供相关从业人员参考使用。

为更好地支持本课程的教学，我们向使用本书的教师免费提供教学课件，有需要者请与出版社联系，
邮箱：jckj@cabp.com.cn，电话：（010）58337285，建工书院：http：//edu.cabplink.com。

责任编辑：杨 虹 周 觅
书籍设计：康 羽
责任校对：王 烨

住房和城乡建设部"十四五"规划教材
全国住房和城乡建设职业教育教学指导委员会
建筑与规划类专业指导委员会规划推荐教材
高等职业教育建筑与规划类"十四五"数字化新形态教材

中国古建筑木作技术

主 编 马 龙
副主编 王 楠
主 审 马松雯
*
中国建筑工业出版社出版、发行（北京海淀三里河路 9 号）

各地新华书店、建筑书店经销
北京雅盈中佳图文设计公司制版
北京云浩印刷有限责任公司印刷
*
开本：787 毫米 × 1092 毫米 1/16 印张：18³/₄ 字数：335 千字
2023 年 3 月第一版 2023 年 3 月第一次印刷
定价：**46.00** 元（赠教师课件）
ISBN 978-7-112-27526-7
（39628）